图书在版编目(CIP)数据

微积分同步辅导. 上册 / 徐利艳，赵翠萍主编. —
天津：南开大学出版社，2016.8(2023.7 重印)
ISBN 978-7-310-05093-2

Ⅰ.①微…　Ⅱ.①徐…②赵…　Ⅲ.①微积分－高等
学校－教学参考资料　Ⅳ.①O172

中国版本图书馆 CIP 数据核字(2016)第 091514 号

微积分同步辅导(上册)
WEIJIFEN TONGBU FUDAO (SHANGCE)

南开大学出版社出版发行
出版人:陈　敬
地址:天津市南开区卫津路 94 号　　邮政编码:300071
营销部电话:(022)23508339　营销部传真:(022)23508542
https://nkup.nankai.edu.cn

天津午阳印刷股份有限公司印刷　全国各地新华书店经销
2016 年 8 月第 1 版　　2023 年 7 月第 8 次印刷
210×148 毫米　32 开本　8.75 印张　248 千字
定价:24.00 元

如遇图书印装质量问题,请与本社营销部联系调换,电话:(022)23508339

内容简介

　　本书分上、下册，共 12 章，上册主要内容为函数的极限与连续、导数与微分、微分中值定理与导数的应用、不定积分、定积分及其应用和微分方程，下册主要内容为空间解析几何简介、多元函数微分学、二重积分、无穷级数、微积分在经济领域中的应用和曲线积分与曲面积分．各章的每一节都有知识要点回顾、答疑解惑、典型例题解析，同时每章末都给出了与本章内容相关的考研真题解析与综合提高，并配备了同步测试题．

　　本书可作为高等院校本科各专业学生学习微积分或高等数学的一本教学参考用书，也可作为硕士研究生入学考试的复习资料以及教师的教学参考书．

前　言

高等数学是高等院校理、工、农、医和文科等专业最重要的基础课程之一,掌握好微积分或高等数学的基本理论和方法,不仅能为今后专业课程的学习打下良好的基础,而且有益于分析问题、解决问题能力以及创新能力的提高.

初学微积分或高等数学的同学,往往感觉比较难,不知如何去学好这门课程.本书通过答疑解惑和典型例题的解析,帮助学生正确理解基本概念、掌握解题的基本方法和技巧,并通过适量的基本题目的练习和考研真题的解析,使学生得以融会贯通,同时学习数学的能力得到进一步提升.

本书的内容与张海燕、赵翠萍主编,清华大学出版社出版的教材《微积分》基本同步,所含内容结构如下:

知识要点回顾　归纳了基本概念、性质、重要定理公式和常用结论,易记、易用.

答疑解惑　剖析了重点、难点及易混淆的概念和解题中的常见错误.

典型例题解析　对典型例题进行了分类解析,并对每种题型的解题思路(步骤)和技巧进行分析和归纳总结,部分例题节选了同步教材《微积分》和同济大学数学教研室编著的《高等数学》(第六版)的课后习题.

考研真题解析与综合提高　精选了与本章内容相关的考研真题和综合度及难度稍高的例题,供学有余力的学生和考研的学生使用.其中考研真题涵盖了 2006 年至 2016 年的各类考研典型题型,并作了试题分析和详尽解答.

同步测试 每章都配备了难易适中的同步测试,以填空题、选择题、计算题和证明题的形式给出,供读者对每章内容的掌握程度自我检测.

本书是编者深入研究本科学生的教学大纲和研究生考试大纲之后撰写而成的,它不仅是广大学生学习数学的同步辅导书和教师教学的参考书,而且也是硕士研究生入学考试必备的复习用书,适合本科各专业学生使用.

本书分上、下两册,上册内容包括函数的极限与连续、导数与微分、微分中值定理与导数的应用、不定积分、定积分及其应用和微分方程;下册内容包括空间解析几何简介、多元函数微分学、二重积分、无穷级数、微积分在经济领域中的应用和曲线积分与曲面积分.本书由天津农学院教师编写,其中上册第一章由孙丽洁编写,第二章由尹丽芸编写,第三章由赵翠萍编写,第四章由项虹编写,第五章由徐利艳编写,第六章由刘琦编写,上册由徐利艳老师负责审稿和统稿工作;下册第七章由王秀兰编写,第八章由穆志民编写,第九章由费德祥编写,第十章由陈雁东编写,第十一章由朱文新编写,第十二章由王伟晶编写,下册由穆志民老师负责审稿和统稿工作.上下册各章都经过反复讨论、修改后定稿.

本书的出版得到了天津农学院基础科学学院及教材科的领导和老师的周到服务和大力协助,尤其得到张海燕老师全方位的帮助,在此表示衷心的感谢.

编写本书时,参阅了许多书籍,引用了许多经典的例子和解题思路,恕不一一指明出处,在此一并向有关作者致谢.

限于编者水平,书中不妥之处,敬请读者不吝指教.

编　者
2016 年 1 月于天津农学院

目　　录

第一章 函数、极限与连续

第一节 函数的基本概念

【知识要点回顾】

1. 分段函数的定义

自变量在不同的范围中用不同的式子来表示,这样的函数叫做分段函数,例如

$$f(x) = \begin{cases} x+1, & x \geq 1 \ (x=1 \ \text{称为分段点}), \\ x-1, & x < 1. \end{cases}$$

2. 反函数的定义

一般地,设函数 $y = f(x)$ $(x \in D)$ 满足:对于值域 $f(D)$ 中的每一个值 y,D 中有且只有一个值 x 使得 $f(x) = y$,则按此对应法则得到一个定义在 $f(D)$ 上的函数,称这个函数为 $y = f(x)$ 的反函数,记作

$$x = f^{-1}(y), y \in f(D).$$

但是我们习惯上总是把自变量写成 x,把函数写成 y,因此函数 $y = f(x)$ 的反函数又可写作 $y = f^{-1}(x)$.

注:(1)只有自变量与因变量一一对应的函数才有反函数.

(2)函数 $y = f(x)$ 与反函数 $y = f^{-1}(x)$ 的图形是关于 $y = x$ 对称的.

3. 复合函数的定义

如果 y 是 u 的函数 $y = f(u)$，而 u 又是 x 的函数 $u = \varphi(x)$，且 $\varphi(x)$ 的函数值的全部或部分在 $f(u)$ 的定义域内，那么 y 通过 u 的联系也成了 x 的函数，我们称它是由 $y = f(u)$ 及 $u = \varphi(x)$ 复合而成的复合函数，记作 $y = f[\varphi(x)]$，其中 u 叫做中间变量.

4. 函数的有界性

若存在正数 M，使函数 $f(x)$ 在区间 I，恒有

$$|f(x)| \leq M,$$

则称 $f(x)$ 在区间 I 上是有界函数；否则称 $f(x)$ 在区间 I 上是无界函数.

如果存在常数 M（不一定是正数），使函数 $f(x)$ 在区间 I 上恒有 $f(x) \leq M$，则称 $f(x)$ 在区间 I 上有上界，并且任意一个大于 M 的数 N 都是 $f(x)$ 在区间 I 上的一个上界；如果存在常数 m，使函数 $f(x)$ 在区间 I 上恒有 $f(x) \geq m$，则称 $f(x)$ 在区间 I 上有下界，并且任意一个小于 m 的数 t 都是 $f(x)$ 在区间 I 上的一个下界.

显然，函数 $f(x)$ 在区间 I 上有界的充分必要条件是 $f(x)$ 在区间 I 上既有上界又有下界.

5. 函数的单调性

设函数 $f(x)$ 在区间 I 上的任意两点 x_1 和 x_2，当 $x_1 < x_2$ 时，都有 $f(x_1) < f(x_2)$（或 $f(x_1) > f(x_2)$），则称函数 $f(x)$ 在区间 I 为严格单调增加的（或严格单调减少的）.

如果函数 $f(x)$ 在区间 I 上的任意两点 x_1 和 x_2，当 $x_1 < x_2$ 时，都有 $f(x_1) \leq f(x_2)$（或 $f(x_1) \geq f(x_2)$），则称函数 $f(x)$ 在区间 I 为广义单调增加的（或广义单调减少的）.

6. 函数的奇偶性

如果函数 $f(x)$ 对于定义域 D（D 关于原点对称）内的任意一点 x，都满足 $f(-x) = f(x)$，则称 $f(x)$ 为偶函数；如果函数 $f(x)$ 对于定义域 D 内的任意一点 x，都满足 $f(-x) = -f(x)$，则称 $f(x)$ 为奇函数.

偶函数的图形是关于 y 轴对称的，而奇函数的图形是关于原点对称的.

7. 函数的周期性

如果存在常数 l，使得对于函数 $y = f(x)$ 的定义域内的任意点 x，都有 $f(x+l) = f(x)$ 成立，则称函数 $f(x)$ 为周期函数，并把 l 称为 $f(x)$ 的周期. 应当指出的是，通常讲的"周期函数的周期"是指最小的正周期.

例如，三角函数 $y = \sin x$，$y = \cos x$ 都是以 2π 为周期的周期函数，而 $y = \tan x$，$y = \cot x$ 则是以 π 为周期的周期函数.

8. 基本初等函数

（1）常函数　$y = C$.

（2）幂函数　$y = x^a$（a 为任何实数）.

（3）指数函数　$y = a^x$（$a > 0, a \neq 1$）. 它的定义域为 $(-\infty, +\infty)$，值域为 $(0, +\infty)$.

（4）对数函数　$y = \log_a x$（$a > 0, a \neq 1$）. 它的定义域为 $(0, +\infty)$，值域为 $(-\infty, +\infty)$.

$y = \log_a x$ 与 $y = a^x$ 互为反函数. 通常把 $a = 10$ 的对数函数称为常用对数函数，记作 $y = \lg x$. 在工程中，常以无理数 $e = 2.718\,281\,828\cdots$ 作为指数函数和对数函数的底，并且记 $e^x = \exp x$，$\log_e x = \ln x$，后者称为自然对数函数.

（5）三角函数　$y = \sin x$，$y = \cos x$，$y = \tan x$，$y = \cot x$，$y = \sec x$ 和 $y = \csc x$.

(6)反三角函数 $y = \arcsin x$, $y = \arccos x$, $y = \arctan x$ 和 $y = \operatorname{arccot} x$ 等.

9. 初等函数

通常把由基本初等函数经过有限次的四则运算和有限次的函数复合步骤所构成的,并用一个解析式表达的函数,称为初等函数.

初等函数虽然是常见的重要函数,但在工程技术中,非初等函数也经常会遇到. 例如,符号函数 $y = \operatorname{sgn} x$,取整函数 $y = [x]$,分段函数等,都是非初等函数.

【答疑解惑】

【问】函数 $f(x) = |x\sin x| \mathrm{e}^{\cos x} (-\infty < x < +\infty)$ 是有界函数吗? 是单调函数吗? 是偶函数吗? 是周期函数吗?

【答】由于 $|f(x)| = |x| |\sin x| \mathrm{e}^{\cos x}$,其中 $|\sin x| > 0$,$\mathrm{e}^{\cos x} > 0$,故由因子 $|x|$ 可断定函数 $f(x)$ 不是有界函数,也不是周期函数. 再由 $f(0) = 0$,$f\left(\dfrac{\pi}{2}\right) = \dfrac{\pi}{2}$,$f(\pi) = 0$ 又可断定 $f(x)$ 不是单调函数.

对任意 $x \in (-\infty, +\infty)$,由于 $f(-x) = |(-x)\sin(-x)| \mathrm{e}^{\cos(-x)}$ $= |x\sin x| \mathrm{e}^{\cos x} = f(x)$,所以 $f(x)$ 是偶函数.

【典型例题解析】

一、函数表达式的求法

【例1】求下列函数的表达式

(1) 已知 $f(x+1) = x^2 + x$,求 $f(x)$;

(2) 已知 $f\left(x + \dfrac{1}{x}\right) = x^2 + \dfrac{1}{x^2}$,求 $f(x)$.

【解】(1) 因为 $f(x+1) = x(x+1) = (x+1-1)(x+1)$. 令 $y = x + 1$,

则 $f(y) = (y-1)y = y^2 - y$，故 $f(x) = x^2 - x$.

（2）因为 $f\left(x + \dfrac{1}{x}\right) = x^2 + \dfrac{1}{x^2} = \left(x^2 + 2 + \dfrac{1}{x^2}\right) - 2 = \left(x + \dfrac{1}{x}\right)^2 - 2$. 令

$y = x + \dfrac{1}{x}$，则 $f(y) = y^2 - 2$，故 $f(x) = x^2 - 2$.

【例2】设 $f(x) = \dfrac{x}{\sqrt{1 + x^2}}$，求 $f_4(x) = f(f(f(f(x))))$.

【解】由题意得：$f(f(x)) = \dfrac{\dfrac{x}{\sqrt{1+x^2}}}{\sqrt{1 + \dfrac{x^2}{1+x^2}}} = \dfrac{\dfrac{x}{\sqrt{1+x^2}}}{\dfrac{\sqrt{1+2x^2}}{\sqrt{1+x^2}}} = \dfrac{x}{\sqrt{1+2x^2}}$，

同理可得：

$f(f(f(x))) = \dfrac{x}{\sqrt{1+3x^2}}$，$f_4(x) = f(f(f(f(x)))) = \dfrac{x}{\sqrt{1+4x^2}}$.

二、函数定义域的求法

【例3】求下列函数的定义域：

（1）$y = \tan(x+2)$；　　　　（2）$y = \arcsin(x-3)$；

（3）$y = \sqrt{3-x} + \arctan\dfrac{1}{x}$.

【解】（1）当 $x + 2 \neq k\pi + \dfrac{\pi}{2}$ 时，函数有定义，所以函数的定义域为：

$\left\{ x \mid x \neq k\pi + \dfrac{\pi}{2} - 2 \right\}$（$k = 0, \pm 1, \pm 2, \cdots$）.

（2）当 $-1 < x - 3 < 1$ 时，函数有定义，所以函数的定义域为：$[2,4]$.

（3）当 $3 - x \geq 0$ 且 $x \neq 0$ 时，函数有定义，所以函数的定义域为：

$(-\infty, 0) \cup (0, 3]$.

三、函数奇偶性的判断

【例4】判断下列函数的奇偶性：

$(1) y = x(x-1)(x+1)$;　　　　$(2) y = \sin x - \cos x + 1$;

$(3) y = \dfrac{e^x + e^{-x}}{e^x - e^{-x}}$.

【解】(1)因为$f(-x) = -x(-x-1)(-x+1) = -x(x+1)(x-1) = -f(x)$，所以它是奇函数.

(2)因为$f(-x) = \sin(-x) - \cos(-x) + 1 = -\sin x - \cos x + 1 \neq f(x)$，且$f(-x) = \sin(-x) - \cos(-x) + 1 = -\sin x - \cos x + 1 \neq -f(x)$，所以它是非奇非偶函数.

(3)因为$f(-x) = \dfrac{e^{-x} + e^x}{e^{-x} - e^x} = -\dfrac{e^x + e^{-x}}{e^x - e^{-x}} = -f(x)$，所以它是奇函数.

四、函数周期性求解

【例5】设对任意实数x，有$f\left(x + \dfrac{1}{2}\right) = \dfrac{1}{2} + \sqrt{f(x) - f^2(x)}$，求$f(x)$的周期.

【解】由题意得：$f\left[\dfrac{1}{2} + \left(x + \dfrac{1}{2}\right)\right] = \dfrac{1}{2} + \sqrt{f\left(x + \dfrac{1}{2}\right) - f^2\left(x + \dfrac{1}{2}\right)}$

$= \dfrac{1}{2} + \sqrt{\dfrac{1}{4} - f(x) + f^2(x)} = \dfrac{1}{2} + \left[f(x) - \dfrac{1}{2}\right] = f(x).$

所以$f(x) = f(x+1)$，故$f(x)$的周期为1.

五、求复合函数

【例6】设$f(x) = \dfrac{1}{1-x^2}$，求$f[f(x)]$，$f\left[\dfrac{1}{f(x)}\right]$.

【解】由题意得：$f[f(x)] = \dfrac{1}{1 - f^2(x)} = \dfrac{1}{1 - \left(\dfrac{1}{1-x^2}\right)^2} = \dfrac{(1-x^2)^2}{x^2(x^2-2)}$,

$f\left[\dfrac{1}{f(x)}\right] = \dfrac{1}{1 - \left(\dfrac{1}{f(x)}\right)^2} = \dfrac{1}{1 - (1-x^2)^2} = \dfrac{1}{x^2(2-x^2)}.$

第二节　数列的极限

【知识要点回顾】

1.数列极限的定义

如果数列$\{x_n\}$与常数a有下列关系:对于任意给定的正数ε(无论它多么小),总存在正整数N,使得当$n > N$时,不等式$|x_n - a| < \varepsilon$总成立,则称数列$\{x_n\}$以a为极限,或者说数列$\{x_n\}$收敛于a,记为

$$\lim_{n \to \infty} x_n = a \text{ 或 } x_n \to a \quad (n \to \infty).$$

数列极限也可简单定义为:$\forall \varepsilon > 0$,$\exists$正整数N,当$n > N$时,有$|x_n - a| < \varepsilon$.

注:(1)ε的任意性,这样才能保证x_n与a无限接近,即$|x_n - a|$任意小.

(2)ε的相对固定性,这样才能找到N,使得当$n > N$时,$|x_n - a| < \varepsilon$.

(3)N是数列x_n中项数n的取值,故为一正整数,它由ε确定.

(4)找N的方法:由$|x_n - a| < \varepsilon$出发解不等式得$n > \varphi(\varepsilon)$,取$N = [\varphi(\varepsilon)]$即可.

2.单调数列的定义

若$x_1 \leqslant x_2 \leqslant x_3 \leqslant \cdots \leqslant x_n \leqslant x_{n+1} \leqslant \cdots$,则称数列$\{x_n\}$为单调增加数列.

若$x_1 \geqslant x_2 \geqslant x_3 \geqslant \cdots \geqslant x_n \geqslant x_{n+1} \geqslant \cdots$,则称数列$\{x_n\}$为单调减少数列.

单调增加数列和单调减少数列统称为单调数列.

微积分同步辅导

（上册）

主　编　徐利艳　赵翠萍

副主编　孙丽洁　刘　琦

　　　　尹丽芸　项　虹

南开大学出版社

天　津

3. 有界数列的定义

若存在一个正数 M,使得对于一切自然数 n,不等式 $|x_n| \leqslant M$ 都成立,则称数列 $\{x_n\}$ 为有界数列.

4. 数列极限的性质

定理1　如果数列 $\{x_n\}$ 收敛,那么它的极限唯一.

定理2　如果数列 $\{x_n\}$ 收敛,那么数列 $\{x_n\}$ 一定有界.

定理3　单调有界的数列必有极限.

【答疑解惑】

【问】下列计算方法是否正确? 为什么?

$$\lim_{n \to \infty} \frac{1 + 2 + 3 + \cdots + n}{n^2} = \lim_{n \to \infty} \left(\frac{1}{n^2} + \frac{2}{n^2} + \frac{3}{n^2} + \cdots + \frac{n}{n^2} \right)$$

$$= \lim_{n \to \infty} \frac{1}{n^2} + \lim_{n \to \infty} \frac{2}{n^2} + \lim_{n \to \infty} \frac{3}{n^2} + \cdots + \lim_{n \to \infty} \frac{n}{n^2} = 0.$$

【答】这个计算方法是错误的. 在应用变量和的极限等于极限的和时,一是要求每个变量的极限存在,二是要求变量为有限个. 此题中,当 $n \to \infty$ 时,相加的项数也趋于无穷,因此它不满足第二个要求. 正确的计算方法是:

$$\lim_{n \to \infty} \frac{1 + 2 + 3 + \cdots + n}{n^2} = \lim_{n \to \infty} \frac{\dfrac{n(n+1)}{2}}{n^2} = \frac{1}{2}.$$

【典型例题解析】

一、求数列的极限

【例1】求下列极限:

$(1) \lim\limits_{n \to \infty} (\sqrt{n^2 + 1} - n);$ $(2) \lim\limits_{n \to \infty} \sqrt{n}(\sqrt{n+2} - \sqrt{n-2});$

$(3) \lim\limits_{n \to \infty} \left(\dfrac{1}{1 \cdot 2} + \dfrac{1}{2 \cdot 3} + \cdots + \dfrac{1}{n \cdot (n+1)} \right).$

【问题分析】遇到带有根号的函数时常采用有理化的方法.

【解】(1)原式 $= \lim\limits_{n \to \infty} \dfrac{(\sqrt{n^2 + 1})^2 - n^2}{\sqrt{n^2 + 1} + n} = \lim\limits_{n \to \infty} \dfrac{1}{\sqrt{n^2 + 1} + n} = 0.$

(2)原式 $= \lim\limits_{n \to \infty} \dfrac{\sqrt{n}\,[(n+2)-(n-2)]}{\sqrt{n+2} + \sqrt{n-2}} = \lim\limits_{n \to \infty} \dfrac{4\sqrt{n}}{\sqrt{n}\left(\sqrt{1+\dfrac{2}{n}} + \sqrt{1-\dfrac{2}{n}}\right)}$

$= \lim\limits_{n \to \infty} \dfrac{4}{\left(\sqrt{1+\dfrac{2}{n}} + \sqrt{1-\dfrac{2}{n}}\right)} = 2.$

(3)原式 $= \lim\limits_{n \to \infty} \left[\left(1 - \dfrac{1}{2}\right) + \left(\dfrac{1}{2} - \dfrac{1}{3}\right) + \cdots + \left(\dfrac{1}{n} - \dfrac{1}{n+1}\right) \right]$

$= \lim\limits_{n \to \infty} \left(1 - \dfrac{1}{n+1}\right) = 1.$

二、利用数列极限的定义证明

【例 2】根据数列极限的定义证明：

$(1) \lim\limits_{n \to \infty} \dfrac{1}{n^2} = 0;$ $(2) \lim\limits_{n \to \infty} \dfrac{\sqrt{n^2 + a^2}}{n} = 1.$

【证明】(1)对任意 $\varepsilon > 0$，要使 $\left| \dfrac{1}{n^2} - 0 \right| = \dfrac{1}{n^2} \leqslant \dfrac{1}{n} < \varepsilon$，只要 $n > \dfrac{1}{\varepsilon}$

即可，故取正整数 $N = \left[\dfrac{1}{\varepsilon}\right]$，则当 $n > N$ 时，恒有 $\left| \dfrac{1}{n^2} - 0 \right| < \varepsilon$ 成立，所

以 $\lim\limits_{n \to \infty} \dfrac{1}{n^2} = 0.$

(2)对任意 $\varepsilon > 0$，要使

$\left| \dfrac{\sqrt{n^2 + a^2}}{n} - 1 \right| = \dfrac{\sqrt{n^2 + a^2} - n}{n} = \dfrac{a^2}{n(\sqrt{n^2 + a^2} + n)} < \dfrac{a^2}{n} < \varepsilon,$

只要 $n > \dfrac{a^2}{\varepsilon}$ 即可,故取正整数 $N = \left[\dfrac{a^2}{\varepsilon} \right]$,则当 $n > N$ 时,恒有

$\left| \dfrac{\sqrt{n^2 + a^2}}{n} - 1 \right| < \varepsilon$ 成立,所以 $\lim\limits_{n \to \infty} \dfrac{\sqrt{n^2 + a^2}}{n} = 1$.

第三节　函数的极限

【知识要点回顾】

1. 函数极限的定义

如果对于任意给定的正数 ε(无论多小),总存在正数 δ,使得对于适合不等式 $0 < |x - x_0| < \delta$ 的一切 x,都有 $|f(x) - A| < \varepsilon$ 成立,那么常数 A 就叫做函数 $f(x)$ 当 $x \to x_0$ 时的极限,记作

$$\lim_{x \to x_0} f(x) = A \text{ 或 } f(x) \to A \quad (\text{当 } x \to x_0).$$

函数极限也可简单定义为:$\forall \varepsilon > 0, \exists \delta > 0$,当 $0 < |x - x_0| < \delta$ 时,有 $|f(x) - A| < \varepsilon$.

左极限:在上述定义中,把 $0 < |x - x_0| < \delta$ 改为 $x_0 - \delta < x < x_0$,那么 A 就叫做函数 $f(x)$ 当 $x \to x_0$ 时的左极限,记作 $\lim\limits_{x \to x_0^-} f(x) = A$ 或 $f(x_0 - 0) = A$.

右极限:在上述定义中,把 $0 < |x - x_0| < \delta$ 改为 $x_0 < x < x_0 + \delta$,那么 A 就叫做函数 $f(x)$ 当 $x \to x_0$ 时的右极限,记作 $\lim\limits_{x \to x_0^+} f(x) = A$ 或 $f(x_0 + 0) = A$.

当 $x \to \infty$ 时函数的极限:如果对于任意给定的正数 ε(无论多小),总存在正数 X,使得对于适合不等式 $|x| > X$ 的一切 x,都有 $|f(x) - A| < \varepsilon$ 成立,那么常数 A 就叫做函数 $f(x)$ 当 $x \to \infty$ 时的极限,记作 $\lim\limits_{x \to \infty} f(x) = A$ 或 $f(x) \to A$ (当 $x \to \infty$).

2. 函数极限的性质

定理 1　函数 $f(x)$ 当 $x \to x_0$ 时极限存在的充分必要条件是左极限及右极限都存在并且相等，即 $f(x_0 - 0) = f(x_0 + 0)$.

定理 2　$\lim\limits_{x \to \infty} f(x) = A$ 存在的充分必要条件是：

$$\lim_{x \to +\infty} f(x) = \lim_{x \to -\infty} f(x) = A.$$

定理 3（唯一性）　若 $\lim\limits_{x \to x_0} f(x)$ 存在，则必唯一.

定理 4（有界性）　如果 $\lim\limits_{x \to x_0} f(x) = A$，那么存在常数 $M > 0$ 和 $\delta > 0$，使得当 $0 < |x - x_0| < \delta$ 时，有 $|f(x)| \leqslant M$.

定理 5（单调性）　若 $\lim\limits_{x \to x_0} f(x) = A$，$\lim\limits_{x \to x_0} g(x) = B$，且存在 $\delta > 0$，使得当 $0 < |x - x_0| < \delta$ 时，$f(x) < g(x)$ 成立，则 $A \leqslant B$.

定理 6（保号性）　若 $\lim\limits_{x \to x_0} f(x) = A > 0$（或 $A < 0$），则存在 $\delta > 0$，使得当 $0 < |x - x_0| < \delta$ 时，$f(x) > 0$（或 $f(x) < 0$）.

【答疑解惑】

【问】函数 $f(x) = \begin{cases} x + a & x \leqslant 1, \\ \dfrac{x-1}{x^2 - 1} & x > 1, \end{cases}$ 那么 $\lim\limits_{x \to 1} f(x)$ 是否存在？

【答】因为

右极限：$f(1+0) = \lim\limits_{x \to 1^+} f(x) = \lim\limits_{x \to 1^+} \dfrac{x-1}{x^2-1} = \lim\limits_{x \to 1^+} \dfrac{1}{x+1} = \dfrac{1}{2}$.

左极限：$f(1-0) = \lim\limits_{x \to 1^-} f(x) = \lim\limits_{x \to 1^-} (x + a) = 1 + a$.

所以只有当 $1 + a = \dfrac{1}{2}$，即 $a = -\dfrac{1}{2}$ 时，极限存在，并且有 $\lim\limits_{x \to 1} f(x) = \dfrac{1}{2}$. 若 $a \neq -\dfrac{1}{2}$，则极限不存在.

【典型例题解析】

一、利用函数极限的定义证明

【例1】根据函数极限的定义证明：

$(1) \lim_{x \to 3}(3x-1) = 8$；　$(2) \lim_{x \to -\frac{1}{2}} \dfrac{1-4x^2}{2x+1} = 2$.

【证明】(1)对任意 $\varepsilon > 0$,要使 $|(3x-1)-8| = 3|x-3| < \varepsilon$,只要 $|x-3| < \dfrac{\varepsilon}{3}$ 即可,故取 $\delta = \dfrac{\varepsilon}{3}$,则当 $0 < |x-3| < \delta$ 时,恒有 $|(3x-1)-8| < \varepsilon$ 成立,所以 $\lim_{x \to 3}(3x-1) = 8$.

(2)对任意 $\varepsilon > 0$,要使

$$\left| \frac{1-4x^2}{2x+1} - 2 \right| = |1-2x-2| = |2x+1| = 2\left|\left(x+\frac{1}{2}\right)\right| < \varepsilon,$$

只要 $\left|x+\dfrac{1}{2}\right| < \dfrac{\delta}{2}$ 即可,故取 $\delta = \dfrac{\varepsilon}{2}$,则当 $0 < \left|x+\dfrac{1}{2}\right| < \delta$ 时,恒有 $\left| \dfrac{1-4x^2}{2x+1} - 2 \right| < \varepsilon$ 成立,所以 $\lim_{x \to -\frac{1}{2}} \dfrac{1-4x^2}{2x+1} = 2$.

二、求分段函数的极限

【例2】设 $f(x) = \begin{cases} x, & |x| \leqslant 1, \\ x-2, & |x| > 1, \end{cases}$ 试讨论 $\lim_{x \to 1} f(x)$ 及 $\lim_{x \to -1} f(x)$.

【解】由题目条件知：$f(x) = \begin{cases} x-2, & x < -1, \\ x, & -1 \leqslant x \leqslant 1, \\ x-2, & x > 1. \end{cases}$

因为 $\lim_{x \to 1^+} f(x) = \lim_{x \to 1^+}(x-2) = -1$, $\lim_{x \to 1^-} f(x) = \lim_{x \to 1^-} x = 1$.

所以 $\lim_{x \to 1^+} f(x) \neq \lim_{x \to 1^-} f(x)$,故 $\lim_{x \to 1} f(x)$ 不存在.

因为 $\lim_{x \to -1^+} f(x) = \lim_{x \to -1^+} x = -1$, $\lim_{x \to -1^-} f(x) = \lim_{x \to -1^-}(x-2) = -3$.

所以 $\lim\limits_{x \to -1^+} f(x) \neq \lim\limits_{x \to -1^-} f(x)$，故 $\lim\limits_{x \to -1} f(x)$ 不存在.

【例3】设 $f(x) = \begin{cases} \dfrac{x}{x+1}, & x<0, x \neq -1, \\ \sqrt{1-x^2}, & 0 \leqslant x < 1, \\ 3x-3, & x>1, \end{cases}$

求 $\lim\limits_{x \to -1} f(x), \lim\limits_{x \to 0} f(x), \lim\limits_{x \to 1} f(x)$.

【解】因为 $\lim\limits_{x \to -1} f(x) = \lim\limits_{x \to -1} \dfrac{x}{x+1} = \infty$，所以 $\lim\limits_{x \to -1} f(x)$ 不存在.

因为 $\lim\limits_{x \to 0^-} f(x) = \lim\limits_{x \to 0^-} \dfrac{x}{x+1} = 0, \lim\limits_{x \to 0^+} f(x) = \lim\limits_{x \to 0^+} \sqrt{1-x^2} = 1$，所以

$\lim\limits_{x \to 0} f(x)$ 不存在.

因为 $\lim\limits_{x \to 1^-} f(x) = \lim\limits_{x \to 1^-} \sqrt{1-x^2} = 0, \lim\limits_{x \to 1^+} f(x) = \lim\limits_{x \to 1^+} (3x-3) = 0$，所

以 $\lim\limits_{x \to 1} f(x) = 0$.

第四节　无穷小量与无穷大量

【知识要点回顾】

1. 无穷小的定义

如果函数 $f(x)$ 当 $x \to x_0$（或 $x \to \infty$）时的极限为零，则称函数 $f(x)$ 为 $x \to x_0$（或 $x \to \infty$）时的无穷小.

2. 无穷大的定义

如果函数 $f(x)$ 当 $x \to x_0$（或 $x \to \infty$）时，$|f(x)|$ 无限增大，即 $f(x)$ 极限为 ∞，则称函数 $f(x)$ 为 $x \to x_0$（或 $x \to \infty$）时的无穷大.

3. 无穷大与无穷小的性质

定理 1　当 $x \to x_0$(或 $x \to \infty$)时,函数 $f(x)$ 具有极限 A 的充分必要条件是 $f(x) = A + a$,其中 a 是无穷小.

定理 2　在自变量的同一变化过程中,如果函数 $f(x)$ 为无穷大,则 $\dfrac{1}{f(x)}$ 为无穷小;反之,如果函数 $f(x)$ 为无穷小,且 $f(x) \neq 0$,则 $\dfrac{1}{f(x)}$ 为无穷大.

【答疑解惑】

【问】下列说法对吗? 为什么?

(1)无穷小是很小的数,无穷大是很大的数.

(2)无穷小实际上就是 0.

(3)无穷大是无界量.

(4)无界变量就是无穷大.

【答】(1)不对. 无穷小是指极限为零的变量,任何很小的数(零除外)都不是无穷小;无穷大是指极限为无穷大的变量,任何很大的数都不是无穷大.

(2)不对. 零是无穷小,但无穷小不仅仅是零.

(3)对. 由无穷大定义知,无穷大一定是无界量.

(4)不对. 无界变量不一定是无穷大,例如 $x_n = \begin{cases} n, & n \text{ 为奇数}, \\ 0, & n \text{ 为偶数} \end{cases}$ 是无界变量,但不是无穷大. 无穷大要求变量 u 从某时刻以后都有 $|u| > M$,这里 M 是任意给定的正数.

【典型例题解析】

无穷小和无穷大的判定

【例 1】指出下列哪些是无穷小量,哪些是无穷大量.

（1）$\dfrac{1}{x}$，当 $x\to 0$ 时；　（2）$\dfrac{\sin x}{1+\cos x}$，当 $x\to 0$ 时；

（3）$\dfrac{x+1}{x^2-4}$，当 $x\to 2$ 时；　（4）$\dfrac{x^4+2x^2-3}{x^2-3x+2}$，当 $x\to 1$ 时.

【解】（判断无穷小或无穷大只需要判断其极限是 0 还是 ∞.）

（1）因为 $\lim\limits_{x\to 0}\dfrac{1}{x}=\infty$，所以当 $x\to 0$ 时，$\dfrac{1}{x}$ 为无穷大量.

（2）因为 $\lim\limits_{x\to 0}\dfrac{\sin x}{1+\cos x}=0$，所以当 $x\to 0$ 时，$\dfrac{\sin x}{1+\cos x}$ 为无穷小量.

（3）因为 $\lim\limits_{x\to 2}\dfrac{x+1}{x^2-4}=\lim\limits_{x\to 2}\dfrac{x+1}{(x-2)(x+2)}=\infty$，所以当 $x\to 2$ 时，

$\dfrac{x+1}{x^2-4}$ 为无穷大量.

（4）因为

$$\lim_{x\to 1}\frac{x^4+2x^2-3}{x^2-3x+2}=\lim_{x\to 1}\frac{(x^2-1)(x^2+3)}{(x-1)(x-2)}=\lim_{x\to 1}\frac{(x+1)(x^2+3)}{x-2}=-8,$$

所以当 $x\to 1$ 时，$\dfrac{x^4+2x^2-3}{x^2-3x+2}$ 既不是无穷大量也不是无穷小量.

【例 2】函数 $y=x\cos x$ 在 $(-\infty,+\infty)$ 内是否有界？这个函数是否为 $x\to +\infty$ 时的无穷大？

【解】因为对任意 $M>0$，存在 $x_0=[M+1]\pi$，使得 $|f(x_0)|=[M+1]\pi>M$，所以 $y=x\cos x$ 在 $(-\infty,+\infty)$ 内是无界的.

又因为存在 $M_0=1$，对任意正整数 $X>0$，当 $x_0=[2X+1]\dfrac{\pi}{2}>X$

时，有 $f(x_0)=(2X+1)\dfrac{\pi}{2}\cdot 0=0<M_0=1$，即它的极限不是 ∞，所以

$y=x\cos x$ 不是 $x\to +\infty$ 时的无穷大.

第五节　极限的运算法则

【知识要点回顾】

1. 极限的性质

定理1　有限个无穷小的和是无穷小.

定理2　有界函数与无穷小的乘积是无穷小.

推论1　常数与无穷小的乘积是无穷小.

推论2　有限个无穷小的乘积也是无穷小.

在这里应该注意:

(1)无穷多个无穷小之和不一定是无穷小. 例如,当 $n \to \infty$ 时,$\dfrac{1}{n}$ 是无穷小,$2n$ 个这种无穷小之和的极限显然为2.

(2)无穷多个无穷小之积也不一定是无穷小.

(3)无穷大乘以有界量不一定是无穷大. 例如,当 $n \to \infty$ 时,n^2 是无穷大,$\dfrac{1}{n^3}$ 是有界量,显然,$n^2 \cdot \dfrac{1}{n^3} \to 0$.

2. 函数极限的四则运算法则

定理　设 $\lim f(x) = A$, $\lim g(x) = B$,则有

(1)$\lim \left[f(x) \pm g(x) \right] = \lim f(x) \pm \lim g(x) = A \pm B$;

(2)$\lim \left[f(x) \cdot g(x) \right] = \lim f(x) \cdot \lim g(x) = A \cdot B$;

(3)$\lim \dfrac{f(x)}{g(x)} = \dfrac{\lim f(x)}{\lim g(x)} = \dfrac{A}{B} \ (B \neq 0)$.

推论1　如果 $\lim f(x) = A$,而 k 为常数,则
$$\lim \left[kf(x) \right] = k \lim f(x) = kA.$$

推论2　如果 $\lim f(x) = A$,而 n 为正整数,则

$$\lim[f(x)]^n = [\lim f(x)]^n.$$

【答疑解惑】

【问】当 $x \to \infty$ 时，$\dfrac{1}{x^2}\text{arccot}\,x$ 是无穷小吗？为什么？

【答】是的. 因为当 $x \to \infty$ 时，函数 $\dfrac{1}{x^2}$ 是无穷小，函数 $0 \leqslant \text{arccot}\,x \leqslant \pi$ 是有界函数，根据无穷小与有界函数的乘积还是无穷小，可知 $\dfrac{1}{x^2}\text{arccot}\,x$ 也是无穷小.

【典型例题解析】

一、求下列极限

【例1】计算下列极限：

(1) $\lim\limits_{h \to 0} \dfrac{(x+h)^2 - x^2}{h}$；　　　(2) $\lim\limits_{x \to \infty} \dfrac{(2x-3)^{30} \cdot (3x-2)^{20}}{(5x+1)^{50}}$；

(3) $\lim\limits_{n \to \infty}\left(1 - \dfrac{1}{2^2}\right)\left(1 - \dfrac{1}{3^2}\right)\cdots\left(1 - \dfrac{1}{n^2}\right)$；　　　(4) $\lim\limits_{x \to 0} x^2 \sin\dfrac{1}{x}$.

【解】(1) $\lim\limits_{h \to 0} \dfrac{(x+h)^2 - x^2}{h} = \lim\limits_{h \to 0} \dfrac{(2x+h) \cdot h}{h} = \lim\limits_{h \to 0}(2x+h) = 2x.$

(2) $\lim\limits_{x \to \infty} \dfrac{(2x-3)^{30} \cdot (3x-2)^{20}}{(5x+1)^{50}}$

$= \lim\limits_{x \to \infty} \dfrac{\left(2 - \dfrac{3}{x}\right)^{30} \cdot \left(3 - \dfrac{2}{x}\right)^{20}}{\left(5 + \dfrac{1}{x}\right)^{50}} = \dfrac{2^{30} \cdot 3^{20}}{5^{50}}.$

(3) $\lim\limits_{n \to \infty}\left(1 - \dfrac{1}{2^2}\right)\left(1 - \dfrac{1}{3^2}\right)\cdots\left(1 - \dfrac{1}{n^2}\right)$

$= \lim\limits_{n \to \infty}\left(1 - \dfrac{1}{2}\right)\left(1 + \dfrac{1}{2}\right)\left(1 - \dfrac{1}{3}\right)\left(1 + \dfrac{1}{3}\right)\cdots\left(1 - \dfrac{1}{n}\right)\left(1 + \dfrac{1}{n}\right)$

$$= \lim_{n \to \infty} \frac{1}{2} \cdot \frac{3}{2} \cdot \frac{2}{3} \cdot \frac{4}{3} \cdots \frac{n-1}{n} \cdot \frac{n+1}{n} = \lim_{n \to \infty} \frac{1}{2} \cdot \frac{n+1}{n} = \frac{1}{2}.$$

（4）因为 $\lim\limits_{x \to 0} x^2 = 0$，而 $\sin \dfrac{1}{x}$ 为有界函数，即 $\left| \sin \dfrac{1}{x} \right| \leqslant 1$，所以

$\lim\limits_{x \to 0} x^2 \sin \dfrac{1}{x} = 0.$

二、求函数的极限中的参数

【例2】求下列极限中的常数 a, b：

（1）$\lim\limits_{x \to \infty} \left(\dfrac{x^2+1}{x+3} - ax - b \right) = 0$；

（2）$\lim\limits_{x \to +\infty} (\sqrt{x^2 - x + 1} - ax - b) = 0$；

（3）$\lim\limits_{x \to 2} \dfrac{x^2 + ax + b}{x-2} = -5.$

【解】（1）通分后得 $\lim\limits_{x \to \infty} \dfrac{(1-a)x^2 - (3a+b)x + 1 - 3b}{x+3} = 0$，因为分

母 $x+3$ 是 x 的一次式，所以分子应为常数，故

$$\begin{cases} 1 - a = 0, \\ 3a + b = 0 \end{cases} \Rightarrow \begin{cases} a = 1, \\ b = -3. \end{cases}$$

（2）由 $\lim\limits_{x \to +\infty} (\sqrt{x^2 - x + 1} - ax - b) = 0$ 得：

$$b = \lim_{x \to +\infty} (\sqrt{x^2 - x + 1} - ax)$$

$$= \lim_{x \to +\infty} \frac{(\sqrt{x^2 - x + 1} - ax)(\sqrt{x^2 - x + 1} + ax)}{\sqrt{x^2 - x + 1} + ax}$$

$$= \lim_{x \to +\infty} \frac{(1 - a^2)x^2 + 1 - x}{\sqrt{x^2 - x + 1} + ax}.$$

因为分母是 x 的一次式，所以分子也应是 x 的一次式，所以 $1 -$

$a^2 = 0$，故 $a = \pm 1$. 当 $a = 1$ 时代入上式得：$b = \lim\limits_{x \to +\infty} \dfrac{\dfrac{1}{x} - 1}{\sqrt{1 - \dfrac{1}{x} + \dfrac{1}{x^2}} + 1} =$

$-\dfrac{1}{2}$. 但当 $a = -1$ 时,b 无解. 综合以上可知:$a = 1$,$b = -\dfrac{1}{2}$.

(3)由已知得,必有 $x^2 + ax + b = (x - 2)(x + k)$,即 $\lim\limits_{x \to 2}(x + k) = -5$,所以 $k = -7$.

由 $x^2 + ax + b = (x - 2)(x - 7) = x^2 - 9x + 14$,比较两端系数得 $a = -9$,$b = 14$.

第六节　两个重要极限

【知识要点回顾】

1. 第一重要极限

$$\lim_{x \to 0} \frac{\sin x}{x} = 1, \quad \lim_{x \to 0} \frac{x}{\sin x} = 1.$$

它还有常用的另外两种形式:

(1)如果 $\alpha(x)$ 是 $x \to \Delta$ 时的无穷小,且 $\alpha(x) \neq 0$,那么 $\lim\limits_{x \to \Delta} \dfrac{\sin[\alpha(x)]}{\alpha(x)} = 1$;

(2)如果 $\alpha(x)$ 是 $x \to \Delta$ 时的无穷小,且 $\alpha(x) \neq 0$,那么 $\lim\limits_{x \to \Delta} \dfrac{\alpha(x)}{\sin[\alpha(x)]} = 1$.

注意:这里符号 Δ 代表六种情形 $x_0, x_0^+, x_0^-, \infty, -\infty, +\infty$ 之一.

2. 第二重要极限

$$\lim_{x \to \infty} \left(1 + \frac{1}{x}\right)^x = \mathrm{e}, \quad \lim_{x \to 0}(1 + x)^{\frac{1}{x}} = \mathrm{e}.$$

它还有常用的另外两种形式:

(1)如果 $\alpha(x)$ 是 $x \to \Delta$ 时的无穷大,那么 $\lim\limits_{x \to \Delta}\left(1 + \dfrac{1}{\alpha(x)}\right)^{\alpha(x)} = \mathrm{e}$;

（2）如果 $\alpha(x)$ 是 $x \to \Delta$ 时的无穷小，且 $\alpha(x) \neq 0$，那么

$$\lim_{x \to \Delta} [1 + \alpha(x)]^{\frac{1}{\alpha(x)}} = \mathrm{e}.$$

注意：这里符号 Δ 代表六种情形 $x_0, x_0^+, x_0^-, \infty, -\infty, +\infty$ 之一.

【答疑解惑】

【问】函数极限 $\lim\limits_{x \to \infty} \dfrac{\sin x}{x} = 1$，$\lim\limits_{x \to \infty} \dfrac{x - \sin x}{x + \cos x} = 0$ 对吗？

【答】都不对. 因为

$$\lim_{x \to \infty} \frac{\sin x}{x} = \lim_{x \to \infty} \frac{1}{x} \sin x = 0,$$

其中应用了无穷小与有界函数的乘积还是无穷小的定理.

$$\lim_{x \to \infty} \frac{x - \sin x}{x + \cos x} = \lim_{x \to \infty} \frac{1 - \dfrac{1}{x} \sin x}{1 + \dfrac{1}{x} \cos x} = 1.$$

所以这两个函数极限都不对.

【典型例题解析】

一、利用第一重要极限求极限

【例1】计算下列极限：

（1）$\lim\limits_{x \to 0} \dfrac{\sin(\sin x)}{x}$；　　　（2）$\lim\limits_{x \to 1} \dfrac{\sin(x^2 - 1)}{x - 1}$；

（3）$\lim\limits_{x \to 0} \dfrac{\sin x^3}{\sin^2 x}$；　　　（4）$\lim\limits_{x \to 0} \left(\dfrac{2 + \mathrm{e}^{\frac{1}{x}}}{1 + \mathrm{e}^{\frac{4}{x}}} + \dfrac{\sin x}{|x|} \right)$.

【问题分析】第一重要极限一定是 $\dfrac{0}{0}$ 型的极限.

【解】（1）$\lim\limits_{x \to 0} \dfrac{\sin(\sin x)}{x} = \lim\limits_{x \to 0} \dfrac{\sin(\sin x)}{\sin x} \cdot \dfrac{\sin x}{x}$

$$= \lim_{x \to 0} \frac{\sin(\sin x)}{\sin x} \cdot \lim_{x \to 0} \frac{\sin x}{x} = 1 \times 1 = 1.$$

$$(2) \lim_{x \to 1} \frac{\sin(x^2 - 1)}{x - 1} = \lim_{x \to 1} \frac{\sin(x^2 - 1)}{x^2 - 1} \cdot (x + 1)$$

$$= \lim_{x \to 1} \frac{\sin(x^2 - 1)}{x^2 - 1} \cdot \lim_{x \to 1} (x + 1) = 2.$$

$$(3) \lim_{x \to 0} \frac{\sin x^3}{\sin^2 x} = \lim_{x \to 0} \frac{\sin x^3}{x^3} \cdot \frac{x^2}{\sin^2 x} \cdot x$$

$$= \lim_{x \to 0} \frac{\sin x^3}{x^3} \cdot \left[\lim_{x \to 0} \frac{x}{\sin x} \right]^2 \cdot \lim_{x \to 0} x = 0.$$

$$(4) 因为 \quad \lim_{x \to 0^+} \left(\frac{2 + e^{\frac{1}{x}}}{1 + e^{\frac{4}{x}}} + \frac{\sin x}{|x|} \right) = \lim_{x \to 0^+} \left(\frac{2e^{-\frac{4}{x}} + e^{-\frac{3}{x}}}{e^{-\frac{4}{x}} + 1} + \frac{\sin x}{x} \right) = 1,$$

$$\lim_{x \to 0^-} \left(\frac{2 + e^{\frac{1}{x}}}{1 + e^{\frac{4}{x}}} + \frac{\sin x}{|x|} \right) = \lim_{x \to 0^-} \left(\frac{2 + e^{\frac{1}{x}}}{1 + e^{\frac{4}{x}}} - \frac{\sin x}{x} \right) = 2 - 1 = 1,$$

所以 原式 $= 1.$

二、利用第二重要极限求极限

【例2】计算下列极限：

$$(1) \lim_{x \to \infty} \left(1 - \frac{3}{x} \right)^{x + 5}; \qquad (2) \lim_{x \to +\infty} \left(\frac{x + a}{x - a} \right)^x;$$

$$(3) \lim_{x \to e} \frac{\ln x - 1}{x - e}; \qquad (4) \lim_{n \to \infty} n(a^{\frac{1}{n}} - 1) \quad (a > 1).$$

【问题分析】第二重要极限一定是 1^∞ 型的极限.

【解】$(1) \lim_{x \to \infty} \left(1 - \frac{3}{x} \right)^{x + 5} = \lim_{x \to \infty} \left(1 + \frac{1}{-\frac{x}{3}} \right)^{\left(-\frac{x}{3} \right)(-3) + 5}$

$$= \lim_{x \to \infty} \left(1 + \frac{1}{-\frac{x}{3}} \right)^{\left(-\frac{x}{3} \right)(-3)} \cdot \left(1 + \frac{1}{-\frac{x}{3}} \right)^5$$

$$= \lim_{x \to \infty} \left[\left(1 + \frac{1}{-\frac{x}{3}} \right)^{\left(-\frac{x}{3} \right)} \right]^{(-3)} \cdot \lim_{x \to \infty} \left(1 + \frac{1}{-\frac{x}{3}} \right)^{5} = e^{-3} \cdot 1 = e^{-3}.$$

(2) $\lim\limits_{x \to +\infty} \left(\dfrac{x+a}{x-a} \right)^{x} = \lim\limits_{x \to +\infty} \left(\dfrac{1 + \dfrac{a}{x}}{1 - \dfrac{a}{x}} \right)^{x} = \lim\limits_{x \to +\infty} \dfrac{\left(1 + \dfrac{a}{x} \right)^{x}}{\left(1 - \dfrac{a}{x} \right)^{x}}$

$$= \frac{\lim\limits_{x \to +\infty} \left[\left(1 + \dfrac{a}{x} \right)^{\frac{x}{a}} \right]^{a}}{\lim\limits_{x \to +\infty} \left[\left(1 - \dfrac{a}{x} \right)^{-\frac{x}{a}} \right]^{-a}} = \frac{e^{a}}{e^{-a}} = e^{2a}.$$

(3) 令 $x - e = t$,则 $x = e + t$;当 $x \to e$ 时,$t \to 0$.

$$\lim_{x \to e} \frac{\ln x - 1}{x - e} = \lim_{t \to 0} \frac{\ln(e + t) - 1}{t} = \lim_{t \to 0} \frac{1}{t} \cdot [\ln(e + t) - \ln e]$$

$$= \lim_{t \to 0} \frac{1}{t} \cdot \ln\left(1 + \frac{t}{e} \right) = \lim_{t \to 0} \frac{1}{e} \cdot \ln\left(1 + \frac{t}{e} \right)^{\frac{e}{t}} = \frac{1}{e} \cdot \ln e = \frac{1}{e}.$$

(4) 令 $a^{\frac{1}{n}} - 1 = t$,则 $n = \dfrac{\ln a}{\ln(1 + t)}$,当 $n \to \infty$ 时,$t \to 0$.

$$\lim_{n \to \infty} n(a^{\frac{1}{n}} - 1) = \lim_{t \to 0} \frac{\ln a}{\ln(1 + t)} \cdot t = \ln a \cdot \lim_{t \to 0} \frac{1}{\ln(1 + t)^{\frac{1}{t}}} = \ln a.$$

【例3】计算下列极限:

(1) $\lim\limits_{x \to 1} x^{\frac{3}{x-1}}$;　　　(2) $\lim\limits_{x \to 0} (\cos x)^{\frac{1}{\sin^2 x}}$;　　　(3) $\lim\limits_{x \to 0} (\cos 2x)^{\frac{1}{x}}$.

【解】(1) $\lim\limits_{x \to 1} x^{\frac{3}{x-1}} = \lim\limits_{x \to 1} [1 + (x - 1)]^{\frac{3}{x-1}}$

$$= \lim_{x \to 1} \left\{ [1 + (x - 1)]^{\frac{1}{x-1}} \right\}^{3} = e^{3}.$$

(2) $\lim\limits_{x \to 0} (\cos x)^{\frac{1}{\sin^2 x}} = \lim\limits_{x \to 0} (\sqrt{1 - \sin^2 x})^{\frac{1}{\sin^2 x}} = \lim\limits_{x \to 0} (1 - \sin^2 x)^{\frac{1}{2\sin^2 x}}$

$$= \lim_{x \to 0} [(1 - \sin^2 x)^{-\frac{1}{\sin^2 x}}]^{-\frac{1}{2}} = e^{-\frac{1}{2}}.$$

(3) $\lim\limits_{x \to 0} (\cos 2x)^{\frac{1}{x}}$

$$= \lim_{x \to 0} (1 - 2\sin^2 x)^{\frac{1}{x}} = \lim_{x \to 0} \left[(1 - 2\sin^2 x)^{-\frac{1}{2\sin^2 x} \cdot \frac{-2\sin^2 x}{x}} \right]$$

$$= \lim_{x \to 0} \left[(1 - 2\sin^2 x)^{-\frac{1}{2\sin^2 x}} \right]^{\frac{-2\sin^2 x}{x}}$$

$$= e^{\lim\limits_{x \to 0} \frac{-2\sin^2 x}{x}} = e^{\lim\limits_{x \to 0} (-2) \cdot \frac{\sin^2 x}{x^2} \cdot x} = e^0 = 1.$$

第七节　无穷小量的比较

【知识要点回顾】

1. 无穷小的比较

若在给定的趋势下, 变量 α, β 都是无穷小, 那么它们哪一个趋近于零的速度更快呢, 我们给出如下定义:

如果 $\lim \dfrac{\beta}{\alpha} = 0$, 则称 β 是比 α 高阶的无穷小, 记作 $\beta = o(\alpha)$;

如果 $\lim \dfrac{\beta}{\alpha} = \infty$, 则称 β 是比 α 低阶的无穷小;

如果 $\lim \dfrac{\beta}{\alpha} = C \neq 0$, 则称 β 与 α 是同阶无穷小;

如果 $\lim \dfrac{\beta}{\alpha} = 1$, 则称 β 与 α 是等价无穷小, 记作 $\alpha \sim \beta$.

2. 等价无穷小的相关定理

定理1　α 与 β 是等价无穷小 $\Leftrightarrow \alpha = \beta + o(\beta)$.

定理2　设 $\alpha \sim \alpha', \beta \sim \beta'$, 且 $\lim \dfrac{\beta'}{\alpha'}$ 存在 (或为无穷大量), 则

$$\lim \frac{\beta}{\alpha} = \lim \frac{\beta'}{\alpha'}.$$

3. 常用等价无穷小

常用等价无穷小代换：当 $x \to 0$ 时，

$x \sim \sin x \sim \tan x \sim \arcsin x \sim \arctan x, 1 - \cos x \sim \dfrac{1}{2}x^2, e^x - 1 \sim x,$

$\tan x - \sin x \sim \dfrac{1}{2}x^3, (1+x)^a - 1 \sim ax, \ln(1+x) \sim x, a^x - 1 \sim x\ln a.$

【答疑解惑】

【问】指出下列运算中的错误：

$\lim\limits_{x \to 0} \dfrac{\tan x - \sin x}{x^3} = \lim\limits_{x \to 0} \dfrac{x - x}{x^3} = 0.$

【答】$\lim\limits_{x \to 0} \dfrac{\tan x - \sin x}{x^3} = \lim\limits_{x \to 0} \dfrac{x - x}{x^3} = 0$ 是错误的.

在求极限过程中，一个无穷小可以用与其等价的无穷小代换，但只能在因式相乘、除情况下使用，和、差情况一般不要随便使用. 事实上，

$$\lim_{x \to 0} \frac{\tan x - \sin x}{x^3} = \lim_{x \to 0} \frac{\sin x - \sin x \cos x}{x^3 \cos x} = \lim_{x \to 0} \frac{\sin x (1 - \cos x)}{x^3 \cos x}$$

$$= \lim_{x \to 0} \frac{x \cdot \frac{1}{2}x^2}{x^3 \cos x} = \frac{1}{2}.$$

其中应用了 $\sin x \sim x$ 和 $1 - \cos x \sim \dfrac{1}{2}x^2$ 这两个等价无穷小.

【典型例题解析】

一、无穷小的比较

【例1】当 $x \to 0$ 时，下列函数为 x 的几阶无穷小？

(1) $\sqrt{1+x} - \sqrt{1-x}$；　　(2) $\sin 2x - 2\sin x.$

【解】(1)因为

$$\lim_{x\to 0}\frac{\sqrt{1+x}-\sqrt{1-x}}{x}=\lim_{x\to 0}\frac{\dfrac{2x}{\sqrt{1+x}+\sqrt{1-x}}}{x}=\lim_{x\to 0}\frac{2}{\sqrt{1+x}+\sqrt{1-x}}=1.$$

所以当 $x\to 0$ 时,$\sqrt{1+x}-\sqrt{1-x}$ 是 x 的等价无穷小.

(2)因为

$$\lim_{x\to 0}\frac{\sin 2x-2\sin x}{x}=\lim_{x\to 0}\frac{2\sin x\cos x-2\sin x}{x}=\lim_{x\to 0}\frac{2\sin x(\cos x-1)}{x}=0.$$

所以当 $x\to 0$ 时,$\sin 2x-2\sin x$ 是 x 的高阶无穷小.

二、利用等价无穷小代换求极限

【例2】求下列极限:

(1)$\lim\limits_{x\to 0}\dfrac{\sin x^m}{\sin x^n}$ $(m,n\neq 0)$; (2)$\lim\limits_{x\to 0}\dfrac{\sqrt{1+x\sin x}-1}{e^{x^2}-1}$;

(3)$\lim\limits_{x\to 1}\dfrac{x^m-1}{x^n-1}$ $(m,n$ 为正整数$)$.

【解】(1)因为当 $x\to 0$ 时,$\sin x\sim x$,于是 $\sin x^m\sim x^m$,$\sin x^n\sim x^n$,所以

$$原式=\lim_{x\to 0}\frac{x^m}{x^n}=\begin{cases}0, & m>n,\\ 1, & m=n,\\ \infty, & m<n.\end{cases}$$

(2)因为当 $x\to 0$ 时,$\sqrt{1+x}-1\sim\dfrac{1}{2}x$,$e^x-1\sim x$. 于是有

$$\sqrt{1+x\sin x}-1\sim\frac{x\sin x}{2}\sim\frac{x^2}{2};\ e^{x^2}-1\sim x^2.$$

所以原式 $=\lim\limits_{x\to 0}\dfrac{\dfrac{x^2}{2}}{x^2}=\dfrac{1}{2}$.

(3)方法一

$$\lim_{x\to 1}\frac{x^m-1}{x^n-1}=\lim_{x\to 1}\frac{(x-1)(x^{m-1}+x^{m-2}+\cdots+x+1)}{(x-1)(x^{n-1}+x^{n-2}+\cdots+x+1)}$$

$$= \lim_{x \to 1} \frac{(x^{m-1} + x^{m-2} + \cdots + x + 1)}{(x^{n-1} + x^{n-2} + \cdots + x + 1)} = \frac{m}{n}.$$

方法二

$$\lim_{x \to 1} \frac{x^m - 1}{x^n - 1} = \lim_{x \to 1} \frac{e^{m\ln x} - 1}{e^{n\ln x} - 1} = \lim_{x \to 1} \frac{m\ln x}{n\ln x} = \frac{m}{n}.$$

第八节　函数的连续性与间断点

【知识要点回顾】

1. 函数连续性的定义

设函数 $y = f(x)$ 在点 x_0 的某个邻域内有定义,当 $x \to x_0$ 时,若函数 $f(x)$ 的极限存在,且极限值等于该点的函数值 $f(x_0)$,即

$$\lim_{x \to x_0} f(x) = f(x_0),$$

则称函数 $y = f(x)$ 在点 x_0 处连续.

2. 左连续与右连续

如果函数 $f(x)$ 在点 x_0 的左侧邻域内有定义,且 $\lim\limits_{x \to x_0^-} f(x) = f(x_0)$,则称 $f(x)$ 在点 x_0 处左连续.

如果函数 $f(x)$ 在点 x_0 的右侧邻域内有定义,且 $\lim\limits_{x \to x_0^+} f(x) = f(x_0)$,则称 $f(x)$ 在点 x_0 处右连续.

函数 $f(x)$ 在点 x_0 处连续的充分必要条件是 $f(x)$ 在点 x_0 处既左连续,也右连续.

3. 函数在区间上连续的定义

设函数 $y = f(x)$ 在区间 (a, b) 内每点处都连续,则称 $f(x)$ 是 (a, b)

内的连续函数. 若 $f(x)$ 在 (a,b) 内连续, 且在区间左端点 a 处右连续, 在区间右端点 b 处左连续, 则称 $f(x)$ 在闭区间 $[a,b]$ 上连续.

对闭区间而言, 端点的连续性分别指左端点右连续, 右端点左连续.

4. 函数间断点的定义

设函数 $f(x)$ 在点 x_0 的某去心邻域内有定义. 在此前提下, 如果函数 $f(x)$ 有下列三种情形之一:

(1) $f(x)$ 在点 x_0 处没有定义;

(2) $f(x)$ 在点 x_0 处有定义, 但 $\lim\limits_{x \to x_0} f(x)$ 不存在;

(3) $f(x)$ 在点 x_0 处有定义, 且 $\lim\limits_{x \to x_0} f(x)$ 存在, 但 $\lim\limits_{x \to x_0} f(x) \neq f(x_0)$,

则函数 $f(x)$ 在点 x_0 处不连续, 而点 x_0 称为函数 $f(x)$ 的不连续点, 也就是间断点.

5. 函数间断点的分类

第一类间断点: 左右极限都存在的间断点叫做第一类间断点. 可去间断点和跳跃间断点属于第一类间断点.

第二类间断点: 左右极限至少有一个不存在的间断点, 称为第二类间断点. 无穷间断点和振荡间断点属于第二类间断点.

【答疑解惑】

【问】函数 $f(x)$ 在 $x = x_0$ 点连续与极限存在有何区别?

【答】函数 $f(x)$ 在 x_0 点连续, 必须在 x_0 及其附近有定义, 当 $x \to x_0$ 时, $f(x)$ 的极限存在, 且等于该点函数值, 即 $\lim\limits_{x \to x_0} f(x) = f(x_0)$.

$f(x)$ 在 x_0 点极限存在, 需 $f(x)$ 在点 x_0 附近有定义, 但点 x_0 可以除外, 且当 $x \to x_0$ 时, $f(x)$ 的极限存在, 记为 A, 但 A 不一定等于该点函数值 $f(x_0)$. 此时, 如果修改 (或补充) x_0 点定义, 使 $f(x_0) = A$, 则 $f(x)$

在 x_0 点就连续了.

【典型例题解析】

一、函数连续性的讨论

【例1】研究下列函数的连续性：

$$(1)f(x) = \begin{cases} x^2, & 0 \leqslant x \leqslant 1, \\ 2-x, & 1 < x \leqslant 2; \end{cases} \qquad (2)f(x) = \begin{cases} x, & -1 \leqslant x \leqslant 1, \\ 1, & x < -1 \text{ 或 } x > 1. \end{cases}$$

【解】(1)因为 $f(x)$ 在点 $x=1$ 处分段，左极限：$\lim\limits_{x \to 1^-} f(x) = \lim\limits_{x \to 1^-} x^2 = 1$，右极限：$\lim\limits_{x \to 1^+} f(x) = \lim\limits_{x \to 1^+} (2-x) = 1$，所以 $\lim\limits_{x \to 1} f(x) = 1 = f(1)$，因此 $f(x)$ 在 $x=1$ 点连续，故 $f(x)$ 在 $[0,2]$ 上连续.

(2)因为 $\lim\limits_{x \to 1^-} f(x) = \lim\limits_{x \to 1^-} x = 1$，$\lim\limits_{x \to 1^+} f(x) = 1$，所以 $\lim\limits_{x \to 1} f(x) = 1 = f(1)$，因此 $f(x)$ 在 $x=1$ 点连续. 又因为 $\lim\limits_{x \to -1^+} f(x) = \lim\limits_{x \to -1^+} x = -1 \neq \lim\limits_{x \to -1^-} f(x) = 1$，所以 $f(x)$ 在 $x=-1$ 点不连续，故 $f(x)$ 在 $(-\infty, -1) \cup (-1, +\infty)$ 上连续.

【例2】a 为何值时，函数 $f(x) = \begin{cases} x+a, & x \leqslant 0 \\ \cos x, & x > 0 \end{cases}$ 在 $x=0$ 点连续.

【解】因为 $f(0) = a$，且有 $\lim\limits_{x \to 0^-} f(x) = \lim\limits_{x \to 0^-} (x+a) = a$，$\lim\limits_{x \to 0^+} f(x) = \lim\limits_{x \to 0^+} \cos x = 1$. 若函数 $f(x)$ 在 $x=0$ 连续，则 $a=1$.

二、求函数的间断点

【例3】指出下列函数间断点的类型，若是可去间断点，则补充定义，使其在该点处连续.

$$(1)f(x) = \frac{x^2-1}{x^2-3x+2}; \quad (2)f(x) = \frac{x}{\tan x}; \quad (3)f(x) = \frac{1}{\dfrac{x(x+2)}{x^2-4}}.$$

【解】(1)因为

$$\lim_{x \to 1} f(x) = \lim_{x \to 1} \frac{x^2 - 1}{x^2 - 3x + 2} = \lim_{x \to 1} \frac{(x+1)(x-1)}{(x-1)(x-2)} = \lim_{x \to 1} \frac{x+1}{x-2} = -2,$$

$$\lim_{x \to 2} f(x) = \lim_{x \to 2} \frac{x+1}{x-2} = \infty.$$

所以 $x = 1$ 为可去间断点,属第一类间断点,$x = 2$ 为无穷间断点,属第二类间断点. 可补充定义

$$f(x) = \begin{cases} \dfrac{x^2 - 1}{x^2 - 3x + 2}, & x \neq 1, \\ -2, & x = 1, \end{cases}$$

则 $f(x)$ 在 $x = 1$ 点连续.

(2)因为当 $k \neq 0$ 时,$\lim\limits_{x \to k\pi} \dfrac{x}{\tan x} = \infty$,当 $k = 0$ 时,$\lim\limits_{x \to 0} \dfrac{x}{\tan x} = 1$. 且

$$\lim_{x \to k\pi + \frac{\pi}{2}} \frac{x}{\tan x} = 0 \ (k = 0, \pm 1, \pm 2, \cdots),$$ 所以 $x = k\pi \ (k = \pm 1, \pm 2, \cdots)$ 为

无穷间断点,属第二类间断点,$x = 0$ 和 $x = k\pi + \dfrac{\pi}{2} \ (k = 0, \pm 1, \pm 2,$

$\cdots)$ 为可去间断点,属第一类间断点. 可补充定义

$$f(x) = \begin{cases} \dfrac{x}{\tan x}, & x \neq k\pi + \dfrac{\pi}{2} \text{且} x \neq 0, \\ 0, & x = k\pi + \dfrac{\pi}{2} \ (k = 0, \pm 1, \pm 2, \cdots), \\ 1, & x = 0, \end{cases}$$

则 $f(x)$ 在 $x = 0$ 和 $x = k\pi + \dfrac{\pi}{2} \ (k = 0, \pm 1, \pm 2, \cdots)$ 连续.

(3)当 $x \neq 0, x \neq \pm 2$ 时,函数可以写为:$f(x) = \dfrac{\dfrac{1}{x(x+2)}}{\dfrac{1}{x^2 - 4}} = \dfrac{x-2}{x}$.

$$\lim_{x \to 2} f(x) = \lim_{x \to 2} \frac{\dfrac{1}{x(x+2)}}{\dfrac{1}{x^2 - 4}} = \lim_{x \to 2} \frac{x-2}{x} = 0,$$

$$\lim_{x \to -2} f(x) = \lim_{x \to -2} \frac{1}{\dfrac{x(x+2)}{x^2-4}} = \lim_{x \to -2} \frac{x-2}{x} = 2,$$

$$\lim_{x \to 0} f(x) = \lim_{x \to 0} \frac{1}{\dfrac{x(x+2)}{x^2-4}} = \lim_{x \to 0} \frac{x-2}{x} = \infty,$$

所以 $x = \pm 2$ 均为可去间断点，$x = 0$ 为无穷间断点. 可补充定义

$$f(x) = \begin{cases} \dfrac{1}{\dfrac{x(x+2)}{x^2-4}}, & x \neq \pm 2, 0, \\ 2, & x = -2, \\ 0, & x = 2, \end{cases}$$

则 $f(x)$ 在点 $x = \pm 2$ 连续.

第九节　连续函数的运算与初等函数的连续性

【知识要点回顾】

1. 函数连续性的性质

定理 1　设函数 $f(x)$ 和 $g(x)$ 在点 x_0 连续，则它们的和(差)$f \pm g$、积 $f \cdot g$ 及商 $\dfrac{f}{g}$（$g(x_0) \neq 0$）都在点 x_0 连续.

定理 2　如果函数 $y = f(x)$ 在 (a,b) 内单调增加(或单调减少)且连续，当 $x \in (a,b)$ 时，$y \in I$，则存在定义在区间 I 上的反函数 $y = f^{-}(x)$，且反函数也是单调增加(或单调减少)且连续的，即单调连续函数存在单调连续的反函数.

定理 3　设函数 $u = \varphi(x)$ 在点 $x = x_0$ 连续，且 $\varphi(x_0) = u_0$，而函数 $y = f(u)$ 在点 $u = u_0$ 连续，那么复合函数 $y = f[\varphi(x)]$ 在点 $x = x_0$ 也是连续的.

注：$\lim\limits_{x \to x_0} f[\varphi(x)] = f(u_0) = f\left[\lim\limits_{x \to x_0} \varphi(x)\right]$ 表明连续函数的符号与极限运算符号可以交换.

2. 初等函数的连续性

基本初等函数在它们的定义域内都是连续的.

一切初等函数在它的定义区间内都是连续的.

3. 闭区间上连续函数的性质

最大值和最小值定理 在闭区间上连续的函数在该区间上一定有最大值和最小值.

有界性定理 在闭区间上连续的函数在该区间上一定有界.

零点定理 设函数 $f(x)$ 在闭区间 $[a,b]$ 上连续，且 $f(a)$ 与 $f(b)$ 异号（即 $f(a) \cdot f(b) < 0$），那么在开区间 (a,b) 内至少有一点 ξ，使得 $f(\xi) = 0$.

介值定理 设函数 $f(x)$ 在闭区间 $[a,b]$ 上连续，且在这区间的端点取不同的函数值，$f(a) = A$ 及 $f(b) = B$，那么对于 A 与 B 之间的任意一个数 C，在开区间 (a,b) 内至少有一点 ξ，使得 $f(\xi) = C(a < \xi < b)$.

【答疑解惑】

【问】 设（1）函数 $f(x)$ 在 x_0 点连续，而 $g(x)$ 在 x_0 点不连续；（2）$f(x)$ 与 $g(x)$ 在 x_0 点均不连续，则两个函数之积 $f(x) \cdot g(x)$ 是否一定不连续？

【答】（1）不一定. 例如 $g(x) = \begin{cases} -1, & x \geq 0, \\ 1, & x < 0 \end{cases}$ 及 $f(x) = 0$.

易知：$f(x)$ 处处连续，$g(x)$ 在 $x = 0$ 不连续，但 $f(x) \cdot g(x) \equiv 0$ 处处连续.

（2）不一定. 例如 $f(x) = \begin{cases} 1, & x \geq 0, \\ -1, & x < 0 \end{cases}$ 及 $g(x) = f(x)$，它们均在

$x = 0$ 不连续,但 $f(x) \cdot g(x) = 1$ 处处连续.

【典型例题解析】

一、求函数的极限

【例1】求下列函数的极限:

$(1) \lim\limits_{x \to \frac{\pi}{9}} \ln(2\cos 3x)$;　　　　$(2) \lim\limits_{x \to a} \dfrac{\sin x - \sin a}{x - a}$;

$(3) \lim\limits_{x \to 0} \ln \dfrac{\sin x}{x}$;　　　　$(4) \lim\limits_{x \to 0} (1 + 3\tan^2 x)^{\cot^2 x}$.

【解】$(1) \lim\limits_{x \to \frac{\pi}{9}} \ln(2\cos 3x) = \ln\left(2 \cdot \dfrac{1}{2}\right) = 0$.

$(2) \lim\limits_{x \to a} \dfrac{\sin x - \sin a}{x - a} = \lim\limits_{x \to a} \dfrac{2\cos \dfrac{x+a}{2} \sin \dfrac{x-a}{2}}{x - a}$

$= \lim\limits_{x \to a} \cos \dfrac{x+a}{2} \cdot \lim\limits_{x \to a} \dfrac{\sin \dfrac{x-a}{2}}{\dfrac{x-a}{2}} = \cos a$.

$(3) \lim\limits_{x \to 0} \ln \dfrac{\sin x}{x} = \ln\left(\lim\limits_{x \to 0} \dfrac{\sin x}{x}\right) = \ln 1 = 0$.

(4) 令 $t = \tan^2 x$,则当 $x \to 0$ 时,$t \to 0^+$,故

原式 $= \lim\limits_{t \to 0^+} (1 + 3t)^{\frac{1}{t}} = \lim\limits_{t \to 0^+} \left[(1 + 3t)^{\frac{1}{3t}}\right]^3 = e^3$.

二、有关介值定理与零点定理的证明

【例2】证明方程 $x^5 - 3x = 1$ 至少有一根介于 1 和 2 之间.

【证明】设 $f(x) = x^5 - 3x - 1$,则 $f(x)$ 在闭区间 $[1,2]$ 上连续,且 $f(1) = -3 < 0$,$f(2) = 25 > 0$,即两端点的函数值异号. 由零点定理知,至少存在一个 $\xi \in (1,2)$,使 $f(\xi) = 0$,即 $\xi^5 - 3\xi = 1$.

所以方程 $x^5 - 3x = 1$ 至少有一根介于 1 和 2 之间.

【例3】证明方程 $x = a\sin x + b$ $(a > 0, b > 0)$ 至少有一个不超过 $a + b$ 的正根.

【证明】设 $f(x) = x - a\sin x - b$，则 $f(x)$ 在闭区间 $[0, a + b]$ 上连续，且 $f(0) = -b < 0$，$f(a + b) = a + b - a\sin(a + b) - b = a[1 - \sin(a + b)] \geq 0$.

若 $f(a + b) = a[1 - \sin(a + b)] > 0$，则 $f(a) \cdot f(b) < 0$，即两端点的函数值异号. 由零点定理知，至少存在一个 $\xi \in (0, a + b)$，使 $f(\xi) = 0$. 若 $f(a + b) = a[1 - \sin(a + b)] = 0$，则取 $\xi = a + b$ 可满足要求，即 $\xi = a + b$ 是方程 $x = a\sin x + b$ 的正根.

总之，存在 $\xi \in (0, a + b]$，使得 $f(\xi) = 0$，即 ξ 是方程 $x = a\sin x + b$ 的一个不超过 $a + b$ 的正根.

考研真题解析与综合提高

【例1】(2016 年数学二) 设 $a_1 = x(\cos\sqrt{x} - 1)$，$a_2 = \sqrt{x}\ln(1 + \sqrt[3]{x})$，$a_3 = \sqrt[3]{x + 1} - 1$，当 $x \to 0^+$ 时以上三个无穷小量按照从低阶到高阶的排序是(　　).

(A) a_1, a_2, a_3　　(B) a_2, a_3, a_1　　(C) a_2, a_1, a_3　　(D) a_3, a_2, a_1

【问题解析】此题结合等价无穷小替换考察无穷小量的比较.

【解】$a_1 = x(\cos\sqrt{x} - 1) \sim -\dfrac{1}{2}x^2$，$a_2 = \sqrt{x}\ln(1 + \sqrt[3]{x}) \sim x^{\frac{5}{6}}$，$a_3 = \sqrt[3]{x + 1} - 1 \sim \dfrac{1}{3}x$，故从低阶到高阶的排序为 a_2, a_3, a_1，因此应选答案(B).

【例2】(2016 年数学三) 已知函数 $f(x)$ 满足 $\lim\limits_{x \to 0} \dfrac{\sqrt{1 + f(x)\sin 2x} - 1}{e^{3x} - 1} = 2$，则 $\lim\limits_{x \to 0} f(x) = $ _____.

【问题解析】此题利用等价无穷小代换求函数的极限.

【解】$\lim\limits_{x \to 0} \dfrac{\sqrt{1 + f(x) \sin 2x} - 1}{e^{3x} - 1} = \lim\limits_{x \to 0} \dfrac{\dfrac{1}{2} f(x) \sin 2x}{3x}$

$\qquad\qquad\qquad\qquad = \lim\limits_{x \to 0} \dfrac{\dfrac{1}{2} f(x) \cdot 2x}{3x} = \dfrac{1}{3} \lim\limits_{x \to 0} f(x) = 2.$

故 $\lim\limits_{x \to 0} f(x) = 6.$

【例3】(2015年数学三)设 $\{x_n\}$ 是数列,下列命题中不正确的是(　　).

(A) 若 $\lim\limits_{n \to \infty} x_n = a$,则 $\lim\limits_{n \to \infty} x_{2n} = \lim\limits_{n \to \infty} x_{2n+1} = a$

(B) 若 $\lim\limits_{n \to \infty} x_{2n} = \lim\limits_{n \to \infty} x_{2n+1} = a$,则 $\lim\limits_{n \to \infty} x_n = a$

(C) 若 $\lim\limits_{n \to \infty} x_n = a$,则 $\lim\limits_{n \to \infty} x_{3n} = \lim\limits_{n \to \infty} x_{3n+1} = a$

(D) 若 $\lim\limits_{n \to \infty} x_{3n} = \lim\limits_{n \to \infty} x_{3n+1} = a$,则 $\lim\limits_{n \to \infty} x_n = a$

【问题解析】此题考察数列极限与其子数列极限之间的关系.

【解】利用数列极限的基本性质,若 $\lim\limits_{n \to \infty} x_n = a$,则它的任一子列极限存在且为 a,所以(A)和(C)正确. 又因为 $\lim\limits_{n \to \infty} x_{2n} = \lim\limits_{n \to \infty} x_{2n+1} = a \Rightarrow \lim\limits_{n \to \infty} x_n = a$,故(B)也正确,所以通过排除法,应选答案(D).

【例4】(2015年数学三)$\lim\limits_{x \to 0} \dfrac{\ln(\cos x)}{x^2} = $ _____.

【问题解析】此题利用等价无穷小代换求函数的极限.

【解】$\lim\limits_{x \to 0} \dfrac{\ln(\cos x)}{x^2} = \lim\limits_{x \to 0} \dfrac{\ln[1 + (\cos x - 1)]}{x^2}$

$\qquad\qquad\qquad = \lim\limits_{x \to 0} \dfrac{\cos x - 1}{x^2} = \lim\limits_{x \to 0} \dfrac{-\dfrac{1}{2} x^2}{x^2} = -\dfrac{1}{2}.$

故答案为 $-\dfrac{1}{2}$.

【例5】(2015年数学二)函数 $f(x) = \lim\limits_{t \to 0} \left(1 + \dfrac{\sin t}{x}\right)^{\frac{x^2}{t}}$,在

$(-\infty,+\infty)$内( ).

(A)连续   (B)有可去间断点

(C)有跳跃间断点   (D)有无穷间断点

【问题解析】此题利用第二重要极限求函数的间断点.

【解】$f(x)=\lim\limits_{t\to0}\left(1+\dfrac{\sin t}{x}\right)^{\frac{x^2}{t}}=\lim\limits_{t\to0}\left(1+\dfrac{\sin t}{x}\right)^{\frac{x}{\sin t}\cdot\frac{\sin t}{x}\cdot\frac{x^2}{t}}$

$$=e^{\lim\limits_{t\to0}\frac{\sin t}{x}\cdot\frac{x^2}{t}}=e^x(x\neq0).$$

所以$f(x)$有可去间断点$x=0$. 故选(B).

【例6】(2014年数学三)设$\lim\limits_{n\to\infty}a_n=a\neq0$,则当$n$充分大时,下列正确的是( ).

(A)$|a_n|>\dfrac{|a|}{2}$ (B)$|a_n|<\dfrac{|a|}{2}$

(C)$a_n>a-\dfrac{1}{n}$ (D)$a_n<a+\dfrac{1}{n}$

【问题解析】此题考察数列一般项和数列极限值之间的关系.

【解】因为$\lim\limits_{n\to\infty}a_n=a\neq0$,所以对$\forall\varepsilon>0$,$\exists N$,当$n>N$时,有$|a_n-a|<\varepsilon$,即$a-\varepsilon<a_n<a+\varepsilon$. 故$|a|-\varepsilon<|a_n|<|a|+\varepsilon$. 取$\varepsilon=\dfrac{|a|}{2}$,则$|a_n|>\dfrac{|a|}{2}$. 故选(A).

【例7】(2014年数学三)设$P(x)=a+bx+cx^2+dx^3$,则当$x\to0$时,若$P(x)-\tan x$是比x^3高阶的无穷小,则下列选项中错误的是( ).

(A)$a=0$ (B)$b=1$ (C)$c=0$ (D)$d=\dfrac{1}{6}$

【问题解析】此题利用高阶无穷小的定义和麦克劳林公式求相关系数.

【解】利用麦克劳林公式知,$\tan x=x+\dfrac{1}{3}x^3+o(x^3)$,所以,

$$P(x) - \tan x = a + (b-1)x + cx^2 + \left(d - \frac{1}{3}\right)x^3 + o(x^3).$$ 又因为

$P(x) - \tan x$ 是比 x^3 高阶的无穷小,可得 $a = 0, b = 1, c = 0, d = \frac{1}{3}$. 故

选(D).

【例 8】(2013 年数学二) $\lim\limits_{x \to 0}\left[2 - \dfrac{\ln(1+x)}{x}\right]^{\frac{1}{x}} = \underline{\qquad}$.

【问题解析】此题利用第二重要极限和等价无穷小代换求函数的极限.

【解】原式 $= \lim\limits_{x \to 0}\left[1 + \left(1 - \dfrac{\ln(1+x)}{x}\right)\right]^{\frac{x}{x - \ln(1+x)} \cdot \frac{x - \ln(1+x)}{x^2}}$

$$= e^{\lim\limits_{x \to 0}\frac{x - \ln(1+x)}{x^2}} = e^{\lim\limits_{x \to 0}\frac{1 - \frac{1}{1+x}}{2x}} = e^{\lim\limits_{x \to 0}\frac{x}{2x(1+x)}} = e^{\frac{1}{2}}.$$

故答案为 $e^{\frac{1}{2}}$.

【例 9】(2012 年数学二)设 $a_n > 0$ $(n = 1, 2, \cdots)$,$S_n = a_1 + a_2 + \cdots$ $+ a_n$,则数列 $\{S_n\}$ 有界是数列 $\{a_n\}$ 收敛的(   ).

(A)充分必要条件   （B)充分非必要条件

(C)必要非充分条件   （D)既非充分也非必要条件

【问题解析】此题考察前 n 项和数列 $\{S_n\}$ 与数列收敛之间的关系.

【解】因 $a_n > 0$ $(n = 1, 2, \cdots)$,所以数列 $\{S_n\}$ 单调上升. 若数列 $\{S_n\}$ 有界,则根据单调有界准则可知 $\lim\limits_{n \to \infty} S_n$ 存在,于是

$$\lim\limits_{n \to \infty} a_n = \lim\limits_{n \to \infty}(S_n - S_{n-1}) = \lim\limits_{n \to \infty} S_n - \lim\limits_{n \to \infty} S_{n-1} = 0.$$

反之,若数列 $\{a_n\}$ 收敛,则数列 $\{S_n\}$ 不一定有界. 例如,取 $a_n = 1$ $(n = 1, 2, \cdots)$,则 $S_n = n$ 是无界的. 故选(B).

【例 10】(2012 年数学三) $\lim\limits_{x \to \frac{\pi}{4}}(\tan x)^{\frac{1}{\cos x - \sin x}} = \underline{\qquad}$.

【问题解析】此题利用第二重要极限求函数的极限.

【解】原式 $= \lim\limits_{x \to \frac{\pi}{4}}\left[1 + (\tan x - 1)^{\frac{1}{\tan x - 1}}\right]^{\frac{\tan x - 1}{\cos x - \sin x}}$

$$= e^{\lim\limits_{x \to \frac{\pi}{4}} \frac{\tan x - 1}{\cos x - \sin x}} = e^{\lim\limits_{x \to \frac{\pi}{4}} \frac{1}{\cos x} \cdot \frac{\sin x - \cos x}{\cos x - \sin x}} = e^{-\sqrt{2}}.$$

故答案为 $e^{-\sqrt{2}}$.

【例 11】(2010 年数学二) 函数 $f(x) = \dfrac{x^2 - x}{x^2 - 1} \sqrt{1 + \dfrac{1}{x^2}}$ 的无穷间断点

的个数为( ).

(A)0　　　　(B)1　　　　(C)2　　　　(D)3

【问题解析】此题考察间断点的类型.

【解】函数 $f(x)$ 有间断点 $x = 0, x = \pm 1$. 由于

$$f(x) = \frac{x(x-1)}{(x-1)(x+1)} \cdot \frac{\sqrt{x^2+1}}{|x|} = \frac{x}{(x+1)} \frac{\sqrt{x^2+1}}{|x|}.$$

又 $\lim\limits_{x \to -1} f(x) = \infty$, 故 $x = -1$ 是无穷间断点. 而 $\lim\limits_{x \to 1} f(x) = \dfrac{\sqrt{2}}{2}$,

$\lim\limits_{x \to 0^+} f(x) = 1$, $\lim\limits_{x \to 0^-} f(x) = -1$, 因此 $x = 1, 0$ 不是无穷间断点. 故选

(B).

【例 12】(2009 年数学三) $\lim\limits_{x \to 0} \dfrac{e - e^{\cos x}}{\sqrt[3]{1 + x^2} - 1} = $ _____.

【问题解析】此题利用等价无穷小求函数极限.

【解】

$$\lim_{x \to 0} \frac{e - e^{\cos x}}{\sqrt[3]{1 + x^2} - 1} = \lim_{x \to 0} \frac{e(1 - e^{\cos x - 1})}{\sqrt[3]{1 + x^2} - 1}$$

$$= \lim_{x \to 0} \frac{e(1 - \cos x)}{\frac{1}{3} x^2} = \lim_{x \to 0} \frac{e \frac{1}{2} x^2}{\frac{1}{3} x^2} = \frac{3}{2} e.$$

故答案为 $\dfrac{3}{2} e$.

【例 13】(2009 年数学一) 当 $x \to 0$ 时, $f(x) = x - \sin ax$ 与 $g(x) = x^2 \ln(1 - bx)$ 是等价无穷小, 则( ).

$$(A) a = 1, b = -\frac{1}{6} \qquad\qquad (B) a = 1, b = \frac{1}{6}$$

$$(C) a = -1, b = -\frac{1}{6} \qquad\qquad (D) a = -1, b = \frac{1}{6}$$

【问题解析】此题利用等价无穷小的定义和麦克劳林公式求相关字母.

【解】利用麦克劳林公式知,

$$f(x) = x - \sin ax = (1-a)x + \frac{(ax)^3}{3!} + o(x^3), g(x) = x^2 \ln(1-bx) \sim$$

$-bx^3$. 因为 $f(x) \sim g(x)$, 所以 $a = 1, b = -\frac{1}{6}$. 故选(A).

【例14】(2008 年数学二)设函数 $f(x)$ 在 $(-\infty, +\infty)$ 内单调有界, $\{x_n\}$ 为数列, 下列命题正确的是(　　　).

(A)若 $\{x_n\}$ 收敛, 则 $\{f(x_n)\}$ 收敛

(B)若 $\{x_n\}$ 单调, 则 $\{f(x_n)\}$ 收敛

(C)若 $\{f(x_n)\}$ 收敛, 则 $\{x_n\}$ 收敛

(D)若 $\{f(x_n)\}$ 单调, 则 $\{x_n\}$ 收敛

【问题解析】此题考察数列的单调有界准则.

【解】因 $f(x)$ 在 $(-\infty, +\infty)$ 内单调有界, 当 $\{x_n\}$ 单调时, 可知 $\{f(x_n)\}$ 单调有界, 由单调有界准则可得, $\{f(x_n)\}$ 收敛. 故选(B).

【例15】(2007 年数学一)当 $x \to 0^+$ 时, 与 $\sqrt{x}$ 等价的无穷小是(　　　).

$$(A) 1 - e^{\sqrt{x}} \qquad\qquad (B) \ln \frac{1+x}{1-\sqrt{x}}$$

$$(C) \sqrt{1+\sqrt{x}} - 1 \qquad\qquad (D) 1 - \cos\sqrt{x}$$

【问题解析】此题考察等价无穷小的定义和常见等价无穷小.

【解】方法一　当 $x \to 0^+$ 时, 有

$$\ln \frac{1+x}{1-\sqrt{x}} = \ln\left[1 + \left(\frac{1+x}{1-\sqrt{x}} - 1\right)\right] = \ln\left(1 + \frac{x+\sqrt{x}}{1-\sqrt{x}}\right) \sim \frac{x+\sqrt{x}}{1-\sqrt{x}} \sim \sqrt{x}.$$

故选(B).

方法二　当 $x \to 0^+$ 时,有

$$1 - e^{\sqrt{x}} = -(e^{\sqrt{x}} - 1) \sim -\sqrt{x}\,; \sqrt{1+\sqrt{x}} - 1 \sim \frac{1}{2}\sqrt{x}\,;$$

$$1 - \cos\sqrt{x} \sim \frac{1}{2}(\sqrt{x})^2 = \frac{1}{2}x.$$

利用排除法知,应选(B).

同步测试

一、填空题(本题共 5 小题,每题 3 分,共 15 分)

1. $\lim\limits_{n \to \infty} \dfrac{1 + 2 + 3 + \cdots + n}{n^2 + 3n} = $ _____.

2. 若 $\lim\limits_{x \to 1}\left(\dfrac{a}{1-x^2} - \dfrac{2}{1-x}\right) = 1$,则 $a = $ _____.

3. $\lim\limits_{x \to \infty}\left(\dfrac{2x+3}{2x+1}\right)^{x+1} = $ _____.

4. 若 $\lim\limits_{x \to 0} \dfrac{f(2x)}{x} = \dfrac{1}{3}$,则 $\lim\limits_{x \to 0} \dfrac{x}{f(3x)} = $ _____.

5. 设 $f(x) = \begin{cases} \dfrac{e^x - e^{-x}}{x}, & 0 < x \leqslant 1, \\ k, & x = 0, \end{cases}$ 若 $f(x)$ 在 $x = 0$ 连续,则

$k = $ _____.

二、选择题(本题共 5 小题,每题 5 分,共 25 分)

1. 设函数 $f(x) = \dfrac{x}{1+x^2}$,在定义域内为(　　).

(A)有上界无下界　　　　　　(B)有下界无上界

(C)有界且 $-\dfrac{1}{2} \leqslant f(x) \leqslant \dfrac{1}{2}$　　(D)有界且 $-2 \leqslant f(x) \leqslant 2$

2. 若 $\lim\limits_{x \to 3} \dfrac{x^2 - 2x + k}{x - 3} = 4$,则 $k = $ (　　).

(A) -4 　　　　(B)4 　　　　(C) -3 　　　　(D)3

3. 函数 $f(x)$ 在 x_0 点有定义是 $f(x)$ 在 x_0 点处连续的(　　).

(A)必要非充分条件　　　　(B)充分非必要条件

(C)充分必要条件　　　　(D)无关条件

4. $x = 1$ 是函数 $f(x) = \dfrac{x-1}{\sqrt[3]{x}-1}$ 的(　　).

(A)连续点　　　　　　　　(B)可去间断点

(C)跳跃间断点　　　　　　(D)无穷间断点

5. 下列函数在 $x = 0$ 处连续的是(　　).

(A)$f(x) = \begin{cases} x\cos\dfrac{1}{x}, & x \neq 0 \\ 1, & x = 0 \end{cases}$ 　　(B)$f(x) = \begin{cases} e^{-\frac{1}{x^2}}, & x \neq 0 \\ 0, & x = 0 \end{cases}$

(C)$f(x) = \begin{cases} e^{-\frac{1}{x}}, & x \neq 0 \\ 0, & x = 0 \end{cases}$ 　　(D)$f(x) = \begin{cases} x, & x > 0 \\ -x, & x < 0 \end{cases}$

三、计算题(本题共 6 小题,每题 10 分,共 60 分)

1. 设 $f(x) = \begin{cases} 0, & x \leq 0, \\ x, & x > 0, \end{cases}$ $g(x) = \begin{cases} 0, & x \leq 0, \\ -x^2, & x > 0, \end{cases}$ 求 $f[g(x)]$,
$g[f(x)]$.

2. 求 $\lim\limits_{x \to +\infty} x(\sqrt{x^2+1} - x)$.

3. 设 $f(x) = \begin{cases} x\sin\dfrac{1}{x}, & x > 0, \\ a + x^2, & x \leq 0, \end{cases}$ 要使 $f(x)$ 在 $(-\infty, +\infty)$ 内连续,
应当怎样选择 a?

4. 已知 $\lim\limits_{x \to 2} \dfrac{x^2 + ax + b}{x - 2} = -5$,求 a, b.

5. 设 $f(x) = \begin{cases} \dfrac{\ln\cos(x-1)}{1 - \sin\dfrac{\pi}{2}x}, & x \neq 1, \\ 1, & x = 1, \end{cases}$ 问函数 $f(x)$ 在 $x = 1$ 处是否连

续？若不连续，修改函数在 $x = 1$ 处的定义，使之连续.

6. 证明方程 $\sin x + x + 1 = 0$ 在开区间 $\left(-\dfrac{\pi}{2}, \dfrac{\pi}{2} \right)$ 内至少有一个根.

第二章 导数与微分

第一节 导数的概念

【知识要点回顾】

1.导数的概念

设函数 $y = f(x)$ 在点 x_0 的某一邻域内有定义,当自变量 x 在 x_0 处有增量 Δx(点 $x_0 + \Delta x$ 仍在该邻域内)时,函数有相应增量 $\Delta y = f(x_0 + \Delta x) - f(x_0)$;如果极限 $\lim\limits_{\Delta x \to 0} \dfrac{\Delta y}{\Delta x}$ 存在,则称函数 $y = f(x)$ 在点 x_0 处可导,并称这个极限为函数 $y = f(x)$ 在点 x_0 处的导数,记为 $f'(x_0)$,即

$$f'(x_0) = \lim_{\Delta x \to 0} \frac{\Delta y}{\Delta x} = \lim_{\Delta x \to 0} \frac{f(x_0 + \Delta x) - f(x_0)}{\Delta x}.$$

函数在点 x_0 的导数形式还有:

$$f'(x_0) = \lim_{h \to 0} \frac{f(x_0 + h) - f(x_0)}{h}; \quad f'(x_0) = \lim_{x \to x_0} \frac{f(x) - f(x_0)}{x - x_0}.$$

函数在任意点 x 的导数: $f'(x) = \lim\limits_{\Delta x \to 0} \dfrac{f(x + \Delta x) - f(x)}{\Delta x}$.

函数在 $x = 0$ 处的导数: $f'(0) = \lim\limits_{x \to 0} \dfrac{f(x) - f(0)}{x}$.

2.导数的几何意义

导数 $f'(x_0)$ 在几何上表示曲线 $y = f(x)$ 在点 $P(x_0, f(x_0))$ 处的切

线斜率.

曲线在该点处的切线方程为 $y - f(x_0) = f'(x_0)(x - x_0)$,

法线方程为 $y - f(x_0) = -\dfrac{1}{f'(x_0)}(x - x_0)$.

3. 函数的可导与连续的关系

如果函数 $y = f(x)$ 在点 x_0 处可导,则函数在该点必连续,反之不一定.

【答疑解惑】

【问 1】$f'(x_0)$ 与 $[f(x_0)]'$ 相等吗?

【答】不相等. 因为 $f'(x_0)$ 表示函数 $y = f(x)$ 在点 x_0 处的导数值,即 $f'(x_0) = f'(x)\big|_{x=x_0}$,而 $[f(x_0)]'$ 表示常数 $f(x_0)$ 的导数,其值恒等于 0.

【问 2】$f'(x_0)$,$f'_-(x_0)$,$f'_+(x_0)$ 的关系是什么?

【答】$f'(x_0) = A \Leftrightarrow f'_-(x_0) = f'_+(x_0) = A$.

【典型题型精解】

一、利用导数的定义求极限

【例 1】设 $f'(x_0)$ 存在,指出下列极限各表示什么?

$(1)\ \lim\limits_{\Delta x \to 0} \dfrac{f(x_0 - \Delta x) - f(x_0)}{\Delta x}$;　　$(2)\ \lim\limits_{h \to 0} \dfrac{f(x_0) - f(x_0 + h)}{h}$;

$(3)\ \lim\limits_{h \to 0} \dfrac{f(x_0 + h) - f(x_0 - 2h)}{h}$.

【问题分析】利用 $f'(x_0) = \lim\limits_{\Delta x \to 0} \dfrac{f(x_0 + \Delta x) - f(x_0)}{\Delta x}$.

【解】$(1)\ \lim\limits_{\Delta x \to 0} \dfrac{f(x_0 - \Delta x) - f(x_0)}{\Delta x} = -\lim\limits_{\Delta x \to 0} \dfrac{f(x_0 - \Delta x) - f(x_0)}{-\Delta x}$

$$= -f'(x_0).$$

$(2)\lim\limits_{h\to 0}\dfrac{f(x_0)-f(x_0+h)}{h} = -\lim\limits_{h\to 0}\dfrac{f(x_0+h)-f(x_0)}{h} = -f'(x_0).$

$(3)\lim\limits_{h\to 0}\dfrac{f(x_0+h)-f(x_0-2h)}{h}$

$=\lim\limits_{h\to 0}\dfrac{f(x_0+h)-f(x_0)-f(x_0-2h)+f(x_0)}{h}$

$=\lim\limits_{h\to 0}\dfrac{f(x_0+h)-f(x_0)}{h}-\lim\limits_{h\to 0}\dfrac{f(x_0-2h)-f(x_0)}{h}$

$=\lim\limits_{h\to 0}\dfrac{f(x_0+h)-f(x_0)}{h}+2\lim\limits_{h\to 0}\dfrac{f(x_0-2h)-f(x_0)}{-2h}$

$=3f'(x_0).$

二、求分段函数在分界点处的导数

【例2】设 $f(x)=\begin{cases}\dfrac{2}{3}x^3, & x\leqslant 1,\\ x^2, & x>1,\end{cases}$ 则 $f(x)$ 在点 $x=1$ 处的(　　).

(A)左、右导数都存在

(B)左导数存在,右导数不存在

(C)左导数不存在,右导数存在

(D)左、右导数都不存在

【问题分析】利用左、右导数的定义.

【解】$(1)f'_-(1)=\lim\limits_{x\to 1^-}\dfrac{f(x)-f(1)}{x-1}$

$\qquad\qquad=\lim\limits_{x\to 1^-}\dfrac{\frac{2}{3}x^3-\frac{2}{3}}{x-1}=\dfrac{2}{3}\lim\limits_{x\to 1^-}\dfrac{x^3-1}{x-1}=\dfrac{2}{3}\times 3=2,$

$f'_+(1)=\lim\limits_{x\to 1^+}\dfrac{f(x)-f(1)}{x-1}=\lim\limits_{x\to 1^+}\dfrac{x^2-\frac{2}{3}}{x-1}=\infty$,故选(B).

三、已知某极限求导数

【例3】已知$f(x)$在$x=1$处连续,且$\lim\limits_{x\to 1}\dfrac{f(x)}{x-1}=2$,求$f'(1)$.

【问题分析】先利用$f(x)$在$x=1$处连续及所给极限求出$f(1)=0$,再利用导数的定义求$f'(1)$.

【解】$f(1)=\lim\limits_{x\to 1}f(x)=\lim\limits_{x\to 1}\dfrac{f(x)}{x-1}(x-1)=\lim\limits_{x\to 1}\dfrac{f(x)}{x-1}\lim\limits_{x\to 1}(x-1)=0$,

$$f'(1)=\lim\limits_{x\to 1}\dfrac{f(x)-f(1)}{x-1}=\lim\limits_{x\to 1}\dfrac{f(x)}{x-1}=2.$$

第二节 函数的求导法则

【知识要点回顾】

1. 导数的四则运算法则

设$u=u(x)$,$v=v(x)$可导,则$(u\pm v)'=u'\pm v'$,$(uv)'=u'v+uv'$,

$\left(\dfrac{u}{v}\right)'=\dfrac{u'v-uv'}{v^2}$ $(v\neq 0)$.

2. 反函数求导法则

设函数$x=f(y)$单调可导且$f'(y)\neq 0$,则它的反函数$y=f^{-1}(x)$

也可导,且$[f^{-1}(x)]'=\dfrac{1}{f'(y)}$或$\dfrac{\mathrm{d}y}{\mathrm{d}x}=\dfrac{1}{\dfrac{\mathrm{d}x}{\mathrm{d}y}}$.

3. 复合函数的求导法则

$$[f(\varphi(x))]'=f'[\varphi(x)]\varphi'(x).$$

【答疑解惑】

【问 1】$f'(\sin x)$ 与 $[f(\sin x)]'$ 相等吗？

【答】不相等. $[f(\sin x)]' = f'(\sin x)(\sin x)' = f'(\sin x)\cos x.$

【问 2】若函数 $u(x)$ 在 x_0 处可导, $v(x)$ 在 x_0 处不可导, 则函数 $u(x) + v(x)$ 在点 x_0 处是否一定不可导？若函数 $u(x)$ 和 $v(x)$ 在 x_0 处都不可导, 则函数 $u(x) + v(x)$ 在点 x_0 处是否一定不可导？

【答】前者一定不可导. 因为如果函数 $u(x) + v(x)$ 在 x_0 处可导, 又知函数 $u(x)$ 在 x_0 处可导, 则由导数差运算法则, $[u(x) + v(x)] - u(x)$ 在 x_0 处可导, 与 $v(x)$ 在 x_0 处不可导矛盾.

后者不一定. 例如 $u(x) = x + \dfrac{1}{x}$, $v(x) = x - \dfrac{1}{x}$, 它们在 $x = 0$ 处都不可导, 但 $u(x) + v(x) = 2x$ 在 $x = 0$ 处可导.

【典型题型精解】

一、四则运算求导

【例 1】求下列函数的导数

$(1) y = \sqrt{x\sqrt{x\sqrt{x}}}$; 　　　$(2) y = \ln\sqrt{\dfrac{x-1}{x+1}}.$

【问题分析】先化简成和差的形式再求导. 注 $(\ln|x|)' = (\ln x)' = \dfrac{1}{x}.$

【解】$(1) y = \sqrt{x\sqrt{x\sqrt{x}}} = x^{\frac{7}{8}}$, $y' = \dfrac{7}{8}x^{-\frac{1}{8}}.$

$(2) y = \ln\sqrt{\dfrac{x-1}{x+1}} = \dfrac{1}{2}(\ln|x-1| - \ln|x+1|)$, $y' = \dfrac{1}{2}\left(\dfrac{1}{x-1} - \dfrac{1}{x+1}\right).$

二、复合函数求导

【例 2】已知 $y = e^{\sin\frac{1}{x}}$, 求 $\dfrac{dy}{dx}.$

【问题分析】利用复合函数的链式求导法则,从最外层函数开始层层求导,直到对自变量求导为止.

【解】$y = e^{\sin\frac{1}{x}}$,

$$\frac{dy}{dx} = e^{\sin\frac{1}{x}}\left(\sin\frac{1}{x}\right)' = e^{\sin\frac{1}{x}}\cos\frac{1}{x}\left(\frac{1}{x}\right)' = -\frac{1}{x^2}\cos\frac{1}{x}e^{\sin\frac{1}{x}}.$$

【例3】设$f(x)$可导,求下列函数的导数$\dfrac{dy}{dx}$.

(1) $y = f(x^2)$;　　　(2) $y = f(\sin^2 x) + f(\cos^2 x)$.

【解】(1) $y' = f'(x^2)(x^2)' = 2xf'(x^2)$.

(2) $y = f(\sin^2 x) + f(\cos^2 x)$

$\quad y' = f'(\sin^2 x)(\sin^2 x)' + f'(\cos^2 x)(\cos^2 x)'$

$\quad\quad = f'(\sin^2 x)2\sin x(\sin x)' + f'(\cos^2 x)2\cos x(\cos x)'$

$\quad\quad = f'(\sin^2 x)2\sin x\cos x + f'(\cos^2 x)2\cos x(-\sin x)$

$\quad\quad = \sin 2x[f'(\sin^2 x) - f'(\cos^2 x)].$

第三节　高阶导数

【知识要点回顾】

1. 二阶导数

把$y' = f'(x)$的导数叫作$f(x)$的二阶导数,记作y''或$\dfrac{d^2 y}{dx^2}$.

2. 两个函数乘积的 n 阶导数公式(莱布尼兹公式)

$$[u(x)v(x)]^{(n)} = \sum_{k=0}^{n} C_n^k u(x)^{(n-k)} v(x)^{(k)}.$$

【答疑解惑】

【问】哪些初等函数的高阶导数公式是应该了解的?

【答】以下这些初等函数的高阶导数公式在今后的学习过程中经常被使用.

(1) $(x^\mu)^{(n)} = \mu(\mu-1)\cdots(\mu-n+1)x^{\mu-n}$　　$(n \leqslant \mu)$

(2) $(a^x)^{(n)} = a^x(\ln a)^n$,　　$(e^x)^{(n)} = e^x$

(3) $[\ln(ax+b)]^{(n)} = \dfrac{(-1)^{n-1}(n-1)!a^n}{(ax+b)^n}$

(4) $[\sin(ax+b)]^{(n)} = a^n\sin(ax+b+\dfrac{n\pi}{2})$

(5) $[\cos(ax+b)]^{(n)} = a^n\cos(ax+b+\dfrac{n\pi}{2})$

【典型题型精解】

一、求二阶导数

【例 1】已知 $f(x) = \ln(x+\sqrt{1+x^2})$,求 $f''(x)$.

【问题分析】应先将一阶导数的结果化简再求二阶导数.

【解】$f'(x) = \dfrac{1}{x+\sqrt{1+x^2}}(1+\dfrac{x}{\sqrt{1+x^2}}) = \dfrac{1}{\sqrt{1+x^2}} = (1+x^2)^{-\frac{1}{2}}$,

$f''(x) = -\dfrac{1}{2}(1+x^2)^{-\frac{3}{2}}2x = -x(1+x^2)^{-\frac{3}{2}}$.

二、求 n 阶导数

【例 2】已知 $y = \dfrac{1}{x^2+5x+6}$,求 $y^{(n)}$.

【问题分析】应先将函数拆成两项差,再利用 $\left(\dfrac{1}{ax+b}\right)^{(n)} =$

$\dfrac{(-1)^{n}n!a^{n}}{(ax+b)^{n+1}}$ 求导.

【解】$y = \dfrac{1}{x+2} - \dfrac{1}{x+3}$, $\quad y^{(n)} = \dfrac{(-1)^{n}n!}{(x+2)^{n+1}} - \dfrac{(-1)^{n}n!}{(x+3)^{n+1}}$.

三、利用莱布尼兹公式求高阶导数

【例3】已知 $y = e^{x}\cos x$, 求 $y^{(4)}$.

【问题分析】利用莱布尼兹公式

$$[u(x)v(x)]^{(n)} = \sum_{k=0}^{n} C_{n}^{k}u(x)^{(n-k)}v(x)^{(k)}.$$

【解】

$$y^{(4)} = e^{x}\cos\left(x + \frac{4\pi}{2}\right) + 4(e^{x})'\cos\left(x + \frac{3\pi}{2}\right) + \frac{4\times3}{2}(e^{x})''\cos\left(x + \frac{2\pi}{2}\right)$$

$$+ \frac{4\times3\times2}{3!}(e^{x})'''\cos\left(x + \frac{\pi}{2}\right) + (e^{x})^{(4)}\cos x$$

$$= e^{x}\cos x + 4e^{x}\sin x - 6e^{x}\cos x - 4e^{x}\sin x + e^{x}\cos x$$

$$= -4e^{x}\cos x.$$

第四节   隐导数及由参数方程所确定的
函数的导数

【知识要点回顾】

1. 隐函数求导法

由方程 $F(x,y) = 0$ 确定的隐函数 $y = y(x)$ 的导数求法:方程两边同时对自变量 x 求导. 因 y 是 x 的函数,应用复合函数求导法则进行求导.

2. 由参数方程所确定的函数求导法

由参数方程 $\begin{cases} x = x(t), \\ y = y(t) \end{cases}$ 确定的函数 $y = f(x)$ 的求导法：

$$\frac{dy}{dx} = \frac{\dfrac{dy}{dt}}{\dfrac{dx}{dt}} = \frac{y'(t)}{x'(t)}, \ \frac{d^2 y}{dx^2} = \frac{d}{dx}\left(\frac{dy}{dx}\right) = \frac{\dfrac{d\left(\dfrac{dy}{dx}\right)}{dt}}{\dfrac{dx}{dt}} = \frac{\dfrac{d}{dt}\left(\dfrac{y'(t)}{x'(t)}\right)}{x'(t)}.$$

3. 幂指函数的求导法

设 $y = u(x)^{v(x)}$.

方法一：

$$y = e^{v(x)\ln u(x)}, y' = u(x)^{v(x)}\left[v'(x)\ln u(x) + \frac{v(x)u'(x)}{u(x)}\right].$$

方法二：

两边取对数 $\ln y = v(x)\ln u(x)$，利用隐函数求导法求导.

【答疑解惑】

【问】在求由参数方程 $\begin{cases} x = a\cos t, \\ y = b\sin t \end{cases}$ 确定的函数 $y = f(x)$ 的二阶导数时，下面的解法对吗？

$$\frac{dy}{dx} = \frac{\dfrac{dy}{dt}}{\dfrac{dx}{dt}} = \frac{b\cos t}{-a\sin t} = -\frac{b}{a}\cot t,$$

$$\frac{d^2 y}{dx^2} = \frac{d}{dx}\left(\frac{dy}{dx}\right) = -\frac{b}{a}(-\csc^2 t) = \frac{b}{a}\csc^2 t.$$

【答】不对. 上述解法一阶导数正确, 而二阶导数的求法是错误的. 二阶导数是对一阶导数的 x 求导, 而不是对 t 求导. 正确的解法是：

$$\frac{d^2 y}{dx^2} = \frac{d}{dx}\left(-\frac{b}{a}\cot t\right) = \frac{\dfrac{d}{dt}\left(-\dfrac{b}{a}\cot t\right)}{\dfrac{dx}{dt}} = \frac{\dfrac{b}{a}\csc^2 t}{-a\sin t} = -\frac{b}{a^2}\csc^3 t.$$

【典型题型精解】

一、隐函数求导

【例 1】求由方程 $\ln(y-x) - x = 0$ 所确定的隐函数 y 在 $x=0$ 处的导数.

【问题分析】因隐函数的导数结果含有 y, 故求其在一点的导数时应求出 $x=0$ 时 y 的值.

【解】当 $x=0$ 时, $y=1$. 方程两边同时对自变量 x 求导:

$$\frac{y'-1}{y-x} - 1 = 0, \ y' = y - x + 1 . \ y'\big|_{x=0} = 2 .$$

二、参数方程求导

【例 2】已知 $\begin{cases} x = 3e^{-t}, \\ y = 2e^t, \end{cases}$ 求 $\dfrac{dy}{dx}, \ \dfrac{d^2 y}{dx^2}$.

【解】$\dfrac{dy}{dx} = \dfrac{\dfrac{dy}{dt}}{\dfrac{dx}{dt}} = \dfrac{2e^t}{-3e^{-t}} = -\dfrac{2}{3}e^{2t},$

$$\frac{d^2 y}{dx^2} = \frac{d}{dx}\left(\frac{dy}{dx}\right) = \frac{\dfrac{d\left(\dfrac{dy}{dx}\right)}{dt}}{\dfrac{dx}{dt}} = \frac{\dfrac{d}{dt}\left(-\dfrac{2}{3}e^{2t}\right)}{-3e^{-t}} = \frac{4}{9}e^{3t}.$$

三、对数求导法

【例 3】求下列函数的导数:

(1) $y = \left(1 + \dfrac{1}{x}\right)^x$；　　(2) $y = \sqrt{\dfrac{(x-1)(x-2)}{(x-3)(x-4)}}$.

【问题分析】(1) $y = \left(1 + \dfrac{1}{x}\right)^x$ 为幂指函数,可以用对数求导法也可以用复合函数求导法.

(2) 直接求导太繁琐,可通过两边取对数化成和差再求导.

【解】(1) 方法一:两边取对数得: $\ln y = x\ln\left(1 + \dfrac{1}{x}\right)$,

方程两边同时对自变量 x 求导: $\dfrac{y'}{y} = \ln\left(1 + \dfrac{1}{x}\right) - \dfrac{1}{1+x}$,即

$$y' = \left(1 + \dfrac{1}{x}\right)^x\left[\ln\left(1 + \dfrac{1}{x}\right) - \dfrac{1}{1+x}\right].$$

方法二: $y = e^{x\ln\left(1 + \frac{1}{x}\right)}$,

$$y' = e^{x\ln\left(1 + \frac{1}{x}\right)}\left[\ln\left(1 + \dfrac{1}{x}\right) - \dfrac{1}{1+x}\right] = \left(1 + \dfrac{1}{x}\right)^x\left[\ln\left(1 + \dfrac{1}{x}\right) - \dfrac{1}{1+x}\right].$$

(2) 两边取对数得:

$$\ln y = \dfrac{1}{2}\left[\ln(x-1) + \ln(x-2) - \ln(x-3) - \ln(x-4)\right],$$

方程两边同时对自变量 x 求导: $\dfrac{y'}{y} = \dfrac{1}{2}\left(\dfrac{1}{x-1} + \dfrac{1}{x-2} - \dfrac{1}{x-3} - \dfrac{1}{x-4}\right)$,

即 $y' = \dfrac{1}{2}\sqrt{\dfrac{(x-1)(x-2)}{(x-3)(x-4)}}\left(\dfrac{1}{x-1} + \dfrac{1}{x-2} - \dfrac{1}{x-3} - \dfrac{1}{x-4}\right).$

第五节　函数的微分

【知识要点回顾】

1. 微分的定义

设函数 $y = f(x)$ 在某区间内有定义, x_0 及 $x_0 + \Delta x$ 在这区间内,如

果增量 $\Delta y = f(x_0 + \Delta x) - f(x_0)$ 可表示为 $\Delta y = A\Delta x + o(\Delta x)$,其中 A 是不依赖于 Δx 的常数,则称函数 $y = f(x)$ 在点 x_0 是可微的,而 $A\Delta x$ 叫作函数 $y = f(x)$ 在点 x_0 处的微分,记为 dy ,即 $dy = A\Delta x$.

2. 可微与可导的关系

函数 $y = f(x)$ 在点 x_0 可微 $\Leftrightarrow$ 函数 $y = f(x)$ 在点 x_0 可导,且 $dy \big|_{x=x_0} = f'(x_0)\Delta x$.

3. 微分的几何意义

对于可微函数 $y = f(x)$, dy 是曲线的切线上点的纵坐标增量.

4. 一阶微分形式不变性

无论 u 是自变量还是另一变量的可微函数,微分形式 $dy = f'(u)du$ 都保持不变.

5. 微分在近似计算中的应用

如果函数 $y = f(x)$ 在点 x_0 处的导数 $f'(x_0) \neq 0$,且 $|\Delta x|$ 很小时,则 $\Delta y \approx dy = f'(x_0)\Delta x$,或 $f(x_0 + \Delta x) \approx f(x_0) + f'(x_0)\Delta x$. 令 $x = x_0 + \Delta x$ 即 $\Delta x = x - x_0$,则还可以有 $f(x) \approx f(x_0) + f'(x_0)(x - x_0)$.

在工程问题中,常用下列近似公式($|x|$ 很小时):

$$\sqrt[n]{1+x} \approx 1 + \frac{1}{n}x, \ \sin x \approx x, \ \tan x \approx x, \ e^x \approx 1 + x, \ \ln(1+x) \approx x.$$

【答疑解惑】

【问1】函数 $y = f(x)$ 的微分 $dy = f'(x)\Delta x$ 中,是否要求 $|\Delta x|$ 很小?

【答】按照微分的定义,并不一定要求 $|\Delta x|$ 很小.

若函数 $y = f(x)$ 在点 x 处可微,则函数 $y = f(x)$ 在该点处的增量 $\Delta y = f'(x)\Delta x + o(\Delta x)$,微分 $dy = f'(x)\Delta x$,它们都是 Δx 的函数,只要

是在函数的定义域内,不论 $|\Delta x|$ 大小, $dy = f'(x)\Delta x$ 均成立. 但在利用微分进行近似计算时,即 $\Delta y \approx dy$,此时要求 $|\Delta x|$ 比较小,否则误差 $o(\Delta x)$ 就可能较大,近似程度就比较差.

【问2】对于复合函数 $y = f[\varphi(x)]$,求其微分有哪些方法?

【答】通常有两种方法.

直接法:
$$dy = y'dx = f'[\varphi(x)]\varphi'(x)dx;$$

间接法(利用一阶微分形式不变性):
$$dy = f'[\varphi(x)]d[\varphi(x)] = f'[\varphi(x)]\varphi'(x)dx.$$

【典型题型精解】

一、微分的计算

【例1】求由方程 $\ln(xy) = x^2y^2$ 所确定的 y 的微分.

【问题分析】利用一阶微分形式不变性求隐函数的微分.

【解】$\ln(xy) = x^2y^2$, $\ln x + \ln y = x^2y^2$,

方程两边求微分得:
$$d(\ln x) + d(\ln y) = y^2dx^2 + x^2dy^2,$$
$$\frac{1}{x}dx + \frac{1}{y}dy = 2xy^2dx + 2x^2ydy,$$

整理得:
$$dy = \frac{y - 2x^2y^3}{2x^3y^2 - x}dx.$$

【例2】设 $y = (1 + \sin x)^x$,求 $dy\big|_{x=\pi}$.

【解】$y = e^{x\ln(1+\sin x)}$, $dy = e^{x\ln(1+\sin x)}\left[\ln(1 + \sin x) + \frac{x\cos x}{1 + \sin x}\right]dx$,

$dy = (1 + \sin x)^x\left[\ln(1 + \sin x) + \frac{x\cos x}{1 + \sin x}\right]dx$, $dy\big|_{x=\pi} = -\pi dx$.

二、微分的应用

【例3】求以下数值的近似值.

(1) $\sqrt[5]{1.01}$ ；　　　　　　(2) ln1.03.

【问题分析】当 $|x|$ 很小时，选用以下近似公式计算：

(1) $\sqrt[n]{1+x} \approx 1 + \dfrac{1}{n}x$；(2) $\ln(1+x) \approx x$.

【解】(1) 设 $f(x) = \sqrt[5]{1+x}$，$x = 0.01$，由公式 $\sqrt[5]{1+x} \approx 1 + \dfrac{1}{5}x$ 得：

$$\sqrt[5]{1.01} \approx 1 + \frac{1}{5} \times 0.01 = 1.002.$$

(2) 设 $f(x) = \ln(1+x)$，$x = 0.03$，由公式 $\ln(1+x) \approx x$ 得：

$$\ln 1.03 \approx 0.03.$$

考研真题解析与综合提高

【例1】(2016 年数学一) 设函数 $f(x) = \arctan x - \dfrac{x}{1+ax^2}$，且 $f'''(0) = 1$，则 $a =$ _____．

【解】因为 $f'(x) = \dfrac{1}{1+x^2} - \dfrac{1-ax^2}{(1+ax^2)^2}$，

$$f''(x) = \frac{-2x}{(1+x^2)^2} + \frac{2ax(3-ax^2)}{(1+ax^2)^3},$$

所以

$$f'''(0) = \lim_{x \to 0} \frac{f''(x) - f''(0)}{x - 0}$$

$$= \lim_{x \to 0} \frac{\dfrac{-2x}{(1+x^2)^2} + \dfrac{2ax(3-ax^2)}{(1+ax^2)^3}}{x} = -2 + 6a,$$

即

$$-2 + 6a = 1,$$

故 $a = \dfrac{1}{2}$．

【例2】(2015 年数学一)(Ⅰ) 设函数 $u(x)$，$v(x)$ 可导，利用导数

定义证明 $[u(x)v(x)]' = u'(x)v(x) + u(x)v'(x)$.

（Ⅱ）设函数 $f(x), u_1(x), u_2(x), \cdots, u_n(x)$ 可导，$f(x) = u_1(x)u_2(x)$ $\cdots u_n(x)$，写出 $f(x)$ 的求导公式.

【解】（Ⅰ）根据导数的定义，得

$$[u(x)v(x)]' = \lim_{h \to 0} \frac{u(x+h)v(x+h) - u(x)v(x)}{h}$$

$$= \lim_{h \to 0} \frac{u(x+h)v(x+h) - u(x)v(x+h) + u(x)v(x+h) - u(x)v(x)}{h}$$

$$= \lim_{h \to 0} \frac{u(x+h) - u(x)}{h}v(x+h) + \lim_{h \to 0} u(x)\frac{v(x+h) - v(x)}{h}$$

$$= u'(x)v(x) + u(x)v'(x).$$

（Ⅱ）$f'(x) = [u_1(x)u_2(x)\cdots u_n(x)]'$

$$= u'_1(x)u_2(x)\cdots u_n(x) + u_1(x)u_2'(x)\cdots u_n(x) + \cdots$$

$$+ u_1(x)u_2(x)\cdots u_n'(x).$$

【例3】（2015 年数学农）曲线 $y = 3x\cos 3x$ 在点 $(\pi, -3\pi)$ 处的法线方程为（　　）.

(A) $3x + y = 0$　　　　　　　　(B) $3x - y - 6\pi = 0$

(C) $x + 3y + 8\pi = 0$　　　　　　(D) $x - 3y - 10\pi = 0$

【解】$y' = 3\cos 3x - 9x\sin 3x$，故 $y'|_{x=\pi} = -3$，故所求法线方程为

$y + 3\pi = \frac{1}{3}(x - \pi)$，即 $x - 3y - 10\pi = 0$. 故选(D).

【例4】（2015 年数学二）设函数 $f(x) = \begin{cases} x^\alpha \cos \dfrac{1}{x^\beta}, & x > 0, \\ 0, & x \leqslant 0 \end{cases}$（$\alpha > 0$,

$\beta > 0$），若 $f'(x)$ 在 $x = 0$ 处连续，则（　　）.

(A) $\alpha - \beta > 1$　　　　　　　(B) $0 < \alpha - \beta \leqslant 1$

(C) $\alpha - \beta > 2$　　　　　　　(D) $0 < \alpha - \beta \leqslant 2$

【解】$f'_+(0) = \lim_{x \to 0^+} \frac{f(x) - f(0)}{x} = \lim_{x \to 0^+} x^{\alpha-1}\cos \frac{1}{x^\beta}$ 存在，所以 $\alpha -$

$1 > 0$, 且 $f'(0) = 0$. 当 $x > 0$ 时, $f'(x) = \alpha x^{\alpha-1} \cos \dfrac{1}{x^{\beta}} + \beta x^{\alpha-\beta-1} \sin \dfrac{1}{x^{\beta}}$, 由

$\lim\limits_{x \to 0} f'(x) = f'(0) = 0$, 得 $\alpha - \beta - 1 > 0$, 即 $\alpha - \beta > 1$. 故选(A).

【例5】(2015 年数学农)设函数 $f(x) = \begin{cases} xe^{-x}, & x < 0, \\ \sin(\sin^2 x), & x \geqslant 0, \end{cases}$ 求 $f'(x)$.

【解】当 $x < 0$ 时, $f'(x) = e^{-x}(1-x)$;

当 $x > 0$ 时, $f'(x) = \cos(\sin^2 x) \sin 2x$.

因为 $f'_{-}(0) = \lim\limits_{x \to 0^-} \dfrac{f(x) - f(0)}{x} = \lim\limits_{x \to 0^-} \dfrac{xe^{-x}}{x} = 1$;

$\qquad f'_{+}(0) = \lim\limits_{x \to 0^+} \dfrac{f(x) - f(0)}{x} = \lim\limits_{x \to 0^+} \dfrac{\sin(\sin^2 x)}{x} = 0.$

所以 $f'(0)$ 不存在.

故 $\qquad f'(x) = \begin{cases} e^{-x}(1-x), & x < 0, \\ 不存在, & x = 0, \\ \cos(\sin^2 x) \sin 2x, & x > 0. \end{cases}$

【例6】(2015 年数学二)设函数 $f(x) = x^2 2^x$, 在 $x = 0$ 处的 n 阶导数 $f^{(n)}(0) = $ _____.

【解】$f^{(n)}(x) = (x^2 2^x)^{(n)},$

$\qquad f^{(n)}(0) = C_n^2 (x^2)''(2^x)^{(n-2)} \big|_{x=0} = n(n-1)(\ln 2)^{n-2}.$

【例7】(2015 年数学二)设 $\begin{cases} x = \arctan t, \\ y = 3t + t^3. \end{cases}$ 则 $\dfrac{d^2 y}{dx^2}\Big|_{t=1} = $ _____.

【解】$\dfrac{dy}{dx} = \dfrac{\dfrac{dy}{dt}}{\dfrac{dx}{dt}} = \dfrac{3 + 3t^2}{\dfrac{1}{1+t^2}} = 3(1+t^2)^2,$

$\dfrac{d^2 y}{dx^2} = \dfrac{\dfrac{d}{dt}\left(\dfrac{dy}{dx}\right)}{\dfrac{dx}{dt}} = \dfrac{12t(1+t^2)}{\dfrac{1}{1+t^2}} = 12t(1+t^2)^2.$

故 $\dfrac{\mathrm{d}^2 y}{\mathrm{d} x^2}\bigg|_{t=1} = 48$.

【例 8】(2014 年数学二)设 $f(x)$ 是周期为 4 的可导奇函数,且 $f'(x) = 2(x-1)$,$x \in [0,2]$,则 $f(7) = $ _____.

【解】$f(x) = x^3 - 2x + C$,由 $f(x)$ 是奇函数知 $f(0) = 0$,则 $C = 0$,所以 $f(x) = x^3 - 2x$. 因此 $f(7) = f(3) = f(-1) = -f(1) = 1$.

【例 9】(2013 年数学一)设 $\begin{cases} x = \sin t, \\ y = t\sin t + \cos t \end{cases}$ (t 为参数),则 $\dfrac{\mathrm{d}^2 y}{\mathrm{d} x^2}\bigg|_{\frac{\pi}{4}} = $

_____.

【解】
$$\frac{\mathrm{d} y}{\mathrm{d} x} = \frac{\dfrac{\mathrm{d} y}{\mathrm{d} t}}{\dfrac{\mathrm{d} x}{\mathrm{d} t}} = \frac{t\cos t}{\cos t} = t,$$

$$\frac{\mathrm{d}^2 y}{\mathrm{d} x^2} = \frac{\mathrm{d}}{\mathrm{d} x}\left(\frac{\mathrm{d} y}{\mathrm{d} x}\right) = \frac{\dfrac{\mathrm{d}\left(\dfrac{\mathrm{d} y}{\mathrm{d} x}\right)}{\mathrm{d} t}}{\dfrac{\mathrm{d} x}{\mathrm{d} t}} = \frac{1}{\cos t},$$

故
$$\frac{\mathrm{d}^2 y}{\mathrm{d} x^2}\bigg|_{\frac{\pi}{4}} = \sqrt{2}.$$

【例 10】(2013 年数学一)设函数 $f(x)$ 由方程 $y - x = \mathrm{e}^{x(1-y)}$ 确定,则 $\lim\limits_{n \to \infty} n\left[f\left(\dfrac{1}{n}\right) - 1\right] = $ _____.

【解】当 $x = 0$ 时,$y = 1$. 由方程 $y - x = \mathrm{e}^{x(1-y)}$,两边取对数再对 x 求导,得

$$y' = \frac{(y-x)(1-y)+1}{1+(y-x)x},$$

则
$$y'\big|_{x=0} = 1,$$

$$\lim_{n \to \infty} n\left[f\left(\frac{1}{n}\right) - 1\right] = \lim_{n \to \infty} \frac{f\left(\dfrac{1}{n}\right) - 1}{\dfrac{1}{n}} = \lim_{x \to 0} \frac{f(x) - 1}{x} = f'(0) = 1.$$

【例11】(2012 年数学一)设函数 $f(x) = (e^x - 1)(e^{2x} - 2)\cdots(e^{nx} - n)$,其中 n 为正整数,则 $f'(0) = ($ $)$.

(A)$(-1)^{n-1}(n-1)!$ (B)$(-1)^n(n-1)!$

(C)$(-1)^{n-1}n!$ (D)$(-1)^n n!$

【解】

$f'(x) = e^x(e^{2x} - 2)\cdots(e^{nx} - n) + 2(e^x - 1)e^{2x}(e^{3x} - 3)\cdots(e^{nx} - n)$

$+ \cdots + n(e^x - 1)(e^{2x} - 2)\cdots[e^{(n-1)x} - (n - 1)]e^{nx}$,故 $f'(0) = (-1)^{n-1}(n-1)!$,故选(A).

【例12】(2011 年数学三)已知 $f(x)$ 在 $x = 0$ 处可导,且 $f(0) = 0$,则 $\lim\limits_{x \to 0} \dfrac{x^2 f(x) - 2f(x^3)}{x^3} = ($ $)$.

(A)$-2f'(0)$ (B)$-f'(0)$

(C)$f'(0)$ (D)0

【解】$\lim\limits_{x \to 0} \dfrac{x^2 f(x) - 2f(x^3)}{x^3}$

$= \lim\limits_{x \to 0} \dfrac{f(x)}{x} - 2\lim\limits_{x \to 0} \dfrac{f(x^3)}{x^3} = f'(0) - 2f'(0) = -f'(0)$.

故选(B).

【例13】(2011 年数学三)设 $f(x) = \lim\limits_{t \to 0} x(1 + 3t)^{\frac{x}{t}}$,则 $f'(x) = $ _____.

【解】$f(x) = \lim\limits_{t \to 0} x(1 + 3t)^{\frac{x}{t}} = x\lim\limits_{t \to 0}(1 + 3t)^{\frac{1}{3t} \cdot 3x} = xe^{3x}$,

$f'(x) = e^{3x}(1 + 3x)$.

【例14】(2010 年数学二)函数 $y = \ln(1 - 2x)$ 在 $x = 0$ 处的 n 阶导数 $y^{(n)} = $ _____.

【解】$y' = -2(1 - 2x)^{-1}$,$y'' = (-2)^2(-1)(1 - 2x)^{-2}$,

$y''' = (-2)^3(-1)(-2)(1 - 2x)^{-3}, \cdots$,

$y^{(n)} = -2^n(n-1)!(1 - 2x)^{-n}$,$y^{(n)}\big|_{x=0} = -2^n(n-1)!$.

【例15】(2008 年数学三)已知函数 $f(x)$ 连续且 $\lim\limits_{x\to 0}\dfrac{f(x)}{x}=2$,则曲线 $y=f(x)$ 上对应 $x=0$ 处的切线方程为_____.

【解】由 $\lim\limits_{x\to 0}\dfrac{f(x)}{x}=2$ 知 $\lim\limits_{x\to 0}f(x)=0$. 又函数 $f(x)$ 连续,所以 $f(0)=\lim\limits_{x\to 0}f(x)=0$,因此 $f'(0)=\lim\limits_{x\to 0}\dfrac{f(x)-f(0)}{x}=\lim\limits_{x\to 0}\dfrac{f(x)}{x}=2$,故切线方程为 $y=2x$.

【例16】(2008 年数学一)曲线 $\sin(xy)+\ln(y-x)=x$ 在点 $(0,1)$ 的切线方程是_____.

【解】因 $\cos(xy)(y+xy')+\dfrac{1}{y-x}(y'-1)=1$,故 $y'\big|_{(0,1)}=1$,则切线方程为 $y=x+1$.

【例17】(2007 年数学一)设函数 $f(x)$ 在 $x=0$ 处连续,下列命题中错误的是(　　).

(A)若 $\lim\limits_{x\to 0}\dfrac{f(x)}{x}$ 存在,则 $f(0)=0$

(B)若 $\lim\limits_{x\to 0}\dfrac{f(x)+f(-x)}{x}$ 存在,则 $f(0)=0$

(C)若 $\lim\limits_{x\to 0}\dfrac{f(x)}{x}$ 存在,则 $f'(0)$ 存在

(D)若 $\lim\limits_{x\to 0}\dfrac{f(x)-f(-x)}{x}$ 存在,则 $f'(0)$ 存在

【解】(A)(B)分母的极限为 0,则分子的极限必须为 0,故有 $f(0)=0$. (C) $f'(0)=\lim\limits_{x\to 0}\dfrac{f(x)}{x}$ 存在. 故选(D). 事实上,可举反例: $f(x)=|x|$ 在 $x=0$ 处连续且 $\lim\limits_{x\to 0}\dfrac{f(x)-f(-x)}{x}=0$ 存在,但其在 $x=0$ 处不可导.

【例18】(2007 年数学四)设函数 $f(x)=\dfrac{1}{2x+3}$,则 $y^{(n)}(0)=$ _____.

【解】$y' = 2(-1)(2x+3)^{-2}, y'' = 2^2(-1)(-2)(2x+3)^{-3}, \cdots,$

$y^{(n)} = 2^n(-1)^n n!(2x+3)^{-(n+1)}.$

故 $y^{(n)}(0) = \dfrac{1}{3}(-1)^n \left(\dfrac{2}{3}\right)^n n!.$

【例19】(2007年数学二) 曲线 $f(x) = \begin{cases} x = \cos t + \cos^2 t, \\ y = 1 + \sin t \end{cases}$ 上对应于

$t = \dfrac{\pi}{4}$ 的点处的法线斜率.

【解】$\dfrac{dy}{dx} = \dfrac{\frac{dy}{dt}}{\frac{dx}{dt}} = -\dfrac{\cos t}{\sin t + \sin 2t}, \quad \dfrac{dy}{dx}\bigg|_{t=\frac{\pi}{4}} = 1 - \sqrt{2}.$

【例20】(2006年数学三) 设函数 $f(x)$ 在 $x=0$ 处连续, 且 $\lim\limits_{h\to 0}\dfrac{f(h^2)}{h^2} = 1$, 则(   ).

(A)$f(0)=0$ 且 $f'_-(0)$存在　　(B)$f(0)=1$ 且 $f'_-(0)$存在
(C)$f(0)=0$ 且 $f'_+(0)$存在　　(D)$f(0)=1$ 且 $f'_+(0)$存在

【解】由 $\lim\limits_{h\to 0}\dfrac{f(h^2)}{h^2} = 1$ 知, $\lim\limits_{h\to 0}f(h^2)=0$. 又 $f(x)$ 在 $x=0$ 处连续, 则

$$f(0) = \lim_{x\to 0}f(x) = \lim_{h\to 0}f(h^2) = 0.$$

所以 $1 = \lim\limits_{h\to 0}\dfrac{f(h^2)}{h^2} \xlongequal{令 t=h^2} \lim\limits_{t\to 0^+}\dfrac{f(t)-f(0)}{t} = f'_+(0).$ 故选(C).

【例21】(2006年数学二) 设函数 $g(x)$ 可微, $h(x) = e^{1+g(x)}$, $h'(1)=1, g'(1)=2$, 则 $g(1)$ 等于(   ).

(A)$\ln 3 - 1$ 　(B)$-\ln 3 - 1$ 　(C)$-\ln 2 - 1$ 　(D)$\ln 2 - 1$

【解】在 $h(x) = e^{1+g(x)}$ 两端对 x 求导得 $h'(x) = e^{1+g(x)}g'(x)$, 代入 $x=1$ 得 $g(1) = -\ln 2 - 1$, 故选(C).

【例22】(2006年数学三) 设函数 $f(x)$ 在 $x=2$ 的某邻域内可导且 $f'(x) = e^{f(x)}$, $f(2)=1$, 则 $f'''(2) = $ _____.

【解】$f''(x) = e^{f(x)}f'(x)$, $f'''(x) = e^{f(x)}[f'^2(x) + f''(x)]$,

$$f'(2) = e, f''(2) = e^2, f'''(2) = 2e^3.$$

【例 23】(2006 年数学一) 设函数 $y = f(x)$ 具有 2 阶导数, 且 $f'(x) > 0, f''(x) > 0, \Delta x$ 为自变量 x 在 x_0 处的增量; Δy 与 dy 分别为 $f(x)$ 在点 x_0 处的增量和微分. 若 $\Delta x > 0$, 则( ).

(A) $0 < dy < \Delta y$ (B) $0 < \Delta y < dy$

(C) $\Delta y < dy < 0$ (D) $dy < \Delta y < 0$

【解】由于 $f'(x) > 0, f''(x) > 0$, 可知 $y = f(x)$ 单调递增, 且是凹函数. 故根据微分和增量的几何意义知, 选 (A).

【例 24】求函数 $f(x) = \begin{cases} \dfrac{x}{1 + e^{\frac{1}{x}}}, & x \neq 0, \\ 0, & x = 0 \end{cases}$ 在 $x = 0$ 处的左、右导数.

【解】$f'_-(0) = \lim\limits_{x \to 0^-} \dfrac{f(x) - f(0)}{x} = \lim\limits_{x \to 0^-} \dfrac{1}{1 + e^{\frac{1}{x}}} = 1,$

$f'_+(0) = \lim\limits_{x \to 0^+} \dfrac{f(x) - f(0)}{x} = \lim\limits_{x \to 0^+} \dfrac{1}{1 + e^{\frac{1}{x}}} = 0.$

【例 25】如果 $f(x)$ 为偶函数, 且 $f'(0)$ 存在, 证明 $f'(0) = 0$.

【证明】利用 $f(x) = f(-x)$ 得:

$f'(0) = \lim\limits_{x \to 0} \dfrac{f(x) - f(0)}{x}$

$= \lim\limits_{x \to 0} \dfrac{f(-x) - f(0)}{x} = -\lim\limits_{x \to 0} \dfrac{f(-x) - f(0)}{-x} = -f'(0),$

故 $\qquad\qquad\qquad f'(0) = 0.$

【例 26】设函数 $f(x)$ 满足下列条件

(1) $f(x + y) = f(x)f(y)$ 对一切 $x, y \in \mathbf{R}$,

(2) $f(x) = 1 + xg(x)$ 而 $\lim\limits_{x \to 0} g(x) = 1$.

试证明 $f(x)$ 在 R 上处处可导且 $f'(x) = f(x)$.

【证明】$f'(x) = \lim\limits_{h \to 0} \dfrac{f(x + h) - f(x)}{h}$

$$= \lim_{h \to 0} \frac{f(x)f(h) - f(x)}{h} = f(x) \lim_{h \to 0} \frac{f(h) - 1}{h}$$

$$= f(x) \lim_{h \to 0} \frac{1 + hg(h) - 1}{h} = f(x) \lim_{h \to 0} g(h) = f(x).$$

【例27】设 $x > 0$ 时，可导函数 $f(x)$ 满足 $f(x) + 2f\left(\frac{1}{x}\right) = \frac{3}{x}$，求 $f'(x)$ $(x > 0)$.

【解】由 $f(x) + 2f\left(\frac{1}{x}\right) = \frac{3}{x}$ 得 $f\left(\frac{1}{x}\right) + 2f(x) = 3x$，从

$$\begin{cases} f(x) + 2f\left(\frac{1}{x}\right) = \frac{3}{x}, \\ f\left(\frac{1}{x}\right) + 2f(x) = 3x \end{cases}$$
解得 $f(x) = 2x - \frac{1}{x}$，$f'(x) = 2 + \frac{1}{x^2}$.

【例28】已知 $f(x)$ 是周期为 5 的连续函数，它在 $x = 0$ 的某个邻域内满足关系式 $f(1 + \sin x) - 3f(1 - \sin x) = 8x + o(x)$，且 $f(x)$ 在 $x = 1$ 处可导，求曲线 $y = f(x)$ 在点 $(6, f(6))$ 处的切线方程.

【解】将 $x = 0$ 代入 $f(1 + \sin x) - 3f(1 - \sin x) = 8x + o(x)$ 得 $f(1) = 0$，而 $f(6) = f(1) = 0$，故切点为 $(6, 0)$.

由 $f(1 + \sin x) - 3f(1 - \sin x) = 8x + o(x)$ 得：

$$\lim_{x \to 0} \frac{f(1 + \sin x) - 3f(1 - \sin x)}{x} = 8,$$

即

$$\lim_{\sin x \to 0} \frac{f(1 + \sin x) - 3f(1 - \sin x)}{\sin x} = 8,$$

$$\lim_{x \to 0} \frac{f(1 + x) - 3f(1 - x)}{x} = 8.$$

又 $f(x)$ 在 $x = 1$ 处可导，且 $f(1) = 0$，则

$$\lim_{x \to 0} \frac{f(1 + x) - 3f(1 - x)}{x}$$

$$= \lim_{x \to 0} \frac{f(1 + x) - f(1)}{x} + 3 \lim_{x \to 0} \frac{f(1 - x) - f(1)}{-x} = 8,$$

即 $f'(1) + 3f'(1) = 8$，得 $f'(1) = 2$.

切线的斜率：

$$k = f'(6) = \lim_{h \to 0} \frac{f(6+h) - f(6)}{h}$$

$$= \lim_{h \to 0} \frac{f(1+h) - f(1)}{h} = f'(1) = 2,$$

故所求切线方程为 $y = 2(x - 6)$.

同步测试

一、填空题(本题共 5 小题,每题 5 分,共 25 分)

1. 已知 $f'(1) = -1$, 则 $\lim\limits_{x \to 0} \dfrac{x}{f(1-2x) - f(1-x)} = $ _____.

2. 设函数 $y = y(x)$ 由方程 $y = 1 - xe^y$ 确定, 则 $\dfrac{dy}{dx}\Big|_{x=0} = $ _____.

3. 设 $y = \ln(x + \sqrt{1 + x^2})$, 则 $y'''\big|_{x=\sqrt{3}} = $ _____.

4. 设 $x > 0$ 时, 可导函数 $f(x)$ 满足: $f(x) + 2f\left(\dfrac{1}{x}\right) = \dfrac{3}{x}$, 则 $f'(x) = $

_____.

5. 设 $y = (1 + \sin x)^x$, 则 $dy\big|_{x=\pi} = $ _____.

二、选择题(本题共 5 小题,每题 5 分,共 25 分)

1. 设 $f(x) = \begin{cases} \dfrac{2}{3}x^3, & x \leq 1, \\ x^2, & x > 1, \end{cases}$ 则 $f(x)$ 在 $x = 1$ 处( ).

(A)左右导数都存在

(B)左导数存在,但右导数不存在

(C)左导数不存在,但右导数存在

(D)左右导数都不存在

2. 设周期函数 $f(x)$ 在 $(-\infty, +\infty)$ 内可导且周期为 4, 又 $\lim\limits_{x \to 0} \dfrac{f(1) - f(1-x)}{2x} = -1$, 则曲线在点 $(5, f(5))$ 处切线的斜率

为( ).

(A)$\frac{1}{2}$ (B)0   (C)-1 (D)-2

3. 设对于任意的 x 都有 $f(-x) = -f(x)$，$f'(-x_0) = -k \neq 0$，则 $f'(x_0) = ($).

(A)k (B)$-k$ (C)$\frac{1}{k}$ (D)$-\frac{1}{k}$

4. 设函数 $y = f(x)$ 在点 x_0 处可导，当自变量 x 由 x_0 增加到 $x_0 + \Delta x$ 时，记 Δy 为 $f(x)$ 的增量，dy 为 $f(x)$ 的微分，则 $\lim\limits_{\Delta x \to 0} \dfrac{\Delta y - dy}{\Delta x} = ($).

(A)-1 (B)0   (C)1   (D)2

5. 设函数 $f(x) = |x^3 - 1|\varphi(x)$，其中 $\varphi(x)$ 在 $x = 1$ 处连续；则 $\varphi(1) = 0$ 是函数 $f(x)$ 在 $x = 1$ 处可导的(   ).

(A)充要条件   (B)必要条件   (C)充分条件   (D)无关条件

三、计算题(本题共 5 小题，每题 10 分，共 50 分)

1. 设 $f'(0) = a$，$g'(0) = b$ 且 $f(0) = g(0)$，试求 $\lim\limits_{x \to 0} \dfrac{f(x) - g(-x)}{x}$.

2. 已知 $y = f\left(\dfrac{3x-2}{3x+2}\right)$，$f'(x) = \arctan x^2$，求 $\dfrac{dy}{dx}\bigg|_{x=0}$.

3. 设 $y = y(x)$ 由方程 $xy + e^y = x + 1$ 确定，求 $\dfrac{d^2 y}{dx^2}\bigg|_{x=0}$.

4. 设 $y^2 f(x) + xf(y) = x^2$，其中 $f(x)$ 为可微函数，求 dy.

5. 已知 $\begin{cases} x = 2t^3 + 2, \\ y = e^{2t}, \end{cases}$ 求 $\dfrac{d^2 x}{dy^2}$.

第三章　微分中值定理与导数的应用

第一节　微分中值定理

【知识要点回顾】

1. 费马引理

设函数 $f(x)$ 在点 x_0 的某邻域 $U(x_0)$ 内有定义,并且在 x_0 处可导,如果对任意的 $x \in U(x_0)$,有 $f(x) \leqslant f(x_0)$ (或 $f(x) \geqslant f(x_0)$),那么 $f'(x_0) = 0$.

2. 罗尔定理

如果函数 $f(x)$ 满足
(1)在闭区间 $[a,b]$ 上连续;
(2)在开区间 (a,b) 内可导;
(3)在区间端点处的函数值相等,即 $f(a) = f(b)$. 那么在 (a,b) 内至少有一点 $\xi (a < \xi < b)$ 使得 $f'(\xi) = 0$.

3. 拉格朗日中值定理

如果函数 $f(x)$ 满足
(1)在闭区间 $[a,b]$ 上连续;
(2)在开区间 (a,b) 内可导,那么在 (a,b) 内至少有一点 ξ ($a < \xi < b$)使等式 $f(b) - f(a) = f'(\xi)(b - a)$ 成立.

4. 拉格朗日中值定理的推论

如果函数 $f(x)$ 在区间 I 上的导数恒为零，那么 $f(x)$ 在区间 I 上是一个常数.

5. 柯西中值定理

如果函数 $f(x)$ 及 $F(x)$ 满足

（1）在闭区间 $[a,b]$ 上连续；

（2）在开区间 (a,b) 内可导；

（3）对任一 $x \in (a,b)$，$F'(x) \neq 0$，

那么在 (a,b) 内至少有一点 ξ（$a < \xi < b$）使等式 $\dfrac{f(b) - f(a)}{F(b) - F(a)} = \dfrac{f'(\xi)}{F'(\xi)}$ 成立.

说明：微分中值定理之间的关系

$$\text{罗尔定理} \underset{\text{特例}}{\overset{\text{推广}}{\rightleftharpoons}} \text{拉格朗日定理} \underset{\substack{\text{特例} \\ F(x) = x}}{\overset{\text{推广}}{\rightleftharpoons}} \text{柯西定理}$$

【答疑解惑】

【问 1】罗尔定理中所给三个条件如果缺少一个，结论成立吗？

【答】不一定成立，如图 3 - 1(a)，(b)，(c).

图 3 - 1(a) 中函数在 (a,b) 内可导，且 $f(a) = f(b)$，但缺少在 $[a,b]$ 上连续的条件（因在 $x = b$ 处不连续），因此函数对任意 $\xi \in (a, b)$，$f'(\xi) \neq 0$. 即罗尔定理结论不成立.

图 3 - 1(b) 中函数在 $[a,b]$ 上连续，且 $f(a) = f(b)$，但缺少在 (a,b) 内可导的条件（因在 $x = c$ 处不可导），此函数在 (a,b) 内不存在 ξ，使 $f'(\xi) = 0$.

图 3 - 1(c) 中函数在 $[a,b]$ 上连续，在 (a,b) 内可导，但不满足条

件 $f(a) = f(b)$,此函数在 (a,b) 内不存在 ξ ,使 $f'(\xi) = 0$.

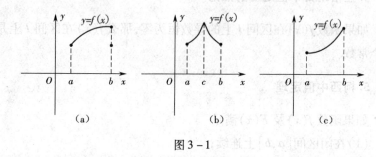

图 3 - 1

以上示例表明,罗尔定理的三个条件若缺少一个,则定理结论都可能不成立.

另外,当罗尔定理的三个条件其一不满足时,定理的结论也可能成立. 如图 3 - 2(a),(b),(c)中所示函数,它们各缺少一个条件,却在相应区间内存在 ξ ,使 $f'(\xi) = 0$,即曲线有水平切线.

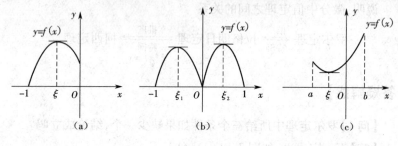

图 3 - 2

因此,在实际应用中,必须一一验明罗尔定理三个条件均满足时,才能肯定定理结论成立. 对于拉格朗日定理、柯西定理的使用也是如此.

【问 2】拉格朗日中值定理中所给条件如果缺少一个,结论成立吗?

【答】不一定成立. 例如

$$f(x) = \begin{cases} x, & 0 < x \leqslant 1, \\ 1, & x = 0, \end{cases}$$

可以判定 $f(x)$ 在 $[0,1]$ 上不连续,但在 $(0,1)$ 内可导,$f(1) - f(0) = 1 - 1 = 0$,因此

$$\frac{f(1) - f(0)}{1 - 0} = 0,$$

而 $f'(x) = 1$,可知在 $(0,1)$ 内不存在 ξ,使得 $f'(\xi) = 0$.

【问3】能用下述方法证明柯西中值定理吗?

因为 $f(x)$,$F(x)$ 均在 $[a,b]$ 上满足拉格朗日中值定理的条件,故存在 $\xi \in (a,b)$,使得 $f(b) - f(a) = f'(\xi)(b-a)$,$F(b) - F(a) = F'(\xi)(b-a)$,且 $F'(\xi) \neq 0$,$F(b) - F(a) \neq 0$. 两式相除,得

$$\frac{f(b) - f(a)}{F(b) - F(a)} = \frac{f'(\xi)}{F'(\xi)}.$$

【答】这种证明方法是错误的. 因为分别对 $f(x)$,$F(x)$ 在 $[a,b]$ 上应用拉格朗日中值定理得到的 ξ 未必是同一个 ξ,为区别起见,应分别用 ξ_1,ξ_2 表示,得到的等式应该是

$$\frac{f(b) - f(a)}{F(b) - F(a)} = \frac{f'(\xi_1)}{f'(\xi_2)},$$

而不是 $\dfrac{f(b) - f(a)}{F(b) - F(a)} = \dfrac{f'(\xi)}{F'(\xi)}$,证明柯西定理的正确方法见教材.

【典型题型精解】

一、验证微分中值定理对某具体函数的正确性

【例1】验证函数 $f(x) = \ln \sin x$ 在区间 $\left[\dfrac{\pi}{6}, \dfrac{5\pi}{6}\right]$ 上满足罗尔定理,并找出相应的点,使 $f'(\xi) = 0$.

【解】$y = \ln \sin x$ 的定义域为 $2n\pi < x < 2n\pi + \pi$($n = 0, \pm 1, \cdots$),由于初等函数在其定义区间内连续,所以该函数在 $\left[\dfrac{\pi}{6}, \dfrac{5\pi}{6}\right]$ 上连续;

又 $y' = \cot x$ 在 $\left(\dfrac{\pi}{6}, \dfrac{5\pi}{6}\right)$ 处处存在,并且 $f\left(\dfrac{\pi}{6}\right) = f\left(\dfrac{5\pi}{6}\right) = -\ln 2$,可知函数在 $\left[\dfrac{\pi}{6}, \dfrac{5\pi}{6}\right]$ 上满足罗尔定理的条件.

由 $y' = \cot x = 0$,在 $\left(\dfrac{\pi}{6}, \dfrac{5\pi}{6}\right)$ 内显然有解 $x = \dfrac{\pi}{2}$,取 $\xi = \dfrac{\pi}{2}$,则 $f'(\xi) = 0$.

【例 2】 验证函数

$$f(x) = \begin{cases} \dfrac{3 - x^2}{2}, & x \leqslant 1, \\ \dfrac{1}{x}, & x > 1 \end{cases} \qquad 在 [0,2] 上满足拉格朗日中值定理.$$

【解】 显然 $\dfrac{3 - x^2}{2}, \dfrac{1}{x}$ 分别在 $[0,1)$ 和 $(1,2]$ 上连续,又

$$f(1^-) = \lim_{x \to 1^-} \frac{3 - x^2}{2} = 1, \quad f(1^+) = \lim_{x \to 1^+} \frac{1}{x} = 1, \quad f(1) = 1,$$

即 $f(1^-) = f(1^+) = f(1)$.

所以 $f(x)$ 在 $x = 1$ 处连续,因而 $f(x)$ 在 $[0,2]$ 上连续.

当 $x < 1$ 时,$f'(x) = \left(\dfrac{3 - x^2}{2}\right)' = -x$;

当 $x > 1$ 时,$f'(x) = \left(\dfrac{1}{x}\right)' = -\dfrac{1}{x^2}$.

在 $x = 1$ 处,$f'_-(1) = \lim\limits_{x \to 1^-} \dfrac{f(x) - f(1)}{x - 1} = \lim\limits_{x \to 1^-} \dfrac{1 - x^2}{2(x - 1)} = -1,$

$$f'_+(1) = \lim_{x \to 1^+} \frac{f(x) - f(1)}{x - 1} = \lim_{x \to 1^+} \frac{1 - x}{x(x - 1)} = -1.$$

所以 $f'(1) = -1$,即 $f(x)$ 在 $x = 1$ 处可导,因而在 $(0,2)$ 内可导,且

$$f'(x) = \begin{cases} -x, & 0 < x \leqslant 1, \\ -\dfrac{1}{x^2}, & 1 < x < 2. \end{cases}$$

可知 $f(x)$ 在 $[0,2]$ 上满足拉格朗日中值定理条件,因而存在 $\xi \in (0,2)$,使 $\dfrac{f(2)-f(0)}{2-0}=f'(\xi)$,即 $f'(\xi)=-\dfrac{1}{2}$.

当 $0<\xi \leqslant 1$ 时,$f'(\xi)=-\xi=-\dfrac{1}{2} \Rightarrow \xi=\dfrac{1}{2}$;

当 $1<\xi<2$ 时,$f'(\xi)=-\dfrac{1}{\xi^2}=-\dfrac{1}{2} \Rightarrow \xi=\sqrt{2}$.

取 $\xi=\dfrac{1}{2}$ 或 $\xi=\sqrt{2}$ 均满足定理要求.

【例 3】对函数 $f(x)=\sin x$ 及 $F(x)=x+\cos x$ 在区间 $\left[0,\dfrac{\pi}{2}\right]$ 上验证柯西中值定理的正确性.

【解】显然,$f(x)=\sin x$ 及 $F(x)=x+\cos x$ 在区间 $\left[0,\dfrac{\pi}{2}\right]$ 上连续,在 $\left(0,\dfrac{\pi}{2}\right)$ 内可导,且 $F'(x)=1-\sin x$ 在 $\left(0,\dfrac{\pi}{2}\right)$ 内不为零,所以 $f(x),F(x)$ 满足柯西中值定理的条件.

因而,欲验证柯西中值定理的正确性,只需验证方程

$$\frac{f'(x)}{F'(x)}=\frac{f\left(\dfrac{\pi}{2}\right)-f(0)}{F\left(\dfrac{\pi}{2}\right)-F(0)},即 \frac{\cos x}{1-\sin x}=\frac{2}{\pi-2}$$

在 $\left(0,\dfrac{\pi}{2}\right)$ 内有解即可.

又,该方程化简为 $2\sin x+(\pi-2)\cos x-2=0$.

令 $g(x)=2\sin x+(\pi-2)\cos x-2$,则函数 $g(x)$ 在 $\left[0,\dfrac{\pi}{2}\right]$ 上连续,且

$$g(0)=\pi-4<0, \quad g\left(\frac{\pi}{3}\right)=\sqrt{3}+\frac{\pi}{2}-3>0.$$

由闭区间上连续函数的介值定理可知,在 $\left(0,\dfrac{\pi}{3}\right) \subset \left(0,\dfrac{\pi}{2}\right)$ 中至少

存在一点 ξ,使得 $g(\xi)=0$.

即方程有属于 $\left(0,\dfrac{\pi}{2}\right)$ 内的根,使得 $\dfrac{f\left(\dfrac{\pi}{2}\right)-f(0)}{F\left(\dfrac{\pi}{2}\right)-F(0)}=\dfrac{f'(\xi)}{F'(\xi)}$ 成立.

二、利用微分中值定理证明恒等式

【例4】证明下列恒等式:

(1) $\arcsin x+\arccos x=\dfrac{\pi}{2}$ ($-1\leqslant x\leqslant1$);

(2) $\arctan x=\dfrac{1}{2}\arctan\dfrac{2x}{1-x^2}$ ($-1<x<1$).

【问题分析】此类函数恒等式的证明,一般用拉格朗日中值定理的推论,即如果 $f(x)$ 在区间 (a,b) 内恒有 $f'(x)=0$,则在 (a,b) 内 $f(x)$ 为常数.

【证明】(1) 设 $f(x)=\arcsin x+\arccos x$.

因为 $\qquad f'(x)=\dfrac{1}{\sqrt{1-x^2}}-\dfrac{1}{\sqrt{1-x^2}}\equiv0$,

所以 $f(x)\equiv C$ (C 为常数),

因此 $f(x)=f(0)=\arcsin0+\arccos0=\dfrac{\pi}{2}$,

即 $\qquad\qquad \arcsin x+\arccos x=\dfrac{\pi}{2}$ ($-1\leqslant x\leqslant1$).

(2) 令 $f(x)=\arctan x-\dfrac{1}{2}\arctan\dfrac{2x}{1-x^2}$,则 $f(x)$ 在区间 $(-1,1)$ 内可导,且

$$f'(x)=\dfrac{1}{1+x^2}-\dfrac{1}{2}\cdot\dfrac{1}{1+\left(\dfrac{2x}{1-x^2}\right)^2}\cdot\dfrac{2(1-x^2)+4x^2}{(1-x^2)^2}$$

$$=\dfrac{1}{1+x^2}-\dfrac{(1-x^2)^2}{2(1+x^2)^2}\cdot\dfrac{2(1+x^2)}{(1-x^2)^2}=0.$$

所以由拉格朗日中值定理的推论可得 $f(x) \equiv C$（C 为常数），又 $C = f(0) = 0$，故 $\arctan x = \dfrac{1}{2}\arctan\dfrac{2x}{1-x^2}$（$-1 < x < 1$）.

【例 5】证明：若函数 $f(x)$ 在（$-\infty$，$+\infty$）内满足关系式 $f'(x) = f(x)$，且 $f(0) = 1$，则 $f(x) = \mathrm{e}^x$.

【问题分析】欲证 $f(x) = \mathrm{e}^x$，一种思路是设 $F(x) = f(x) - \mathrm{e}^x$，设法证 $F(x) = 0$；另一种思路设 $F(x) = \dfrac{f(x)}{\mathrm{e}^x}$，设法证明 $F(x) = 1$. 根据已知条件 $f'(x) = f(x)$，我们按第二种思路构造辅助函数.

【证明】令 $F(x) = \dfrac{f(x)}{\mathrm{e}^x}$，则在（$-\infty$，$+\infty$）内有

$$F'(x) = \frac{f'(x)\mathrm{e}^x - f(x)\mathrm{e}^x}{\mathrm{e}^{2x}} = \frac{f'(x) - f(x)}{\mathrm{e}^x},$$

因为 $f'(x) = f(x)$，所以 $F'(x) = 0$，于是 $F(x) = \dfrac{f(x)}{\mathrm{e}^x} = C$（常数）. 又 $f(0) = 1$，故 $F(0) = \dfrac{f(0)}{1} = 1$，因此 $C = 1$，$\dfrac{f(x)}{\mathrm{e}^x} = 1$，即 $f(x) = \mathrm{e}^x$.

三、与 ξ 有关命题的证明

【例 6】若函数 $f(x)$ 在（a,b）内具有二阶导数，且 $f(x_1) = f(x_2) = f(x_3)$，其中 $a < x_1 < x_2 < x_3 < b$，证明：在（x_1,x_3）内至少有一点 ξ，使得 $f''(\xi) = 0$.

【问题分析】此类命题的证明方法是欲证 $f^{(n)}(\xi) = 0$，只需验证 $f^{(n-1)}(x)$ 在所给区间上满足罗尔定理的条件.

【证明】显然 $f(x)$ 在（a,b）内亦一阶可导，亦连续，故 $f(x)$ 在 $[x_1,x_2]$ 上连续，在（x_1,x_2）内可导，且 $f(x_1) = f(x_2)$，根据罗尔定理，至少存在一点 $\xi_1 \in (x_1,x_2)$，使得 $f'(\xi_1) = 0$. 同理存在一点 $\xi_2 \in (x_2,x_3)$，使得 $f'(\xi_2) = 0$.

又由于 $f'(x)$ 在 $[\xi_1,\xi_2]$ 上连续，在（ξ_1,ξ_2）内可导，且 $f'(\xi_1) = $

$f'(\xi_2)=0$,根据罗尔定理,至少存在一点 $\xi\in(\xi_1,\xi_2)\subset(x_1,x_3)$,使得 $f''(\xi)=0$.

【例7】设函数 $f(x)$ 在 $[a,b]$ 上连续,在 (a,b) 内可导. 证明:至少存在一点 $\xi\in(a,b)$,使得 $\dfrac{bf(b)-af(a)}{b-a}=f(\xi)+\xi f'(\xi)$.

【证明】令 $F(x)=xf(x)$,则 $F(x)$ 在 $[a,b]$ 上连续,在 (a,b) 内可导,根据拉格朗日定理,至少存在一点 $\xi\in(a,b)$,使得

$$\frac{F(b)-F(a)}{b-a}=F'(\xi),$$

即　　　　　$$\frac{bf(b)-af(a)}{b-a}=f(\xi)+\xi f'(\xi).$$

【例8】设函数 $y=f(x)$ 在 $x=0$ 的某个邻域内具有 n 阶导数,且 $f(0)=f'(0)=\cdots=f^{(n-1)}(0)=0$,试用柯西中值定理证明:

$$\frac{f(x)}{x^n}=\frac{f^{(n)}(\theta x)}{n!}\quad(0<\theta<1).$$

【证明】对 $f(x)$ 和 $g(x)=x^n$ 连续应用柯西中值定理 n 次,有

$$\frac{f(x)}{x^n}=\frac{f(x)-f(0)}{x^n-0^n}=\frac{f'(\xi_1)}{n\xi_1^{n-1}},\ \xi_1\ 在\ 0\ 与\ x\ 之间;$$

$$\frac{f'(\xi_1)}{n\xi_1^{n-1}}=\frac{f'(\xi_1)-f'(0)}{n\xi_1^{n-1}-n\cdot0^{n-1}}=\frac{f''(\xi_2)}{n(n-1)\xi_2^{n-2}},\ \xi_2\ 在\ 0\ 与\ \xi_1\ 之间;$$

$$\frac{f^{n-1}(\xi_{n-1})}{n(n-1)\cdots3\cdot2\xi_{n-1}}=\frac{f^{(n-1)}(\xi_{n-1})-f^{(n-1)}(0)}{n(n-1)\cdots3\cdot2\xi_{n-1}-n(n-1)\cdots3\cdot2\cdot0}$$

$$=\frac{f^{(n)}(\xi)}{n!},\xi\ 在\ 0\ 与\ \xi_{n-1}\ 之间.$$

所以 $\dfrac{f(x)}{x^n}=\dfrac{f^{(n)}(\xi)}{n!}$,由于 ξ 在 0 与 ξ_{n-1} 之间,故在 0 与 x 之间,令 $\xi=\theta x\ (0<\theta<1)$,则上述结果可以表示为

$$\frac{f(x)}{x^n}=\frac{f^{(n)}(\theta x)}{n!}\quad(0<\theta<1).$$

四、利用罗尔定理讨论方程 $f(x)=0$ 的根的存在问题

【例9】若方程 $a_0 x^n + a_1 x^{n-1} + \cdots + a_{n-1} x = 0$ 有一个正根 $x = x_0$，证明方程 $a_0 n x^{n-1} + a_1(n-1) x^{n-2} + \cdots + a_{n-1} = 0$ 必有一个小于 x_0 的正根.

【问题分析】要证 $f(x)=0$ 在 (a,b) 内有根，可先构造一个函数 $F(x)$ 在 $[a,b]$ 上满足罗尔定理的条件，且 $F'(x)=f(x)$，根据罗尔定理，存在 $\xi \in (a,b)$，使 $F'(\xi)=f(\xi)=0$，故 ξ 是方程 $f(x)=0$ 的根.

【证明】设 $F(x)=a_0 x^n + a_1 x^{n-1} + \cdots + a_{n-1} x, x \in [0,x_0]$，$F(x)$ 在 $[0,x_0]$ 连续，在 $(0,x_0)$ 内可导，且 $F(0)=F(x_0)=0$，由罗尔定理知，存在 $\xi \in (0,x_0)$，使 $F'(\xi)=a_0 n \xi^{n-1} + a_1(n-1)\xi^{n-2} + \cdots + a_{n-1}=0$，即方程

$$a_0 n x^{n-1} + a_1(n-1) x^{n-2} + \cdots + a_{n-1} = 0$$

有一个小于 x_0 的正根 ξ.

【例10】证明方程 $x^5 + x - 1 = 0$ 只有一个正根.

【证明】令 $f(x)=x^5+x-1$，则 $f(0)=-1<0$，$f(1)=1>0$，又 $f(x)$ 在 $[0,1]$ 连续，由零点定理知，存在 $\xi \in (0,1)$，使 $f(\xi)=0$，即方程 $x^5+x-1=0$ 至少有一个正根.

用反证法来证它的唯一性. 假设方程还有一个正根 $\xi_1 \neq \xi$，不妨设 $\xi < \xi_1$，则 $f(x)$ 在 $[\xi,\xi_1]$ 上连续，在 (ξ,ξ_1) 内可导，且 $f(\xi)=f(\xi_1)$. 由罗尔定理知，存在 $\eta \in (\xi,\xi_1)$，使 $f'(\eta)=5\eta^4+1=0$，显然在实数范围内这样的 η 是不存在的，故方程只能有一个正根 ξ.

【例11】设函数 $f(x)$ 在 $[0,1]$ 上可微，对于 $[0,1]$ 上每一个 x，函数 $f(x)$ 的值都在开区间 $(0,1)$ 内，且 $f'(x) \neq 1$. 证明：在 $(0,1)$ 内有且仅有一个 x，使得 $f(x)=x$.

【问题分析】本题实际上是要证明方程 $f(x)-x=0$ 在开区间 $(0,1)$ 内有唯一的实数根. 所以从存在性与唯一性两方面证明.

【证明】存在性：令 $F(x)=f(x)-x$，则 $F(0)=f(0)>0$，$F(1)=$

$f(1) - 1 < 0$，又 $F(x)$ 在 $[0,1]$ 上连续，故由零点定理知道，存在 $\xi \in (0,1)$，使得 $F(\xi) = f(\xi) - \xi = 0$，即 $f(x) = x$ 在 $(0,1)$ 内至少有一个实数根.

唯一性：用反证法，设 $\eta \in (0,1)$，且 $\eta \neq \xi$ 是 $f(x) = x$ 的另一实根，则 $F(\eta) = F(\xi) = 0$，根据罗尔定理，存在 $\xi_1 \in (0,1)$ 使得 $F'(\xi_1) = f'(\xi_1) - 1 = 0$，即 $f'(\xi_1) = 1$ 与已知 $f'(x) \neq 1$ 矛盾.

所以 $f(x) = x$ 在 $(0,1)$ 内有且仅有一个 x 使之成立.

五、与 $\xi, \eta\ (\xi \neq \eta)$ 有关命题的证法

此类命题的证明，一般涉及两个函数. 命题中的一个函数 $f(x)$ 一般已给出，而另一个函数 $F(x)$，只要将欲证结论中的 η 表达式稍加整理便可看出. 证明的方法是：或者使用两次拉格朗日中值定理，或者使用柯西中值定理，或者一次拉格朗日中值定理、一次柯西中值定理，然后再将它们作某种运算.

【例 12】设函数 $f(x)$ 在闭区间 $[a,b]$ 上连续，在开区间 (a,b) 内可导，且 $f(a) = f(b) = 1$，证明：存在 $\xi, \eta \in (a,b)$ 使得

$$e^{\eta - \xi}[f(\eta) + f'(\eta)] = 1.$$

【问题分析】将 ξ, η 分离：$e^{\eta}[f(\eta) + f'(\eta)] = e^{\xi}$，即

$$[e^x f(x)]' \big|_{x=\eta} = e^x \big|_{x=\xi}.$$

等式左、右两边分别应用拉格朗日中值定理.

【证明】令 $F(x) = e^x f(x)$，则 $F(x)$ 满足拉格朗日中值定理的条件，至少存在一点 $\eta \in (a,b)$，使 $\dfrac{F(b) - F(a)}{b - a} = F'(\eta)$，即

$$\frac{e^b f(b) - e^a f(a)}{b - a} = e^{\eta}[f(\eta) + f'(\eta)].$$

又 $f(a) = f(b) = 1$，所以 $\dfrac{e^b - e^a}{b - a} = e^{\eta}[f(\eta) + f'(\eta)]$.　　　　①

又 $g(x) = e^x$ 满足拉格朗日中值定理的条件，存在 $\xi \in (a,b)$，使

$$\frac{g(b)-g(a)}{b-a}=g'(\xi),$$

即

$$\frac{e^b-e^a}{b-a}=e^\xi. \qquad ②$$

由式①和式②得 $e^\eta[f(\eta)+f'(\eta)]=e^\xi$，即

$$e^{\eta-\xi}[f(\eta)+f'(\eta)]=1.$$

【例 13】设函数 $f(x)$ 在闭区间 $[a,b]$ 上连续，在开区间 (a,b) 内可导，且 $f'(x)\ne0$. 证明：存在 $\xi,\eta\in(a,b)$ 使得 $\dfrac{f'(\xi)}{f'(\eta)}=\dfrac{e^b-e^a}{b-a}e^{-\eta}$.

【问题分析】将 ξ,η 分离：$f'(\xi)=\dfrac{e^b-e^a}{b-a}\cdot\dfrac{f'(\eta)}{e^\eta}$.

对于左边 $f'(\xi)$ 用拉格朗日中值定理，对于右边中的 $\dfrac{f'(\eta)}{e^\eta}$ 可由柯西定理得到.

【证明】令 $g(x)=e^x$，则 $f(x)$，$g(x)$ 满足拉格朗日中值定理的条件，存在 $\eta\in(a,b)$，使得

$$\frac{f(b)-f(a)}{g(b)-g(a)}=\frac{f'(\eta)}{e^\eta},$$

即

$$\frac{f(b)-f(a)}{e^b-e^a}=\frac{f'(\eta)}{e^\eta},$$

或

$$f(b)-f(a)=(e^b-e^a)\cdot\frac{f'(\eta)}{e^\eta}. \qquad ①$$

又 $f(x)$ 满足拉格朗日中值定理的条件，存在 $\xi\in(a,b)$，使

$$f'(\xi)=\frac{f(b)-f(a)}{b-a}. \qquad ②$$

将式①代入式②中：$f'(\xi)=\dfrac{e^b-e^a}{b-a}\cdot\dfrac{f'(\eta)}{e^\eta}$，即

$$\frac{f'(\xi)}{f'(\eta)}=\frac{e^b-e^a}{b-a}e^{-\eta}.$$

六、利用微分中值定理证明不等式

利用微分中值定理证明的不等式,经过简单变形,不等式的一端可以写成 $\dfrac{f(b)-f(a)}{b-a}$ 或 $\dfrac{f(b)-f(a)}{g(b)-g(a)}$ 的形式,其步骤为:

(1)在 $[a,b]$ 上由题意作函数 $f(x)$ 或 $f(x)$ 与 $g(x)$;

(2)写出微分中值公式:

$$\frac{f(b)-f(a)}{b-a}=f'(\xi) \quad 或 \quad \frac{f(b)-f(a)}{g(b)-g(a)}=\frac{f'(\xi)}{g'(\xi)};$$

(3)根据需要对 $f(\xi),g(\xi)$ 进行放缩.

【例14】证明下列不等式:

(1) $|\arctan a - \arctan b| \leqslant |a-b|$;

(2)当 $x>1$ 时,$e^x > e \cdot x$;

(3)当 $x \geqslant 0$ 时,$\arctan x \leqslant x$;

(4)设 $0 < a < b$,证明不等式 $\dfrac{2a}{a^2+b^2} < \dfrac{\ln b - \ln a}{b-a}$ 成立.

【证明】(1)令 $f(x)=\arctan x$,它在整个数轴上连续且可导,从而在 $[a,b]$ 或 $[b,a]$ 上也满足拉格朗日中值定理的条件,而

$$f'(\xi)=(\arctan x)'_{x=\xi}=\frac{1}{1+\xi^2} \leqslant 1,$$

所以 $|\arctan a - \arctan b| = |f'(\xi)(a-b)| = |f'(\xi)| \cdot |a-b| \leqslant |a-b|$.

(2)令 $f(x)=e^x$,它在 $[1,x]$ 上连续,在 $(1,x)$ 内可导,由拉格朗日中值公式得:

$$e^x - e^1 = e^\xi(x-1), \ 1 < \xi < x.$$

而 $e^\xi > e^1$,所以 $e^x - e^1 > e^1(x-1) = e \cdot x - e$,从而 $e^x > e \cdot x \ (x>1)$.

(3)令 $f(t)=\arctan t$,它在 $[0,x]$ 上连续,在 $(0,x)$ 内可导,由拉格朗日中值公式得:

存在 $\xi \in (0,x)$,使得 $\dfrac{f(x)-f(0)}{x-0}=f'(\xi)$,即

$$\frac{\arctan x - \arctan 0}{x - 0} = \frac{1}{1 + \xi^2},$$

$$\frac{\arctan x}{x} = \frac{1}{1 + \xi^2} \leqslant 1, 即 \arctan x \leqslant x.$$

（4）令 $f(x) = \ln x$，则 $f(x)$ 在 $[a, b]$ 上连续，在 (a, b) 内可导，故存在 $\xi \in (a, b)$ 使得

$$\frac{\ln b - \ln a}{b - a} = \frac{1}{\xi}.$$

由 $a < \xi < b$ 得 $\dfrac{1}{b} < \dfrac{1}{\xi} < \dfrac{1}{a}$，即

$$\frac{\ln b - \ln a}{b - a} = \frac{1}{\xi} > \frac{1}{b},$$

又 $0 < a < b$，故有 $a^2 + b^2 > 2ab$，即 $\dfrac{1}{b} > \dfrac{2a}{a^2 + b^2}$，所以

$$\frac{\ln b - \ln a}{b - a} > \frac{1}{b} > \frac{2a}{a^2 + b^2},$$

即

$$\frac{2a}{a^2 + b^2} < \frac{\ln b - \ln a}{b - a}.$$

【例 15】 设 $a > \mathrm{e}, 0 < x < y < \dfrac{\pi}{2}$，求证：$a^y - a^x > (\cos x - \cos y) a^x \ln a$.

【问题分析】 原不等式等价于 $\dfrac{a^y - a^x}{\cos x - \cos y} > a^x \ln a$，即

$$\frac{a^y - a^x}{\cos y - \cos x} < -a^x \ln a.$$

由不等式左端形式，可知用柯西中值定理证明即可.

【证明】 令 $f(t) = a^t, g(t) = \cos t$，则 $f(t), g(t)$ 在 $[x, y]$ 上满足柯西中值定理条件，于是有

$$\frac{f(y) - f(x)}{g(y) - g(x)} = \frac{f'(\xi)}{g'(\xi)},$$

即

$$\frac{a^y - a^x}{\cos y - \cos x} = \frac{a^\xi \ln a}{-\sin \xi} \quad (0 < x < \xi < y < \frac{\pi}{2}),$$

故 $a^y - a^x = (\cos x - \cos y) a^{\xi} \ln a \cdot \dfrac{1}{\sin \xi}$.

由 $\xi > x > 0$，且 $a > e$，知 $a^{\xi} > a^x$.

又 $0 < \xi < \dfrac{\pi}{2}$，有 $0 < \sin \xi < 1$，即 $\dfrac{1}{\sin \xi} > 1$.

于是

$$a^y - a^x = (\cos x - \cos y) \cdot a^{\xi} \cdot \ln a \cdot \dfrac{1}{\sin \xi} > (\cos x - \cos y) \cdot a^x \cdot \ln a \cdot 1,$$

即 $a^y - a^x > (\cos x - \cos y) a^x \ln a$.

【例 16】设不恒为常数的函数 $f(x)$ 在 $[a,b]$ 上连续，在 (a,b) 内可导，且 $f(a) = f(b)$. 证明：至少存在一点 $\xi \in (a,b)$，使得 $f'(\xi) > 0$.

【证明】因 $f(a) = f(b)$ 且 $f(x)$ 不恒为常数，故至少存在一点 $c \in (a,b)$，使得 $f(c) \neq f(a) = f(b)$. 不妨设 $f(c) > f(a)$（对于 $f(c) < f(a)$ 情形，类似可证）. 于是，根据拉格朗日定理，至少存在一点 $\xi \in (a,c) \subset (a,b)$，使得

$$f'(\xi) = \frac{f(c) - f(a)}{c - a} > 0.$$

第二节　洛必达(L'Hospital)法则

【知识要点回顾】

洛必达法则

定理 1　设 (1) 当 $x \to a$ 时，函数 $f(x)$ 及 $F(x)$ 都趋于零；

(2) 在点 a 的某去心邻域内，$f'(x)$ 及 $F'(x)$ 都存在且 $F'(x) \neq 0$；

(3) $\lim\limits_{x \to a} \dfrac{f'(x)}{F'(x)}$ 存在(或无穷大)，那么

$$\lim_{x \to a} \frac{f(x)}{F(x)} = \lim_{x \to a} \frac{f'(x)}{F'(x)}.$$

推论　设(1)当 $x \to \infty$ 时,函数 $f(x)$ 及 $F(x)$ 都趋于零;

(2)当 $|x| > X$ 时, $f'(x)$ 及 $F'(x)$ 都存在且 $F'(x) \neq 0$;

(3) $\lim\limits_{x \to \infty} \dfrac{f'(x)}{F'(x)}$ 存在(或无穷大),那么

$$\lim_{x \to \infty} \frac{f(x)}{F(x)} = \lim_{x \to \infty} \frac{f'(x)}{F'(x)} .$$

定理2　设(1)当 $x \to a$ 时,函数 $f(x)$ 及 $F(x)$ 都趋于无穷大;

(2)在点 a 的某去心邻域内, $f'(x)$ 及 $F'(x)$ 都存在且 $F'(x) \neq 0$;

(3) $\lim\limits_{x \to a} \dfrac{f'(x)}{F'(x)}$ 存在(或无穷大),那么

$$\lim_{x \to a} \frac{f(x)}{F(x)} = \lim_{x \to a} \frac{f'(x)}{F'(x)} .$$

推论　设(1)当 $x \to \infty$ 时,函数 $f(x)$ 及 $F(x)$ 都趋于无穷大;

(2)当 $|x| > X$ 时, $f'(x)$ 及 $F'(x)$ 都存在且 $F'(x) \neq 0$;

(3) $\lim\limits_{x \to \infty} \dfrac{f'(x)}{F'(x)}$ 存在(或无穷大),那么

$$\lim_{x \to \infty} \frac{f(x)}{F(x)} = \lim_{x \to \infty} \frac{f'(x)}{F'(x)} .$$

【答疑解惑】

【问】使用洛必达法则时应注意些什么?

【答】使用洛必达法则求极限,必须注意以下几点:

(1)洛必达法则直接解决的是 $\dfrac{0}{0}$ 型及 $\dfrac{\infty}{\infty}$ 型未定式,对于其他未定式($0 \cdot \infty$ 型, $\infty - \infty$ 型, 0^0 型, ∞^0 型, 1^∞ 型)必须通过变形化为 $\dfrac{0}{0}$ 型或 $\dfrac{\infty}{\infty}$ 型才能使用该法则.

(2)洛必达法则是有条件的,当条件不满足时,不能使用. 以下是错用洛必达法则的例子:

$$\lim_{x\to\infty} x\mathrm{e}^{\frac{1}{x^2}} = \lim_{x\to\infty} \frac{\mathrm{e}^{\frac{1}{x^2}}}{\frac{1}{x}} = \lim_{x\to\infty} \frac{-\frac{2}{x^3}\mathrm{e}^{\frac{1}{x^2}}}{-\frac{1}{x^2}} = \lim_{x\to\infty} \frac{2\mathrm{e}^{\frac{1}{x^2}}}{x} = 0.$$

由于 $\lim\limits_{x\to\infty} \mathrm{e}^{\frac{1}{x^2}} = 1 \neq 0$，所以 $\lim\limits_{x\to\infty} \dfrac{\mathrm{e}^{\frac{1}{x^2}}}{\frac{1}{x}}$ 不是 $\dfrac{0}{0}$ 型，不能用洛必达法则求.

事实上，$\lim\limits_{x\to\infty} x\mathrm{e}^{\frac{1}{x^2}} = \infty$.

（3）若 $\lim\limits_{x\to\infty} \dfrac{f'(x)}{F'(x)}$ 不存在也不是 ∞，则不能断定 $\lim\limits_{x\to\infty} \dfrac{f(x)}{F(x)}$ 不存在.

如：$\lim\limits_{x\to 0} \dfrac{x^2\sin\dfrac{1}{x}}{\sin x} = \lim\limits_{x\to 0} \dfrac{2x\sin\dfrac{1}{x} - \cos\dfrac{1}{x}}{\cos x}$ 不存在，说明洛必达法则的

第三个条件不满足，此题不能使用洛必达法则求. 事实上，

$$\lim_{x\to 0} \frac{x^2\sin\dfrac{1}{x}}{\sin x} = \lim_{x\to 0} \frac{x}{\sin x} \cdot \left(x\sin\frac{1}{x} \right)$$

$$= \lim_{x\to 0} \frac{x}{\sin x} \cdot \lim_{x\to 0} x\sin\frac{1}{x} = 1 \cdot 0 = 0,$$

故极限存在.

（4）对于数列未定式的极限不得直接使用洛必达法则.

常见这样的运算：

$$\lim_{n\to\infty} n(a^{\frac{1}{n}} - 1) = \lim_{n\to\infty} \frac{a^{\frac{1}{n}} - 1}{\frac{1}{n}} = \lim_{n\to\infty} \frac{(a^{\frac{1}{n}} - 1)'}{\left(\dfrac{1}{n}\right)'}$$

$$= \lim_{n\to\infty} \frac{a^{\frac{1}{n}} \cdot \ln a \cdot \left(-\dfrac{1}{n^2} \right)}{-\dfrac{1}{n^2}} = \ln a . \quad (a > 0, a \neq 1)$$

此错解在不满足洛必达法则的第二个条件即可导条件，而使用了洛必达法则，因为数列是离散自变量 n 的函数 $f(n)$，不可导. 正确解法

是先求出 $\lim\limits_{x \to +\infty} f(x)$ 的极限,若 $\lim\limits_{x \to +\infty} f(x) = A$,则便有 $\lim\limits_{n \to \infty} f(n) = A$,正确

解法如下:

$$\lim_{x \to +\infty} x(a^{\frac{1}{x}} - 1) = \lim_{x \to +\infty} \frac{a^{\frac{1}{x}} - 1}{\frac{1}{x}} = \lim_{x \to +\infty} \frac{(a^{\frac{1}{x}} - 1)'}{\left(\frac{1}{x}\right)'}$$

$$= \lim_{x \to +\infty} \frac{a^{\frac{1}{x}} \cdot \ln a \cdot \left(-\frac{1}{x^2}\right)}{-\frac{1}{x^2}} = \ln a.$$

所以 $\qquad \lim\limits_{n \to \infty} n(a^{\frac{1}{n}} - 1) = \ln a.$

注:当 $\lim\limits_{x \to +\infty} f(x)$ 不存在时,不能断定 $\lim\limits_{n \to \infty} f(n)$ 不存在,这时应使用其他方法求.

【典型题型精解】

一、求 $\dfrac{0}{0}$ 或 $\dfrac{\infty}{\infty}$ 型的未定式极限

【例1】求下列各函数的极限:

$(1)\lim\limits_{x \to 2} \dfrac{\sqrt{x^2 + 1} - \sqrt{5}}{x^2 - 4}$; $\qquad (2)\lim\limits_{x \to 1} \dfrac{x^3 - 1 + \ln x}{e^x - e}$;

$(3)\lim\limits_{x \to \frac{\pi}{2}} \dfrac{\ln\sin x}{(\pi - 2x)^2}$; $\qquad (4)\lim\limits_{x \to 0} \dfrac{\ln(1 + x^2)}{\sec x - \cos x}$.

【问题分析】本题均为 $\dfrac{0}{0}$ 型的极限,可以直接使用洛必达法则

求解.

【解】$(1)\lim\limits_{x \to 2} \dfrac{\sqrt{x^2 + 1} - \sqrt{5}}{x^2 - 4} = \lim\limits_{x \to 2} \dfrac{\frac{2x}{2\sqrt{x^2 + 1}}}{2x} = \lim\limits_{x \to 2} \dfrac{1}{2\sqrt{x^2 + 1}} = \dfrac{\sqrt{5}}{10}.$

$(2)\lim\limits_{x \to 1} \dfrac{x^3 - 1 + \ln x}{e^x - e} = \lim\limits_{x \to 1} \dfrac{3x^2 + \frac{1}{x}}{e^x} = \dfrac{4}{e}.$

$(3) \lim\limits_{x \to \frac{\pi}{2}} \dfrac{\ln \sin x}{(\pi - 2x)^2} = \lim\limits_{x \to \frac{\pi}{2}} \dfrac{\frac{\cos x}{\sin x}}{2(\pi - 2x)(-2)} = -\dfrac{1}{4} \lim\limits_{x \to \frac{\pi}{2}} \dfrac{\cos x}{\pi - 2x}$

$\qquad = -\dfrac{1}{4} \lim\limits_{x \to \frac{\pi}{2}} \dfrac{-\sin x}{-2} = -\dfrac{1}{8}.$

$(4) \lim\limits_{x \to 0} \dfrac{\ln(1 + x^2)}{\sec x - \cos x} = \lim\limits_{x \to 0} \dfrac{\cos x \cdot \ln(1 + x^2)}{1 - \cos^2 x} = \lim\limits_{x \to 0} \dfrac{\ln(1 + x^2)}{1 - \cos^2 x}$

$\qquad = \lim\limits_{x \to 0} \dfrac{2x}{1 + x^2} \cdot \dfrac{1}{2\sin x \cos x} = \lim\limits_{x \to 0} \dfrac{x}{\sin x} = 1.$

【例2】 求下列各函数的极限:

$(1) \lim\limits_{x \to 0^+} \dfrac{\ln \tan 7x}{\ln \tan 2x};$　　　$(2) \lim\limits_{x \to \frac{\pi}{2}} \dfrac{\tan 3x + x}{\tan x}.$

【问题分析】 本题均为 $\dfrac{\infty}{\infty}$ 型的极限,可以直接使用洛必达法则求解.

【解】

$(1) \lim\limits_{x \to 0^+} \dfrac{\ln \tan 7x}{\ln \tan 2x}$

$= \lim\limits_{x \to 0^+} \dfrac{\frac{1}{\tan 7x} \cdot \sec^2 7x \cdot 7}{\frac{1}{\tan 2x} \cdot \sec^2 2x \cdot 2} = \dfrac{7}{2} \lim\limits_{x \to 0^+} \dfrac{\tan 2x}{\tan 7x} = \dfrac{7}{2} \lim\limits_{x \to 0^+} \dfrac{2x}{7x} = 1.$

$(2) \lim\limits_{x \to \frac{\pi}{2}} \dfrac{\tan 3x + x}{\tan x} = \lim\limits_{x \to \frac{\pi}{2}} \dfrac{\tan 3x}{\tan x} + \lim\limits_{x \to \frac{\pi}{2}} \dfrac{x}{\tan x} = \lim\limits_{x \to \frac{\pi}{2}} \dfrac{3 \sec^2 3x}{\sec^2 x} + 0$

$= \lim\limits_{x \to \frac{\pi}{2}} \dfrac{3 \cos^2 x}{\cos^2 3x} = \lim\limits_{x \to \frac{\pi}{2}} \dfrac{3 \cdot 2\cos x \cdot (-\sin x)}{2\cos 3x \cdot (-\sin 3x) \cdot 3} = \lim\limits_{x \to \frac{\pi}{2}} \dfrac{\cos x}{-\cos 3x}$

$= \lim\limits_{x \to \frac{\pi}{2}} \dfrac{-\sin x}{3\sin 3x} = \dfrac{1}{3}.$

二、求 $0 \cdot \infty$ 型和 $\infty - \infty$ 型的未定式极限

【例3】 求下列各函数的极限:

$(1) \lim\limits_{x \to \infty} x^2 \left(1 - \cos \dfrac{1}{x}\right)$； $(2) \lim\limits_{x \to 0} x^2 e^{\frac{1}{x^2}}$；

$(3) \lim\limits_{x \to \infty} \left(\dfrac{\pi}{2} - \arctan 4x^2\right) x^2.$

【问题分析】 本题为 $0 \cdot \infty$ 型的极限，不能直接用洛必达法则，需先化为 $\dfrac{0}{0}$ 或 $\dfrac{\infty}{\infty}$ 型才可以用洛必达法则. 转化方法是将一个因式放入分母，但放不同的因式难易程度不同. 一般幂函数或三角函数优先.

【解】 $(1) \lim\limits_{x \to \infty} x^2 \left(1 - \cos \dfrac{1}{x}\right) = \lim\limits_{x \to \infty} \dfrac{1 - \cos \dfrac{1}{x}}{\dfrac{1}{x^2}} = \lim\limits_{x \to \infty} \dfrac{\sin \dfrac{1}{x} \cdot \left(-\dfrac{1}{x^2}\right)}{\dfrac{-2}{x^3}}$

$= \dfrac{1}{2} \lim\limits_{x \to \infty} \dfrac{\sin \dfrac{1}{x}}{\dfrac{1}{x}} = \dfrac{1}{2} \lim\limits_{x \to \infty} \dfrac{\cos \dfrac{1}{x} \left(-\dfrac{1}{x^2}\right)}{-\dfrac{1}{x^2}} = \dfrac{1}{2} \lim\limits_{x \to \infty} \cos \dfrac{1}{x} = \dfrac{1}{2}.$

$(2) \lim\limits_{x \to 0} x^2 e^{\frac{1}{x^2}} = \lim\limits_{x \to 0} \dfrac{e^{\frac{1}{x^2}}}{\dfrac{1}{x^2}} = \lim\limits_{x \to 0} \dfrac{e^{\frac{1}{x^2}} \left(-2x^{-3}\right)}{-2x^{-3}} = \lim\limits_{x \to 0} e^{\frac{1}{x^2}} = +\infty.$

$(3) \lim\limits_{x \to \infty} \left(\dfrac{\pi}{2} - \arctan 4x^2\right) x^2$

$= \lim\limits_{x \to \infty} \dfrac{\dfrac{\pi}{2} - \arctan 4x^2}{\dfrac{1}{x^2}} = \lim\limits_{x \to \infty} \dfrac{-8x \cdot \dfrac{1}{1 + 16x^4}}{\dfrac{-2}{x^3}} = \lim\limits_{x \to \infty} \dfrac{4x^4}{1 + 16x^4} = \dfrac{4}{16} = \dfrac{1}{4}.$

【例 4】 求下列各函数的极限：

$(1) \lim\limits_{x \to 0} \left(\dfrac{1}{x} - \dfrac{1}{\tan x}\right)$； $(2) \lim\limits_{x \to 0} \left[\dfrac{1}{\ln(1 + x)} - \dfrac{1}{x}\right]$；

$(3) \lim\limits_{x \to +\infty} \left[(x^3 + x^2 + 2)^{\frac{1}{3}} - x\right]$； $(4) \lim\limits_{x \to \infty} \left[(x + 2) e^{\frac{1}{x}} - x\right].$

【问题分析】 本题属 $\infty - \infty$ 型，需先化为 $\dfrac{0}{0}$ 或 $\dfrac{\infty}{\infty}$ 型，才可以用洛必

达法则. 具体方法为:(1)、(2)通分后化为 $\dfrac{0}{0}$,并结合等价无穷小代

换;(3)、(4)不能直接通分,需变量替换后再通分.

【解】当 $x \to 0$ 时,$\tan x \sim x$,$\ln(1+x) \sim x$.

(1) $\lim\limits_{x \to 0}\left(\dfrac{1}{x} - \dfrac{1}{\tan x}\right) = \lim\limits_{x \to 0}\dfrac{\tan x - x}{x\tan x} = \lim\limits_{x \to 0}\dfrac{\tan x - x}{x^2}$

$\qquad = \lim\limits_{x \to 0}\dfrac{\sec^2 x - 1}{2x} = \lim\limits_{x \to 0}\dfrac{2\sec x \cdot \sec x \cdot \tan x}{2} = 0.$

(2) $\lim\limits_{x \to 0}\left[\dfrac{1}{\ln(1+x)} - \dfrac{1}{x}\right] = \lim\limits_{x \to 0}\dfrac{x - \ln(1+x)}{x\ln(1+x)} = \lim\limits_{x \to 0}\dfrac{x - \ln(1+x)}{x^2}$

$\qquad = \lim\limits_{x \to 0}\dfrac{1 - \dfrac{1}{1+x}}{2x} = \lim\limits_{x \to 0}\dfrac{x}{2x(1+x)} = \lim\limits_{x \to 0}\dfrac{1}{2(1+x)} = \dfrac{1}{2}.$

(3) 令 $x = \dfrac{1}{t}$,当 $x \to +\infty$ 时,$t \to 0^+$.

$\lim\limits_{x \to +\infty}\left[(x^3 + x^2 + 2)^{\frac{1}{3}} - x\right] = \lim\limits_{t \to 0^+}\left(\sqrt[3]{\dfrac{1}{t^3} + \dfrac{1}{t^2} + 2} - \dfrac{1}{t}\right)$

$\qquad = \lim\limits_{t \to 0^+}\dfrac{\sqrt[3]{1 + t + 2t^3} - 1}{t}$

$\qquad = \lim\limits_{t \to 0^+}\dfrac{\dfrac{1}{3}(1 + t + 2t^3)^{-\frac{2}{3}}(1 + 6t^2)}{1} = \dfrac{1}{3}.$

(4) 令 $x = \dfrac{1}{t}$,当 $x \to \infty$ 时,$t \to 0$.

$\lim\limits_{x \to \infty}\left[(x + 2)\mathrm{e}^{\frac{1}{x}} - x\right]$　　　　　　　　($\infty - \infty$ 型)

$= \lim\limits_{t \to 0}\left[\left(\dfrac{1}{t} + 2\right)\mathrm{e}^t - \dfrac{1}{t}\right]$　　　　　　($\infty - \infty$ 型)

$= \lim\limits_{t \to 0}\dfrac{(1 + 2t)\mathrm{e}^t - 1}{t}$　　　　　　　　$\left(\dfrac{0}{0}\text{型}\right)$

$= \lim\limits_{t \to 0}\dfrac{2\mathrm{e}^t + (1 + 2t)\mathrm{e}^t}{1} = 3.$

三、求幂指型未定式 $0^0,\infty^0,1^\infty$ 型的极限

一般地,对于幂指型未定式的极限计算,有如下两种方法：

(1)取对数法

设 $y = f(x)^{g(x)}$,两边取对数得 $\ln y = g(x)\ln f(x)$,求出极限

$$A \triangleq \lim_{x \to x_0} \ln y = \lim_{x \to x_0} g(x) \cdot \ln f(x), \qquad (0 \cdot \infty \text{ 型})$$

则原极限 $= \lim_{x \to x_0} y = \lim_{x \to x_0} e^{\ln y} = e^{\lim_{x \to x_0} \ln y} = e^A$.

(2)指数法

$$\lim_{x \to x_0} f(x)^{g(x)} = \lim_{x \to x_0} \left(e^{\ln f(x)} \right)^{g(x)} = e^{\lim_{x \to x_0} g(x)\ln f(x)},$$

而 $\lim_{x \to x_0} g(x)\ln f(x)$ 可化为 $\dfrac{0}{0}$ 或 $\dfrac{\infty}{\infty}$ 型,再使用洛必达法则.

对于 1^∞ 型极限,还可以利用重要极限 $\lim_{x \to \infty} \left(1 + \dfrac{1}{x}\right)^x = e$ 求解.

【例 5】求下列各函数的极限：

(1) $\lim_{x \to 0^+} x^{\sin x}$;　　　　　　(2) $\lim_{x \to 0^+} \left(\dfrac{1}{x}\right)^{\tan x}$;

(3) $\lim_{x \to 0} (\cos x + \sin x)^{\frac{1}{x}}$;　　(4) $\lim_{x \to \infty} \left(x + \sqrt{1+x^2}\right)^{\frac{1}{x}}$.

【解】(1)本题为 0^0 型,用指数法或对数法都可以求解.下面我们用指数法求解.

$$\lim_{x \to 0^+} x^{\sin x} = e^{\lim_{x \to 0^+} \sin x \cdot \ln x} = e^{\lim_{x \to 0^+} \frac{\ln x}{\frac{1}{\sin x}}} = e^{\lim_{x \to 0^+} \frac{\frac{1}{x}}{-\frac{\cos x}{\sin^2 x}}}$$
$$= e^{\lim_{x \to 0^+} \frac{\sin x}{x}\left(-\frac{\sin x}{\cos x}\right)} = e^0 = 1.$$

(2)本题为 ∞^0 型,用指数法或对数法都可以求解.下面我们用对数法求解.

令 $y = \left(\dfrac{1}{x}\right)^{\tan x}$,两边取对数得　$\ln y = \tan x \cdot \ln \dfrac{1}{x}$,

$$\lim_{x \to 0^+} \ln y = \lim_{x \to 0^+} \tan x \cdot \ln\left(\dfrac{1}{x}\right)$$

$$= \lim_{x \to 0^+} \frac{-\ln x}{\cot x} = \lim_{x \to 0^+} \frac{-\dfrac{1}{x}}{-\csc^2 x} = \lim_{x \to 0^+} \frac{\sin x}{x} \cdot \sin x = 0.$$

故 $\lim\limits_{x \to 0^+} \left(\dfrac{1}{x} \right)^{\tan x} = \lim\limits_{x \to 0^+} y = \lim\limits_{x \to 0^+} e^{\ln y} = e^{\lim\limits_{x \to 0^+} \ln y} = e^0 = 1.$

$(3) \lim\limits_{x \to 0} (\cos x + \sin x)^{\frac{1}{x}} = \lim\limits_{x \to 0} e^{\frac{1}{x} \ln(\cos x + \sin x)} = e^{\lim\limits_{x \to 0} \frac{\ln(\cos x + \sin x)}{x}}$

$$= e^{\lim\limits_{x \to 0} \frac{-\sin x + \cos x}{\cos x + \sin x}} = e^1 = e.$$

$(4) \lim\limits_{x \to \infty} (x + \sqrt{1 + x^2})^{\frac{1}{x}} = e^{\lim\limits_{x \to \infty} \frac{1}{x} \ln(x + \sqrt{1 + x^2})} = e^{\lim\limits_{x \to \infty} \frac{\ln(x + \sqrt{1 + x^2})}{x}}$

$$= e^{\lim\limits_{x \to \infty} \frac{1}{x + \sqrt{1 + x^2}} \left(1 + \frac{2x}{2\sqrt{1 + x^2}} \right)} = e^{\lim\limits_{x \to \infty} \frac{1}{\sqrt{1 + x^2}}} = e^0 = 1.$$

【例6】求下列各函数的极限:

$(1) \lim\limits_{x \to 0} \left(\dfrac{\sin x}{x} \right)^{\frac{1}{x^2}};$　　　　　　$(2) \lim\limits_{x \to +\infty} \left(\dfrac{2}{\pi} \arctan x \right)^x;$

$(3) \lim\limits_{x \to \infty} [(a_1^{\frac{1}{x}} + a_2^{\frac{1}{x}} + \cdots + a_n^{\frac{1}{x}})/n]^{nx}$　(其中 $a_1, a_2 \cdots, a_n > 0$).

【解】(1)本题为 1^∞ 型,可用三种方法计算.

方法一:利用重要极限.

$\lim\limits_{x \to 0} \left(\dfrac{\sin x}{x} \right)^{\frac{1}{x^2}} = \lim\limits_{x \to 0} \left(1 + \dfrac{\sin x - x}{x} \right)^{\frac{1}{x^2}}$

$$= \lim\limits_{x \to 0} \left[\left(1 + \frac{\sin x - x}{x} \right)^{\frac{x}{\sin x - x}} \right]^{\frac{\sin x - x}{x \cdot x^2}}$$

$$= e^{\lim\limits_{x \to 0} \frac{\sin x - x}{x^3}} = e^{\lim\limits_{x \to 0} \frac{\cos x - 1}{3x^2}} = e^{\lim\limits_{x \to 0} \frac{-\sin x}{6x}} = e^{-\frac{1}{6}}.$$

方法二:利用取对数法.

令 $y = \left(\dfrac{\sin x}{x} \right)^{\frac{1}{x^2}}$,则 $\ln y = \dfrac{1}{x^2} \ln \dfrac{\sin x}{x}.$

$$\lim\limits_{x \to 0} \ln y = \lim\limits_{x \to 0} \frac{1}{x^2} \ln \frac{\sin x}{x} = \lim\limits_{x \to 0} \frac{\ln \dfrac{\sin x}{x}}{x^2} \qquad \left(\frac{0}{0} \right) 型$$

$$= \lim_{x \to 0} \frac{\dfrac{x}{\sin x} \cdot \dfrac{x\cos x - \sin x}{x^2}}{2x} = \lim_{x \to 0} \frac{x\cos x - \sin x}{2x^2 \sin x}$$

$$= \lim_{x \to 0} \frac{x\cos x - \sin x}{2x^3} = \lim_{x \to 0} \frac{\cos x - x\sin x - \cos x}{6x^2}$$

$$= \lim_{x \to 0} \frac{-x\sin x}{6x^2} = -\frac{1}{6}.$$

即　$\lim\limits_{x \to 0}\left(\dfrac{\sin x}{x}\right)^{\frac{1}{x^2}} = \lim\limits_{x \to 0} y = \lim\limits_{x \to 0} e^{\ln y} = e^{\lim\limits_{x \to 0} \ln y} = e^{-\frac{1}{6}}.$

方法三：指数法.

$$\lim_{x \to 0}\left(\frac{\sin x}{x}\right)^{\frac{1}{x^2}} = \lim_{x \to 0} e^{\ln\left(\frac{\sin x}{x}\right)^{\frac{1}{x^2}}} = e^{\lim\limits_{x \to 0} \frac{1}{x^2}\ln\frac{\sin x}{x}} = e^{\lim\limits_{x \to 0} \frac{\ln\frac{\sin x}{x}}{x^2}} = e^{-\frac{1}{6}}.$$

（由方法二知，$\lim\limits_{x \to 0} \dfrac{\ln\dfrac{\sin x}{x}}{x^2} = -\dfrac{1}{6}$．）

（2）$\lim\limits_{x \to +\infty}\left(\dfrac{2}{\pi}\arctan x\right)^x$　　　　　　　　　　　　　（1^∞ 型）

$$= \lim_{x \to +\infty} e^{\ln\left(\frac{2}{\pi}\arctan x\right)^x} = e^{\lim\limits_{x \to +\infty} x \cdot \ln\left(\frac{2}{\pi}\arctan x\right)}, 因为$$

$$\lim_{x \to +\infty} x\ln\frac{2}{\pi}\arctan x = \lim_{x \to +\infty} \frac{\ln\dfrac{2}{\pi} + \ln \arctan x}{\dfrac{1}{x}}$$

$$= \lim_{x \to +\infty} \frac{\dfrac{1}{\arctan x} \cdot \dfrac{1}{1+x^2}}{-\dfrac{1}{x^2}} = -\frac{2}{\pi}\lim_{x \to +\infty} \frac{x^2}{1+x^2} = -\frac{2}{\pi}.$$

所以　　　　　　　　$\lim\limits_{x \to +\infty}\left(\dfrac{2}{\pi}\arctan x\right)^x = e^{-\frac{2}{\pi}}.$

（3）令 $y = \lim\limits_{x \to 0}\left[(a_1^{\frac{1}{x}} + a_2^{\frac{1}{x}} + \cdots + a_n^{\frac{1}{x}})/n\right]^{nx},$

则 $\ln y = nx[\ln(a_1^{\frac{1}{x}} + a_2^{\frac{1}{x}} + \cdots + a_n^{\frac{1}{x}}) - \ln n],$

$$\lim_{x\to\infty} \ln y = n \lim_{x\to\infty} \frac{\ln(a_1^{\frac{1}{x}} + a_2^{\frac{1}{x}} + \cdots + a_n^{\frac{1}{x}}) - \ln n}{\frac{1}{x}},$$

令 $t = \dfrac{1}{x}$，则

$$\lim_{x\to\infty} \ln y = n \lim_{t\to 0} \frac{\ln(a_1^t + a_2^t + \cdots + a_n^t) - \ln n}{t}$$

$$= n \lim_{t\to 0} \frac{a_1^t \ln a_1 + a_2^t \ln a_2 + \cdots + a_n^t \ln a_n}{a_1^t + a_2^t + \cdots + a_n^t}$$

$$= n \cdot \frac{1}{n} \ln a_1 a_2 \cdots a_n = \ln a_1 a_2 \cdots a_n.$$

所以，原式 $= \mathrm{e}^{\ln a_1 a_2 \cdots a_n} = a_1 a_2 \cdots a_n.$

【例 7】讨论函数

$$f(x) = \begin{cases} \left[\dfrac{(1+x)^{\frac{1}{x}}}{\mathrm{e}}\right]^{\frac{1}{x}}, & x > 0, \\ \mathrm{e}^{-\frac{1}{2}}, & x \leqslant 0 \end{cases}$$

在点 $x = 0$ 处的连续性.

【解】$f(0) = \mathrm{e}^{-\frac{1}{2}}$，$\lim\limits_{x\to 0^-} f(x) = \lim\limits_{x\to 0^-} \mathrm{e}^{-\frac{1}{2}} = \mathrm{e}^{-\frac{1}{2}}.$

又 $\lim\limits_{x\to 0^+} f(x) = \lim\limits_{x\to 0^+} \left[\dfrac{(1+x)^{\frac{1}{x}}}{\mathrm{e}}\right]^{\frac{1}{x}} = \mathrm{e}^{\lim\limits_{x\to 0^+} \frac{1}{x}[\ln(1+x)^{\frac{1}{x}} - \ln \mathrm{e}]},$

因为

$$\lim_{x\to 0^+} \frac{1}{x}\left[\ln(1+x)^{\frac{1}{x}} - \ln \mathrm{e}\right] = \lim_{x\to 0^+} \frac{\frac{1}{x}\ln(1+x) - \ln \mathrm{e}}{x} = \lim_{x\to 0^+} \frac{\ln(1+x) - x}{x^2}$$

$$= \lim_{x\to\infty 0^+} \frac{\frac{1}{1+x} - 1}{2x} = \frac{1}{2}\lim_{x\to 0^+} \frac{-x}{x(1+x)} = \frac{1}{2}\lim_{x\to 0^+} \frac{-1}{1+x} = -\frac{1}{2},$$

所以，$\lim\limits_{x\to 0^+} f(x) = \mathrm{e}^{-\frac{1}{2}} = f(0)$，故 $f(x)$ 在 $x = 0$ 处连续.

四、求数列未定式的极限

【例8】求下列数列的极限：

$$\lim_{n \to \infty} \tan^n\left(\frac{\pi}{4} + \frac{1}{n}\right).$$

【解】本题为 1^∞ 型，先求 $\lim\limits_{x \to +\infty} \tan^x\left(\frac{\pi}{4} + \frac{1}{x}\right)$. 因为

$$\lim_{x \to +\infty} \tan^x\left(\frac{\pi}{4} + \frac{1}{x}\right) = e^{\lim\limits_{x \to +\infty} x \cdot \ln \tan\left(\frac{\pi}{4} + \frac{1}{x}\right)} = e^{\lim\limits_{x \to +\infty} \frac{\ln \tan\left(\frac{\pi}{4} + \frac{1}{x}\right)}{\frac{1}{x}}}$$

$$= e^{\lim\limits_{x \to +\infty} \frac{\sec^2\left(\frac{\pi}{4} + \frac{1}{x}\right) \cdot \left(-\frac{1}{x^2}\right)}{\tan\left(\frac{\pi}{4} + \frac{1}{x}\right) \cdot \left(-\frac{1}{x^2}\right)}} = e^{\lim\limits_{x \to +\infty} \frac{1}{\sin\left(\frac{\pi}{4} + \frac{1}{x}\right)\cos\left(\frac{\pi}{4} + \frac{1}{x}\right)}} = e^2.$$

故 $$\lim_{n \to \infty} \tan^n\left(\frac{\pi}{4} + \frac{1}{n}\right) = e^2.$$

第三节　泰勒(Taylor)公式

【知识要点回顾】

1. 泰勒公式

定理1　如果函数 $f(x)$ 在点 x_0 的一个邻域上具有直到 $n+1$ 阶的导数，则对此邻域上的任何点 x，在 x 与 x_0 之间至少存在一点 ξ，使得

$$f(x) = f(x_0) + f'(x_0)(x - x_0) + \frac{f''(x_0)}{2!}(x - x_0)^2 + \cdots +$$

$$\frac{f^{(n)}(x_0)}{n!}(x - x_0)^n + \frac{f^{(n+1)}(\xi)}{(n+1)!}(x - x_0)^{n+1}.$$

成立. 上式称作函数 $f(x)$ 在点 x_0 处的 n 阶泰勒公式；右端的多项式部分，即

$$f(x_0) + f'(x_0)(x - x_0) + \frac{f''(x_0)}{2!}(x - x_0)^2 + \cdots + \frac{f^{(n)}(x_0)}{n!}(x - x_0)^n,$$

称作函数 $f(x)$ 在点 x_0 处的 n 阶泰勒多项式,记作 $P_n(x)$,最后一项记作

$$R_n(x) = \frac{f^{(n+1)}(\xi)}{(n+1)!}(x-x_0)^{n+1} \quad (\text{其中 } \xi \text{ 在 } x \text{ 与 } x_0 \text{ 之间}),$$

称作函数 $f(x)$ 在点 x_0 处的 n 阶泰勒余项. 上述余项形式称作拉格朗日型的余项.

如果 $R_n(x) = o[(x-x_0)^n]$,其中 $\lim\limits_{x \to x_0} \dfrac{o[(x-x_0)^n]}{(x-x_0)^n} = 0$,那么称 $o[(x-x_0)^n]$ 为 $f(x)$ 在点 x_0 处的佩亚诺型的 n 阶泰勒余项.

2. 麦克劳林公式

定理2 如果函数 $f(x)$ 在点 $x_0 = 0$ 的一个邻域上具有直到 $n+1$ 阶的导数,则对此邻域上的任何点 x,在 x 与 0 之间至少存在一点 ξ,使得

$$f(x) = f(0) + f'(0)x + \frac{f''(0)}{2!}x^2 + \cdots + \frac{f^{(n)}(0)}{n!}x^n + \frac{f^{(n+1)}(\xi)}{(n+1)!}x^{n+1}$$

成立. 上式称作函数 $f(x)$ 带有拉格朗日余项的 n 阶麦克劳林公式.

若令 $\xi = \theta x \ (0 < \theta < 1)$,则余项也写为

$$R_n(x) = \frac{f^{(n+1)}(\theta x)}{(n+1)!} \quad (0 < \theta < 1),$$

称 $f(x) = f(0) + f'(0)x + \dfrac{f''(0)}{2!}x^2 + \cdots + \dfrac{f^{(n)}(0)}{n!}x^n + o(x^n)$ 为 $f(x)$ 带有佩亚诺型的 n 阶麦克劳林公式.

3. 常用函数的麦克劳林公式

五个初等函数 $e^x, \sin x, \cos x, \ln(1+x), (1+x)^{\alpha} (\alpha \in \mathbf{R})$ 在 $x_0 = 0$ 处的带有拉格朗日余项的 n(或 $2n$、$2n-1$)阶泰勒公式即带有拉格朗日余项的麦克劳林公式

$$e^x = 1 + x + \frac{x^2}{2!} + \cdots + \frac{x^n}{n!} + \frac{e^{\theta x}}{(n+1)!}x^{n+1} \quad (0 < \theta < 1);$$

$$\sin x = x - \frac{x^3}{3!} + \frac{x^5}{5!} - \cdots + (-1)^{n-1}\frac{x^{2n-1}}{(2n-1)!} + (-1)^n\frac{\cos\theta x}{(2n+1)!}x^{2n+1}$$
$$(0 < \theta < 1);$$

$$\cos x = 1 - \frac{x^2}{2!} + \frac{x^4}{4!} - \cdots + (-1)^n\frac{x^{2n}}{(2n)!} + (-1)^{n+1}\frac{\cos\theta x}{(2n+2)!}x^{2n+2}$$
$$(0 < \theta < 1);$$

$$\ln(1+x) = x - \frac{x^2}{2} + \frac{x^3}{3} + \cdots + (-1)^{n-1}\frac{x^n}{n} + \frac{(-1)^n}{(n+1)(1+\theta x)^{n+1}}x^{n+1},$$
$$(0 < \theta < 1);$$

$$(1+x)^\alpha = 1 + \alpha x + \frac{\alpha(\alpha-1)}{2!}x^2 + \cdots + \frac{\alpha(\alpha-1)\cdots(\alpha-n+1)}{n!}x^n +$$
$$\frac{\alpha(\alpha-1)\cdots(\alpha-n+1)(\alpha-n)}{(n+1)!}(1+\theta x)^{\alpha-n-1}x^{n+1} \quad (0 < \theta < 1).$$

【答疑解惑】

【问 1】怎样理解泰勒公式的意义?

【答】泰勒公式的意义是,用一个 n 次多项式来逼近函数 $f(x)$,而多项式具有形式简单、易于计算等优点.

泰勒公式由 $f(x)$ 的 n 次泰勒多项式 $P_n(x)$ 和余项 $R_n(x)$ 组成,我们来详细讨论它们. 当 $n=1$ 时,有

$$P_1(x) = f(x_0) + f'(x_0)(x - x_0)$$

是 $y = f(x)$ 的曲线在点 $(x_0, f(x_0))$ 处的切线(方程),称为曲线 $y = f(x)$ 在点 $(x_0, f(x_0))$ 的一次密切. 显然,切线与曲线的差异是较大的,只是曲线的近似.

当 $n=2$ 时,有

$$P_2(x) = f(x_0) + f'(x_0)(x - x_0) + \frac{f''(x_0)}{2!}(x - x_0)^2$$

是曲线 $y = f(x)$ 在点 $(x_0, f(x_0))$ 的"二次切线",也称曲线 $y = f(x)$ 在点

$(x_0, f(x_0))$ 的二次密切,可以看出,二次切线与曲线的接近程度比切线要好.

【问2】泰勒公式的余项有哪些类型?它们各有什么作用?

【答】泰勒公式的余项分为两类:一类是定性的,一类是定量的. 它们的本质相同,但性质各异. 定性的余项如佩亚诺型余项 $o(x - x_0)^n$,仅表示余项是比 $(x - x_0)^n$(当 $x \to x_0$ 时)高阶的无穷小. 如 $\sin x = x - \dfrac{x^3}{6} + o(x^3)$,表示当 $x \to 0$ 时,$\sin x$ 用 $x - \dfrac{x^3}{6}$ 近似,误差是比 x^3 高阶的无穷小. 拉格朗日型余项 $\dfrac{f^{(n+1)}(\xi)}{(n+1)!}(x - x_0)^{n+1}$,一般用于函数值的计算与函数性态的研究.

一般情况下,佩亚诺型的余项在求极限时用得较多,而拉格朗日型余项在近似计算估计误差时用得较多.

【典型题型精解】

一、求一个函数的泰勒展开式

【例1】按 $(x - 4)$ 的幂展开多项式 $f(x) = x^4 - 5x^3 - x^2 + 4$.

【解】令 $f(x) = x^4 - 5x^3 - x^2 + 4$,则 $f(x)$ 在含有 4 的任何开区间内具有任意阶导数,由泰勒公式知

$$f(x) = f(4) + f'(4)(x - 4) + \frac{f''(4)}{2!}(x - 4)^2 + \cdots$$
$$+ \frac{f^{(n)}(4)}{n!}(x - 4)^n + R_n(x),$$

而 $f'(x) = 4x^3 - 15x^2 - 2x$,$f''(x) = 12x^2 - 30x - 2$,$f'''(x) = 24x - 30$,$f^{(4)}(x) = 24$.

当 $n \geq 5$ 时,显然有 $f^{(5)}(x) = f^{(n)}(x) = 0$.

又 $f(4) = -76$,$f'(4) = 8$,$f''(4) = 70$,$f'''(4) = 66$,$f^{(4)}(4) = 24$,$f^{(5)}(4) = 0, \cdots, f^{(n)}(4) = 0 \ (n \geq 5)$,$R_n(x) = 0$.

故　$f(x) = -76 + 8(x-4) + 35(x-4)^2 + 11(x-4)^3 + (x-4)^4$.

【例2】求函数 $f(x) = \dfrac{1}{x}$ 按 $(x+1)$ 的幂展开的带有拉格朗日型余项的 n 阶泰勒公式.

【解】由于

$$f(x) = \frac{1}{x} = x^{-1}, f'(x) = (-1)x^{-2}, f''(x) = (-1)(-2)x^{-3}, \cdots.$$

$$f^{(n)}(x) = (-1)(-2)\cdots(-n)x^{-(n+1)} = (-1)^n n!\ x^{-(n+1)}.$$

$$f(-1) = -1, f'(-1) = -1, f''(-1) = -2!, \cdots, f^{(n)}(-1) = -n!.$$

所以

$$f(x) = \frac{1}{x} = f(-1) + f'(-1)(x+1) + \frac{f''(-1)}{2!}(x+1)^2 + \cdots +$$

$$\frac{f^{(n)}(-1)}{n!}(x+1)^n + R_n(x)$$

$$= -[1 + (x+1) + (x+1)^2 + \cdots + (x+1)^n] + R_n(x).$$

$$R_n(x) = \frac{f^{(n+1)}(\xi)}{(n+1)!}(x+1)^{(n+1)} = (-1)^{(n+1)} \xi^{-(n+2)}(x+1)^{(n+1)},$$

$$(\xi 在 -1 与 x 之间).$$

【例3】求函数 $f(x) = xe^x$ 的 n 阶麦克劳林公式.

【解】

$$f(x) = xe^x, f'(x) = e^x(1+x), f''(x) = e^x(2+x),$$
$$\cdots, f^{(n)}(x) = e^x(n+x).$$

所以

$$f(x) = xe^x = f(0) + f'(0)x + \frac{f''(0)}{2!}x^2 + \cdots + \frac{f^{(n)}(0)}{n!}x^n + R_n(x)$$

$$= 0 + 1 \cdot x + \frac{1}{2!} \cdot 2 \cdot x^2 + \cdots + \frac{1}{n!} \cdot n \cdot x^n + R_n(x)$$

$$= x + x^2 + \frac{1}{2!}x^3 + \cdots + \frac{1}{(n-1)!}x^n +$$

$$\frac{1}{(n+1)!}e^{\theta x}[(n+1) + \theta x]x^{n+1} \qquad (0 < \theta < 1).$$

二、求高阶导数在某点的数值

如果我们知道了某个函数的泰勒展开表达式,又知道其通项中 $(x-x_0)^n$ 的系数正是 $\frac{1}{n!}f^{(n)}(x_0)$,从而我们可以反过来求高阶导数的值.

【例4】设 $f(x)=x^2\sin x$,求 $f^{(99)}(0)$.

【解】由泰勒公式,得

$$f(x)=x^2\sin x=x^2\Big[x-\frac{x^3}{3!}+\cdots+\frac{\sin\frac{97}{2}\pi}{97!}x^{97}+o(x^{97})\Big]$$

$$=x^3-\frac{x^5}{3!}+\cdots+\frac{\sin\frac{97}{2}\pi}{97!}x^{99}+o(x^{99}).$$

所以,有 $\dfrac{f^{(99)}(0)}{99!}=\dfrac{\sin\frac{97}{2}\pi}{97!}$,从而 $f^{(99)}(0)=98\times99$.

【例5】求函数 $f(x)=x^2\mathrm{e}^x$ 在 $x=1$ 处的高阶导数 $f^{(100)}(1)$.

【解】方法一　使用 $(uv)^{(n)}$ 的导数公式. 由于 $(x^2)^{(n)}=0$ （ $n\geqslant3$),所以

$$(x^2\mathrm{e}^x)^{(100)}=(\mathrm{e}^x)^{(100)}+C_{100}^{99}(\mathrm{e}^x)^{(99)}\cdot(x^2)'+C_{100}^{98}(\mathrm{e}^x)^{(98)}\cdot(x^2)''$$

$$=\mathrm{e}^x+200x\mathrm{e}^x+100\times99\mathrm{e}^x,$$

$$(x^2\mathrm{e}^x)^{(100)}\big|_{x=1}=\mathrm{e}(1+200+100\times99)=10\,101\mathrm{e}.$$

方法二　用 $f(x)$ 在 $x=1$ 处的泰勒展开式.

设 $x=u+1$,则当 $x=1$ 时,$u=0$.

$f(x)=g(u)=(u+1)^2\mathrm{e}^{u+1}$,$f^{(n)}(1)=g^{(n)}(0)$.

$$g(u)=\mathrm{e}(u^2+2u+1)\cdot\Big[1+u+\cdots+\frac{u^{98}}{98!}+\frac{u^{99}}{99!}+\frac{u^{100}}{100!}+o(u^{100})\Big],$$

而 $g(u)$ 的泰勒展开式中含 u^{100} 的项应为

$$\frac{g^{(100)}(0)}{100!},$$

从 $g(u)$ 的展开式中知含 u^{100} 的项为

$$\mathrm{e}\left(\frac{1}{98!}+\frac{2}{99!}+\frac{1}{100!}\right)u^{100},$$

因此
$$\frac{g^{(100)}(0)}{100!}=\mathrm{e}\left(\frac{1}{98!}+\frac{2}{99!}+\frac{1}{100!}\right),$$

$$g^{(100)}(0)=\mathrm{e}\cdot 10101.$$

所以
$$f^{(100)}(1)=g^{(100)}(0)=10101\mathrm{e}.$$

三、求极限

【例 6】利用泰勒公式求下列极限：

$(1)\ \lim\limits_{x\to +\infty}\left(\sqrt[3]{x^3+3x^2}-\sqrt[4]{x^4-2x^3}\right)$；
$(2)\lim\limits_{x\to 0}\dfrac{\cos x-\mathrm{e}^{-\frac{x^2}{2}}}{x^2\left[x+\ln(1-x)\right]}$；

$(3)\lim\limits_{x\to 0}\dfrac{1+\dfrac{1}{2}x^2-\sqrt{1+x^2}}{(\cos x-\mathrm{e}^{x^2})\sin x^2}.$

【解】$(1)\ \lim\limits_{x\to +\infty}\left(\sqrt[3]{x^3+3x^2}-\sqrt[4]{x^4-2x^3}\right)=\lim\limits_{x\to +\infty}\dfrac{\sqrt[3]{1+\dfrac{3}{x}}-\sqrt[4]{1-\dfrac{2}{x}}}{\dfrac{1}{x}}$

$$=\lim_{t\to 0^+}\frac{\sqrt[3]{1+3t}-\sqrt[4]{1-2t}}{t}.$$

因为 $\sqrt[3]{1+3t}=1+t+o(t)$，$\sqrt[4]{1-2t}=1-\dfrac{1}{2}t+o(t)$，所以

$$\lim_{x\to +\infty}\left(\sqrt[3]{x^3+3x^2}-\sqrt[4]{x^4-2x^3}\right)$$

$$=\lim_{t\to 0^+}\frac{\left[1+t+o(t)\right]-\left[1-\dfrac{1}{2}t+o(t)\right]}{t}=\lim_{t\to 0^+}\left[\frac{3}{2}+\frac{o(t)}{t}\right]=\frac{3}{2}.$$

(2) 由于 $\cos x=1-\dfrac{x^2}{2!}+\dfrac{x^4}{4!}+o(x^4)$，

$$\mathrm{e}^{-\frac{x^2}{2}}=1-\frac{x^2}{2}+\frac{1}{2!}\left(-\frac{x^2}{2}\right)^2+o(x^4),$$

所以

$$\cos x - \mathrm{e}^{-\frac{x^2}{2}} = \left[1 - \frac{x^2}{2!} + \frac{x^4}{4!} + o(x^4)\right] - \left[1 - \frac{x^2}{2} + \frac{1}{2!}\left(-\frac{x^2}{2}\right)^2 + o(x^4)\right]$$

$$= -\frac{1}{12}x^4 + o(x^4).$$

又 $\ln(1-x) = -x - \dfrac{x^2}{2} + o(x^2)$,

所以 $x^2[x + \ln(1-x)] = x^2\left[x - x - \dfrac{x^2}{2} + o(x^2)\right] = -\dfrac{1}{2}x^4 + o(x^4)$,

故 $\displaystyle\lim_{x\to 0} \frac{\cos x - \mathrm{e}^{-\frac{x^2}{2}}}{x^2[x + \ln(1-x)]} = \lim_{x\to 0} \frac{-\dfrac{1}{12}x^4 + o(x^4)}{-\dfrac{1}{2}x^4 + o(x^4)} = \dfrac{1}{6}$.

$(3)\displaystyle\lim_{x\to 0} \frac{1 + \dfrac{1}{2}x^2 - \sqrt{1+x^2}}{(\cos x - \mathrm{e}^{x^2})\sin x^2}$

$$= \lim_{x\to 0} \frac{1 + \dfrac{1}{2}x^2 - \left[1 + \dfrac{1}{2}x^2 - \dfrac{1}{8}x^4 + o(x^4)\right]}{\left[\left(1 - \dfrac{1}{2}x^2 + o(x^2)\right) - (1 + x^2 + o(x^2))\right]x^2}$$

$$= \lim_{x\to 0} \frac{\dfrac{1}{8}x^4 + o(x^4)}{-\dfrac{3}{2}x^4 + o(x^4)} = -\dfrac{1}{12}.$$

第四节　函数的单调性、极值和最值

【知识要点回顾】

1. 函数单调性判别法

设函数 $y = f(x)$ 在 $[a,b]$ 上连续,在 (a,b) 内可导.

（1）如果在(a,b)内$f'(x)>0$,那么函数$y=f(x)$在$[a,b]$上单调增加；

（2）如果在(a,b)内$f'(x)<0$,那么函数$y=f(x)$在$[a,b]$上单调减少.

2. 函数的极值

定义　设函数$f(x)$在点x_0的某邻域$U(x_0)$内有定义,如果对于去心邻域$\mathring{U}(x_0)$内的任一x,有$f(x)<f(x_0)$（或$f(x)>f(x_0)$）,那么就称$f(x_0)$是函数$f(x)$的一个极大值（或极小值）.

函数的极大值与极小值统称为函数的极值,使函数取得极值的点称为极值点.

定理1（函数取得极值的必要条件）　设函数$f(x)$在x_0处可导,且在x_0处取得极值,那么$f'(x_0)=0$.

定理2（函数取得极值的第一充分条件）　设函数$f(x)$在x_0处连续,且在x_0的某去心邻域$\mathring{U}(x_0)$内可导.

（1）若$x\in(x_0-\delta,x_0)$时,$f'(x)>0$,而$x\in(x_0,x_0+\delta)$时,$f'(x)<0$,则$f(x)$在x_0处取得极大值；

（2）若$x\in(x_0-\delta,x_0)$时,$f'(x)<0$,而$x\in(x_0,x_0+\delta)$时,$f'(x)>0$,则$f(x)$在x_0处取得极小值；

（3）若$x\in\mathring{U}(x_0)$时,$f'(x)$的符号保持不变,则$f(x)$在x_0处没有极值.

定理3（函数取得极值的第二充分条件）　设函数$f(x)$在x_0处有二阶导数且$f'(x_0)=0$,$f''(x_0)\neq0$,那么

（1）当$f''(x_0)<0$时,函数$f(x)$在x_0处取得极大值；

（2）当$f''(x_0)>0$时,函数$f(x)$在x_0处取得极小值.

3. 函数的最大、最小值

如果函数$f(x)$在闭区间$[a,b]$上连续,则它在此闭区间$[a,b]$上

存在最大值和最小值,取得最大值和最小值的点分别称作函数 $f(x)$ 在此区间上的最大点和最小点. 求 $f(x)$ 在闭区间 $[a,b]$ 上的最大值和最小值的步骤为:

第一步:求出所有的极值点,即 $f'(x)=0$ 的点(驻点)及 $f'(x)$ 不存在的点(不可导点),记为 $x_1,x_2,\cdots x_n$;

第二步:将所有的驻点及不可导点即 $x_1,x_2,\cdots,x_n$ 所对应的函数值 $f(x_1),f(x_2),\cdots,f(x_n)$ 与端点处的函数值 $f(a),f(b)$ 相比较;

第三步:函数 $f(x)$ 在 $[a,b]$ 上的最大值 M 和最小值 m 分别为

$M=\max\{f(x_1),f(x_2),\cdots,f(x_n),f(a),f(b)\}$,

$m=\min\{f(x_1),f(x_2),\cdots,f(x_n),f(a),f(b)\}$.

说明:(1)若连续函数在 $[a,b]$ 上单调增加,则 $f(a)$ 是最小值,$f(b)$ 是最大值;若连续函数在 $[a,b]$ 上单调减少,则 $f(a)$ 是最大值,$f(b)$ 是最小值.

(2)若连续函数在区间内只有唯一的一个极大(或极小)值而无极小(或极大)值,则这个极大(或极小)值必是函数的最大(最小)值. 对于实际问题,往往是这样.

【答疑解惑】

【问 1】如果函数 $f(x)$ 在点 x_0 取得极值,是否必有 $f'(x)=0$?

【答】不一定. 因为函数还可以在导数不存在的点取得极值,那么这与极值的必要条件是否矛盾? 事实上,可导函数的极值点必是驻点,因为这里没有 $f(x)$ 在点 x_0 可导的条件,故不一定有 $f'(x)=0$.

【问 2】函数 $f(x)$ 在区间 (a,b) 内的极小值必定小于 $f(x)$ 在区间 (a,b) 内的极大值吗?

【答】不一定. 例如 $f(x)=3x^5-125x^3+2160x$,有

$$f'(x)=15x^4-375x^2+2160=15(x^2-16)(x^2-9),$$

令 $f'(x)=0$,得驻点 $x=\pm4,x=\pm3$,而

$$f''(x)=60x^3-750x=30x(2x^2-25),$$

得 $f''(4) > 0$，$f''(-4) < 0$. 于是可知 $x = 4$ 为 $f(x)$ 的极小值点，且极小值为 $f_{极小}(4) = 3712$；

而 $x = -4$ 为 $f(x)$ 的极大值点，且极大值为 $f_{极大}(-4) = -3712$.

此例表明，函数 $f(x)$ 在区间 (a, b) 内的极小值不一定小于其在 (a, b) 内的极大值，也说明 $f(x)$ 的极值是其在点 x_0 的局部性质，而 $f(x)$ 在区间 $[a, b]$ 上的最大值（最小值）是其在该定义区间上的整体性质.

【问3】若 x_0 为函数 $f(x)$ 在区间 $[a, b]$ 上的最大值点，则 x_0 是否为 $f(x)$ 的极大值点？

【答】不一定. 例如 $f(x) = x$ 在区间 $[0, 1]$ 上单调增加，最大值点为 $x = 1$. 但是依极大值点的定义可知，极大值点限定为区间 (a, b) 内的点，而 $x = 1$ 为区间的端点，因此 $x = 1$ 是 $f(x)$ 在 $[0, 1]$ 上的最大值点，但不是极大值点.

如果 x_0 为函数 $f(x)$ 在 $[a, b]$ 上的最大值点，且 $x_0 \in (a, b)$，即点 x_0 为 (a, b) 内的点，则 x_0 必定是函数 $f(x)$ 的极大值点.

【问4】如果可导函数 $f(x)$ 当 $x > a$ 时，有 $f'(x) > 0$，则当 $x > a$ 时，有 $f(x) > 0$，这一结论正确吗？

【答】不正确. 因为当 $x > a$ 时，$f'(x) > 0$ 只能说明函数 $f(x)$ 当 $x > a$ 时是单调增加的，不能保证 $f(x) > 0$. 例如：$f(x) = -e^{-x}$ 对任意的 x，有 $f'(x) = e^{-x} > 0$，但 $f(x) = -e^{-x} < 0$.

若加上 $f(x)$ 在 $x = a$ 连续且 $f(a) \geq 0$ 的条件，上述结论才能成立. 因为这时 $f(x)$ 在 $x \geq a$ 单调增加，则当 $x > a$ 时，有 $f(x) > f(a) \geq 0$.

在利用单调性证明不等式时，要特别注意这一点.

【典型题型精解】

一、利用导数判别函数的单调性

【例1】确定下列函数的单调区间：

(1) $y = 2x + \dfrac{8}{x}$ $(x > 0)$;　　　　　　(2) $y = \ln(x + \sqrt{1 + x^2})$;

(3) $y = \sqrt[3]{(2x - a)(a - x)^2}$ $(a > 0)$; (4) $y = x + |\sin 2x|$.

【解】(1) $y' = 2 - \dfrac{8}{x^2} = \dfrac{2(x + 2)(x - 2)}{x^2}$ $(x > 0)$;

令 $y' = 0$, 得 $x = -2$(因 $x > 0$, 舍去), $x = 2$.

当 $0 < x < 2$ 时, $y' < 0$, 故 y 在 $(0, 2]$ 上单调减少;

当 $2 < x < +\infty$ 时, $y' > 0$, 故 y 在 $[2, +\infty)$ 上单调增加.

(2) $y' = \dfrac{1}{x + \sqrt{1 + x^2}}\left(1 + \dfrac{x}{\sqrt{1 + x^2}}\right) = \dfrac{1}{\sqrt{1 + x^2}} > 0$ $(x \in \mathbf{R})$,

故 $y = \ln(x + \sqrt{1 + x^2})$ 在其定义域 $(-\infty, +\infty)$ 内单调增加.

(3) 此函数的定义域是 $(-\infty, +\infty)$.

$$y' = \dfrac{2}{3} \cdot \dfrac{3x - 2a}{\sqrt[3]{(2x - a)^2(x - a)}},$$

令 $y' = 0$, 得 $x = \dfrac{2a}{3}$, 当 $x = a$ 及 $x = \dfrac{a}{2}$ 时 y' 不存在.

x	$\left(-\infty, \dfrac{a}{2}\right)$	$\left(\dfrac{a}{2}, \dfrac{2a}{3}\right)$	$\left(\dfrac{2a}{3}, a\right)$	$(a, +\infty)$
y'	+	+	−	+
y	单调增加	单调增加	单调减少	单调增加

(4) $y = \begin{cases} x + \sin 2x, & x \in \left[n\pi, n\pi + \dfrac{\pi}{2}\right], \\ x - \sin 2x, & x \in \left[n\pi + \dfrac{\pi}{2}, (n+1)\pi\right], \end{cases}$ 　　　$n \in \mathbf{Z}.$

①当 $n\pi \leqslant x \leqslant n\pi + \dfrac{\pi}{2}$ 时, $y' = 1 + 2\cos 2x$,

令 $y' = 0$, 得 $x_1 = n\pi + \dfrac{\pi}{3}$,

当 $n\pi \leqslant x \leqslant n\pi + \dfrac{\pi}{3}$ 时, $y' = 1 + 2\cos 2x > 0$,　　　　①

当 $n\pi + \dfrac{\pi}{3} < x < n\pi + \dfrac{\pi}{2}$ 时, $y' = 1 + 2\cos 2x < 0$.　　②

②当 $n\pi + \dfrac{\pi}{2} \leqslant x \leqslant (n+1)\pi$ 时, $y' = 1 - 2\cos 2x$,

令 $y' = 0$, 得 $x_2 = n\pi + \dfrac{5\pi}{6}$.

当 $n\pi + \dfrac{\pi}{2} < x < n\pi + \dfrac{5\pi}{6}$ 时, $y' = 1 - 2\cos 2x > 0$,　　③

当 $n\pi + \dfrac{5\pi}{6} < x < (n+1)\pi$ 时, $y' = 1 - 2\cos 2x < 0$.　　④

综合式①和③, 知函数的单调增加区间是 $\left[\dfrac{n\pi}{2}, \dfrac{n\pi}{2} + \dfrac{\pi}{3}\right]$, 综合式②和④, 知函数的单调减少区间是 $\left[\dfrac{n\pi}{2} + \dfrac{\pi}{3}, \dfrac{n\pi}{2} + \dfrac{\pi}{2}\right]$, 其中 $n = 0, \pm 1, \pm 2, \cdots$.

二、利用单调性证明不等式

利用函数的单调性证明不等式的方法, 适用于某区间上成立的函数不等式, 证明步骤如下:

(1) 移项, 使不等式一端为零, 另一端即为所作辅助函数 $f(x)$;

(2) 求 $f'(x)$ 并验证 $f(x)$ 在指定区间的增减性;

(3) 求出区间端点的函数值(或极限值), 作比较即得所证.

【例2】证明下列不等式:

(1) 当 $x > 0$ 时, $1 + \dfrac{1}{2}x > \sqrt{1+x}$;

(2) 当 $0 < x < \dfrac{\pi}{2}$ 时, $\sin x + \tan x > 2x$;

(3)当 $x>4$ 时,$2^x>x^2$.

【证明】(1)设 $f(x)=1+\dfrac{x}{2}-\sqrt{1+x}$,$f'(x)=\dfrac{1}{2}-\dfrac{1}{2\sqrt{1+x}}$.

因为 $x>0$,所以 $f'(x)>0$.

又因为 $f(x)$ 在 $x=0$ 连续,故 $f(x)$ 当 $x\geqslant0$ 时单调增加,且 $f(0)=0$.
因此,当 $x>0$ 时,有

$$f(x)=1+\dfrac{x}{2}-\sqrt{1+x}>f(0)=0,$$

即当 $x>0$ 时,　　　　　　　$1+\dfrac{1}{2}x>\sqrt{1+x}.$

(2)设 $f(x)=\sin x+\tan x-2x$,则

$$f'(x)=\cos x+\sec^2x-2,$$

$$f''(x)=-\sin x+2\sec^2x\tan x=\sin x(2\sec^3x-1).$$

当 $0<x<\dfrac{\pi}{2}$ 时,$f''(x)>0$,$f'(x)$ 单调增加,又 $f'(x)$ 在 $x=0$ 连续,
$f'(0)=0$,故当 $0<x<\dfrac{\pi}{2}$ 时,有 $f'(x)>f'(0)=0$.

又因为 $f(x)$ 在 $x=0$ 连续,且 $f(0)=0$,所以 $f(x)$ 在 $\left[0,\dfrac{\pi}{2}\right]$ 内单调增

加,当 $0<x<\dfrac{\pi}{2}$ 时,有 $f(x)>f(0)=0$,即 $\sin x+\tan x>2x$.

(3)**方法一**　由于 $2^x>0$,$x^2>0$,两边可取对数. 而 $e>1$,故 $y=$
$\ln x$ 是单调增加的,于是可改证等价不等式:$x\ln 2>2\ln x$.

设 $f(x)=x\ln 2-2\ln x$,则

$$f'(x)=\ln 2-\dfrac{2}{x}>\ln 2-\dfrac{2}{4}=\dfrac{1}{2}\ln 4-\dfrac{1}{2}>\dfrac{1}{2}\ln e-\dfrac{1}{2}=0,$$

所以 $f(x)$ 是单调增加的,又 $f(4)=4\ln 2-2\ln 4=0$,
于是有　　　　　　　$f(x)>f(4)=0,\quad x\in(4,+\infty),$
即有　　　　　　　　$2^x>x^2\quad(x>4).$

方法二 设 $f(x)=\dfrac{2^x}{x^2}$, 当 $x>4$ 时,

$$f'(x)=\frac{2^x\ln 2\cdot x^2-2x\cdot 2^x}{x^4}=\frac{2^x}{x^3}(x\ln 2-2)$$

$$=\frac{2^{x+1}}{x^3}\left(\frac{x}{2}\ln 2-1\right)>\frac{2^{x+1}}{x^3}\left(\frac{4}{2}\ln 2-1\right)$$

$$=\frac{2^{x+1}}{x^3}(\ln 4-1)>0.$$

又 $f(x)$ 在 $x=4$ 连续, 故 $f(x)$ 在 $x\geqslant4$ 单调增加, 且 $f(4)=1$.

所以, 当 $x>4$ 时, 有 $f(x)>f(4)=1$, 即 $2^x>x^2$.

注: 若取 $f(x)=2^x-x^2$, $f'(x)=2^x\ln 2-2x$, 不易证 $f'(x)>0$.

三、关于方程根的研究

1. 关于方程 $f(x)=0$ 的根(或 $f(x)$ 的零点)的存在性

证明思路:

(1)如果只知道 $f(x)$ 在 $[a,b]$ 上连续, 而没有说明 $f(x)$ 是否可导, 则一般用闭区间上连续函数的零点定理证明.

(2)作出 $f(x)$ 的一个原函数 $F(x)$, 证明 $F(x)$ 满足罗尔定理条件, 从而得出 $f(x)$ 的零点的证明.

2. 关于方程 $f(x)=0$ 的根的个数的讨论

解题步骤:

(1)求出 $f(x)$ 的驻点和使 $f'(x)$ 不存在的点, 划分 $f(x)$ 的单调增减区间.

(2)求出各单调区间的极值(或最值).

(3)分析极值(或最值)与 x 轴的相对位置.

3. 关于方程 $f(x)=0$ 的根的唯一性的研究

证明思路:

(1)利用零点定理(或罗尔定理)证明 $f(x) = 0$ 至少存在一个根.

(2)利用函数的单调性证明 $f(x) = 0$ 最多只有一个根.

【例3】讨论方程 $\ln x = ax$　(其中 $a > 0$)有几个实根?

【解】设 $f(x) = \ln x - ax$. 则 $f(x)$ 在 $(0, +\infty)$ 内连续.

$$f'(x) = \frac{1}{x} - a = \frac{1 - ax}{x}, 驻点为 x = \frac{1}{a}.$$

因为当 $0 < x < \frac{1}{a}$ 时,$f'(x) > 0$,所以 $f(x)$ 在 $\left(0, \frac{1}{a}\right)$ 内单调增加;

当 $x > \frac{1}{a}$ 时,$f'(x) < 0$,所以 $f(x)$ 在 $\left(\frac{1}{a}, +\infty\right)$ 内单调减少.

下面分几种情况来讨论:

(1)当 $f\left(\frac{1}{a}\right) > 0$,即 $\ln \frac{1}{a} - 1 > 0$,或 $0 < a < \frac{1}{e}$ 时,因为

$$\lim_{x \to 0^+} f(x) = \lim_{x \to 0^+} (\ln x - ax) = -\infty.$$

故存在 $x_1 \in \left(0, \frac{1}{a}\right)$,使得 $f(x_1) < 0$,根据零点定理,存在 $\xi_1 \in \left(x_1, \frac{1}{a}\right)$,使 $f(\xi_1) = 0$,

又由于 $f(x)$ 在 $\left(0, \frac{1}{a}\right)$ 内单调递增,故 $f(x) = 0$ 在 $\left(0, \frac{1}{a}\right)$ 内只有唯一的根 $x = \xi_1$;

又因为 $\lim_{x \to +\infty} f(x) = \lim_{x \to +\infty} (\ln x - ax) = \lim_{x \to +\infty} x\left(\frac{\ln x}{x} - a\right) = -\infty$,

故存在 $x_2 \in \left(\frac{1}{a}, +\infty\right)$,使 $f(x_2) < 0$. 根据零点定理,存在 $\xi_2 \in \left(\frac{1}{a}, x_2\right)$ 使 $f(\xi_2) = 0$.

又因为 $f(x)$ 在 $\left(\frac{1}{a}, +\infty\right)$ 内单调递减,故 $f(x) = 0$ 在 $\left(\frac{1}{a}, +\infty\right)$ 内只有唯一的根 $x = \xi_2$.

故当 $f\left(\dfrac{1}{a}\right)>0$，即当 $0<a<\dfrac{1}{e}$，$f(x)=0$ 有两个零点，即方程 $\ln x=ax$ 有两个实根.

(2) 当 $f\left(\dfrac{1}{a}\right)=0$，即 $a=\dfrac{1}{e}$ 时，$x=\dfrac{1}{a}$ 为方程 $\ln x=ax$ 的一个根.

又因为 $f(x)$ 在 $\left(0,\dfrac{1}{a}\right)$ 内单调递增，在 $\left(\dfrac{1}{a},+\infty\right)$ 内单调递减，故 $x=\dfrac{1}{a}$ 为 $f(x)$ 在 $(0,+\infty)$ 内唯一的零点，于是方程 $\ln x=ax$ 有唯一实根.

(3) 当 $f\left(\dfrac{1}{a}\right)<0$，即 $a>\dfrac{1}{e}$ 时，由于 $f(x)$ 在 $\left(0,\dfrac{1}{a}\right)$ 内单调递增，在 $\left(\dfrac{1}{a},+\infty\right)$ 内单调递减，故 $f(x)$ 在 $(0,+\infty)$ 内无零点，即方程 $\ln x=ax$ 无实根.

四、求函数的极大值与极小值

【例 4】求下列函数的极值：

(1) $y=\dfrac{3x^2+4x+4}{x^2+x+1}$；　　(2) $y=x^{\frac{1}{x}}$；

(3) $y=e^{-x^2}$；　　　　　　(4) $y=e^x\cos x$.

【问题分析】求函数 $f(x)$ 的极值点和极值可按下列步骤：

(1) 求出导数 $f'(x)$；

(2) 求出 $f'(x)=0$ 在所讨论的区间上的根（驻点）及导数不存在的点；

(3) 判断这些点（驻点及导数不存在的点）是否为极值点，是极大点还是极小点. 判断方法：考查 $f'(x)$ 在驻点及导数不存在点的邻域内的正、负号，若 $f''(x)$ 在驻点不为 0，也可以用二阶导数来判断；

(4) 求出极值点处的函数值，就得 $f(x)$ 的全部极值.

【解】(1)函数的定义域为$(-\infty,+\infty)$,$y'=\dfrac{-x(x+2)}{(x^2+x+1)^2}$,驻点为

$x=0,x=-2$,列表如下:

x	$(-\infty,-2)$	-2	$(-2,0)$	0	$(0,+\infty)$
y'	$-$	0	$+$	0	$-$
y	↘	$\dfrac{8}{3}$(极小值)	↗	4(极大值)	↘

可见函数在$x=-2$处取得极小值$\dfrac{8}{3}$,在$x=0$处取得极大值4.

(2)函数$y=x^{\frac{1}{x}}$的定义域为$(0,+\infty)$,$y'=x^{\frac{1}{x}}\cdot\dfrac{1}{x^2}(1-\ln x)$.

令$y'=0$,得驻点$x=\mathrm{e}$.

因为当$x<\mathrm{e}$时,$y'>0$;当$x>\mathrm{e}$时,$y'<0$,所以$y(\mathrm{e})=\mathrm{e}^{\frac{1}{\mathrm{e}}}$为函数的极大值.

(3)函数的定义域为$(-\infty,+\infty)$,$y'=-2x\mathrm{e}^{-x^2}$,令$y'=0$,得驻点为$x=0$.

又$y''=2\mathrm{e}^{-x^2}(2x^2-1)$,$y''(0)=-2<0$,所以$y(0)=\mathrm{e}^0=1$为函数的极大值.

(4)函数的定义域为$(-\infty,+\infty)$.$y'=\mathrm{e}^x(\cos x-\sin x)$,

令$y'=0$,得驻点为$x=\dfrac{\pi}{4}+2k\pi,x=\dfrac{\pi}{4}+(2k+1)\pi,(k=0,\pm1,\pm2\cdots)$.

又　　　　　　　　　　$y''=-2\mathrm{e}^x\sin x$,

当$x=2k\pi+\dfrac{\pi}{4}$时,$y''<0$,所以$x=2k\pi+\dfrac{\pi}{4}$为极大值点,极大值为

$$y\left(2k\pi+\dfrac{\pi}{4}\right)=\dfrac{\sqrt{2}}{2}\mathrm{e}^{2k\pi+\frac{\pi}{4}},\quad k=0,\pm1,\pm2\cdots;$$

当 $x = \dfrac{\pi}{4} + (2k+1)\pi$ 时，$y'' > 0$，所以 $x = \dfrac{\pi}{4} + (2k+1)\pi$ 为极小值点，极小值为

$$y\left[\frac{\pi}{4} + (2k+1)\pi\right] = -\frac{\sqrt{2}}{2}e^{\frac{\pi}{4} + (2k+1)\pi}, \quad k = 0, \pm 1, \pm 2 \cdots.$$

【例5】试证明：如果函数 $y = ax^3 + bx^2 + cx + d$ 满足条件 $b^2 - 3ac < 0$，那么这函数没有极值．

【证明】$y' = 3ax^2 + 2bx + c$．由 $b^2 - 3ac < 0$，知 $a \neq 0$．于是配方得到

$$y' = 3ax^2 + 2bx + c = 3a\left(x^2 + \frac{2b}{3a}x + \frac{c}{3a}\right) = 3a\left(x + \frac{b}{3a}\right)^2 + \frac{3ac - b^2}{3a},$$

因 $b^2 - 3ac < 0$，即 $3ac - b^2 > 0$，所以当 $a > 0$ 时，$y' > 0$；当 $a < 0$ 时，$y' < 0$．

因此 $y = ax^3 + bx^2 + cx + d$ 是单调函数，没有极值．

【例6】试问 a 为何值时，函数 $f(x) = a\sin x + \dfrac{1}{3}\sin 3x$ 在 $x = \dfrac{\pi}{3}$ 处取得极值？它是极大值还是极小值？并求此极值．

【解】$f'(x) = a\cos x + \cos 3x$，$f''(x) = -a\sin x - 3\sin 3x$．

要使函数 $f(x)$ 在 $x = \dfrac{\pi}{3}$ 处取得极值，必有 $f'\left(\dfrac{\pi}{3}\right) = 0$，即 $a \cdot \dfrac{1}{2} - 1 = 0$，$a = 2$．

当 $a = 2$ 时，$f''\left(\dfrac{\pi}{3}\right) = -2 \cdot \dfrac{\sqrt{3}}{2} < 0$．因此，当 $a = 2$ 时，函数 $f(x)$ 在 $x = \dfrac{\pi}{3}$ 处取得极值而且取得极大值，极大值为 $f\left(\dfrac{\pi}{3}\right) = \sqrt{3}$．

五、求函数的最大值与最小值

【例7】求下列函数的最大、最小值：

$(1)\, y = x^4 - 2x^2 + 5 \ (-2 \leqslant x \leqslant 2)$；　$(2)\, y = x + \sqrt{1-x} \ (-5 \leqslant x \leqslant 1)$.

【解】(1) 令 $f(x) = x^4 - 2x^2 + 5 \ (-2 \leqslant x \leqslant 2)$，则

$$f'(x) = 4x^3 - 4x = 4x(x^2 - 1).$$

令 $f'(x) = 0$，得 $x_1 = 0, x_2 = -1, x_3 = 1$.

因为　　　　$f(0) = 5, f(\pm 1) = 4, f(\pm 2) = 13$,

所以函数的最大值为 $y(\pm 2) = 13$，最小值为 $y(\pm 1) = 4$.

$(2) y' = 1 - \dfrac{1}{2\sqrt{1-x}} = \dfrac{2\sqrt{1-x} - 1}{2\sqrt{1-x}}$，令 $y' = 0$，得 $x = \dfrac{3}{4}$，当 $x = 1$ 时导数不存在.

因为 $y\left(\dfrac{3}{4}\right) = \dfrac{5}{4}, y(1) = 1, y(-5) = -5 + \sqrt{6}$,

所以函数的最大值为 $y\left(\dfrac{3}{4}\right) = \dfrac{5}{4}$，最小值为 $y(-5) = -5 + \sqrt{6}$.

【例8】设 $a > 1$，$f(t) = a^t - at$ 在 $(-\infty, +\infty)$ 内的驻点为 $t(a)$. 问 a 为何值时，$t(a)$ 最小？并求出最小值.

【解】由 $f'(t) = a^t \ln a - a = 0$，得唯一驻点 $t(a) = 1 - \dfrac{\ln \ln a}{\ln a}$.

考查函数 $t(a) = 1 - \dfrac{\ln \ln a}{\ln a}$ 在 $a > 1$ 时的最小值.

令　　　　$t'(a) = -\dfrac{\dfrac{1}{a} - \dfrac{1}{a}\ln \ln a}{(\ln a)^2} = -\dfrac{1 - \ln \ln a}{a(\ln a)^2} = 0$,

得唯一驻点 $a = e^e$. 当 $a > e^e$ 时，$t'(a) > 0$；当 $a < e^e$ 时，$t'(a) < 0$. 因此，$t(e^e) = 1 - \dfrac{1}{e}$ 为极小值，也是最小值.

【例9】已知制作一个背包的成本为 40 元，如果每一个背包的售出价为 x 元，售出的背包数由 $n = \dfrac{a}{x - 40} + b(80 - x)$ 给出. 其中 a, b 为正的常数. 问什么样的售出价格能带来最大利润？

【解】设利润函数为 $p(x)$，则

$$p(x) = (x - 40)n = a + b(x - 40)(80 - x).$$

$$p'(x) = b(120 - 2x).$$

令 $p'(x) = 0$, 得 $x = 60$(元).

由 $p''(x) = -2b < 0$ 知 $x = 60$ 为极大值点, 又驻点唯一, 故这极大值点就是最大值点, 即售出价格定在 60 元时能带来最大利润.

第五节　函数作图

【知识要点回顾】

1. 图形的凹凸性

定义1　设 $f(x)$ 在区间 I 上连续, 如果对于 I 上任意两点 x_1, x_2 恒有

$$f\left(\frac{x_1 + x_2}{2}\right) < \frac{f(x_1) + f(x_2)}{2},$$

那么称 $f(x)$ 在区间 I 上的图形是(向上)凹的(或凹弧);如果恒有

$$f\left(\frac{x_1 + x_2}{2}\right) > \frac{f(x_1) + f(x_2)}{2},$$

那么称 $f(x)$ 在区间 I 上的图形是(向上)凸的(或凸弧).

定义1′　若在某区间 I 内, 曲线 $y = f(x)$ 位于该曲线上每一点的切线的上(下)方, 则称此曲线在该区间内是凹(凸)的, 该区间称为曲线的凹(凸)区间.

定理1(凹凸性的判别定理)　设 $f(x)$ 在 $[a, b]$ 上连续, 在 (a, b) 内具有一阶和二阶导数, 那么(1)若在 (a, b) 内, $f''(x) > 0$, 则 $f(x)$ 在 $[a, b]$ 上的图形是凹的;(2)若在 (a, b) 内, $f''(x) < 0$, 则 $f(x)$ 在 $[a, b]$ 上的图形是凸的.

2. 曲线的拐点

定义2　设 $y = f(x)$ 在区间 I 上连续, x_0 是区间 I 内的点. 如果曲

线 $y=f(x)$ 在经过点 $(x_0,f(x_0))$ 时,曲线的凹凸性改变,那么就称点 $(x_0,f(x_0))$ 为该曲线的拐点.

定理 2(拐点的判别定理)　若在 x_0 处 $f''(x_0)=0$(或 $f''(x_0)$ 不存在),当 x 变动经过 x_0 时 $f''(x)$ 变号,则 $(x_0,f(x_0))$ 为拐点.

3. 渐近线

定义 3　若曲线 C 上的点 M 沿着曲线无限远离坐标原点时,点 M 与某一直线 L 的距离无限趋于零,则称直线 L 为曲线的渐近线.

(1)水平渐近线

若 $\lim\limits_{x\to\infty}f(x)=b$(或 $\lim\limits_{x\to+\infty}f(x)=b$,或 $\lim\limits_{x\to-\infty}f(x)=b$),则称 $y=b$ 为函数 $y=f(x)$ 的图形的水平渐近线.

(2)垂直渐近线

若 $\lim\limits_{x\to x_0}f(x)=\infty$(或 $\lim\limits_{x\to x_0^+}f(x)=\infty$,或 $\lim\limits_{x\to x_0^-}f(x)=\infty$),则称 $x=x_0$ 为函数 $y=f(x)$ 的图形的垂直渐近线.

(3)斜渐近线

若存在常数 k,b,使得 $k=\lim\limits_{x\to\infty}\dfrac{f(x)}{x}$,$b=\lim\limits_{x\to\infty}\big[f(x)-kx\big]$,则称直线 $y=kx+b$ 为函数 $y=f(x)$ 的图形的斜渐近线.

4. 函数作图

函数作图的一般步骤如下:

(1)确定函数 $y=f(x)$ 的定义域;

(2)考察函数的奇偶性、周期性;

(3)求出一阶导数 $f'(x)$ 和二阶导数 $f''(x)$ 在函数定义域内的全部零点,并求出函数的间断点及 $f'(x)$ 和 $f''(x)$ 不存在的点,用这些点把函数的定义域划分成几个部分区间,列表;

(4)确定在这些部分区间内 $f'(x)$ 和 $f''(x)$ 的符号,并由此确定函数图形的升降和凹凸,极值点和拐点;

(5)确定函数图形的水平、垂直及斜渐近线以及其他变化趋势;

(6)算出 $f'(x)$ 和 $f''(x)$ 的零点以及不存在的点所对应的函数值,定出图形上相应的点,绘制曲线.

【答疑解惑】

【问1】若点 $(x_0,f(x_0))$ 为曲线 $y=f(x)$ 的拐点,是否必有 $f''(x_0)=0$?

【答】不一定. 因为在 $f''(x)$ 不存在的点处也可能取到拐点. 但是若函数 $y=f(x)$ 具有连续的二阶导数,点 $(x_0,f(x_0))$ 为曲线 $y=f(x)$ 的拐点,则必定有 $f''(x_0)=0$.

【问2】命题"若 $f(x)$ 在点 x_0 有直到 n 阶导数,且 $f'(x_0)=f''(x_0)=\cdots=f^{(n-1)}(x_0)=0$,而 $f^{(n)}(x_0)\neq0$ ($n>2$),则当 n 为奇数时,点 $(x_0,f(x_0))$ 为曲线 $y=f(x)$ 的拐点."是否正确? 为什么?

【答】正确. 证明如下:

由于 $f(x)$ 在点 x_0 有直到 n 阶导数, $n>2$,因此 $f''(x)$ 在点 x_0 连续,必定在 x_0 的某个邻域内存在,将 $f''(x)$ 在点 x_0 处进行 $n-2$ 阶泰勒展开可得

$$f''(x)=f''(x_0)+f'''(x_0)(x-x_0)+\frac{1}{2!}f^{(4)}(x_0)(x-x_0)^2+\cdots+\frac{1}{(n-2)!}f^{(n)}(x_0)(x-x_0)^{n-2}+o[(x-x_0)^{n-2}].$$

由题设可得

$$f''(x)=\frac{1}{(n-2)!}f^{(n)}(x_0)(x-x_0)^{n-2}+o[(x-x_0)^{n-2}].$$

上式右端的符号取决于第一项,当 n 为奇数时, $f^{(n)}(x_0)\cdot(x-x_0)^{n-2}$ 的符号在 x_0 的两侧相反,因此在点 x_0 的两侧 $f''(x)$ 异号,可知点 $(x_0,f(x_0))$ 为曲线的拐点.

【问3】若 x_0 为函数 $y=f(x)$ 的极值点,能否肯定 $(x_0,f(x_0))$ 不是曲线 $y=f(x)$ 的拐点.

【答】不能肯定. 例如函数 $y = |xe^{-x}|$, 即

$$y = f(x) = \begin{cases} -xe^{-x}, & x < 0, \\ xe^{-x}, & x \geq 0 \end{cases}$$

在 $(-\infty, +\infty)$ 上连续且

$$f'(x) = \begin{cases} e^{-x}(x-1), & x < 0, \\ e^{-x}(1-x), & x > 0, \end{cases}$$

在 $x = 0$ 处, $f'_-(0) = \lim\limits_{x \to 0^-} \dfrac{-xe^{-x}}{x} = -1$, $f'_+(0) = \lim\limits_{x \to 0^+} \dfrac{xe^{-x}}{x} = 1$,

故 $f'(0)$ 不存在, 即 $y = f(x)$ 在 $x = 0$ 处不可导.

令 $f'(x) = 0$, 可得 $f(x)$ 的唯一驻点 $x = 1$.

又 $$f''(x) = \begin{cases} e^{-x}(2-x), & x < 0, \\ e^{-x}(x-2), & x > 0. \end{cases}$$

令 $f''(x) = 0$, 得 $x = 2$; 当 $x = 0$ 时, $f''(x)$ 不存在. 将 x, y', y'', y 列表:

x	$(-\infty, 0)$	0	$(0,1)$	1	$(1,2)$	2	$(2, +\infty)$
y'	$-$	不存在	$+$	0	$-$	$-$	$-$
y''	$+$	不存在	$-$	$-$	$-$	0	$+$
y	↘∪	极小值	↗∩	极大值	↘∩	拐点	↘∪

这表明 $x = 0$ 为 $f(x)$ 的极小点; 而 $(0, f(0)) = (0, 0)$ 为曲线 $y = f(x)$ 的拐点.

【典型题型精解】

一、曲线的凹凸性与拐点

【例 1】求下列函数图形的拐点及凹或凸的区间:

$(1)y = xe^{-x}$;　　　　　　　$(2)y = \ln(x^2 + 1)$;

$(3)y = (x+1)^4 + e^x$;　　　　$(4)y = e^{\arctan x}$.

【解】$(1)y' = e^{-x} - xe^{-x}$,

$y'' = -e^{-x} - e^{-x} + xe^{-x} = e^{-x}(x-2)$.

令 $y'' = 0$,得 $x = 2$.

因为当 $x < 2$ 时,$y'' < 0$;当 $x > 2$ 时,$y'' > 0$,所以曲线在$(-\infty, 2]$内是凸的,在$[2, +\infty)$内是凹的,拐点为$(2, 2e^{-2})$.

$(2)y' = \dfrac{2x}{x^2 + 1}$,　　$y'' = \dfrac{2(x^2+1) - 2x \cdot 2x}{(x^2+1)^2} = \dfrac{-2(x-1)(x+1)}{(x^2+1)^2}$.

令 $y'' = 0$,得 $x_1 = -1, x_2 = 1$,列表如下:

x	$(-\infty, -1)$	-1	$(-1, 1)$	1	$(1, +\infty)$
y''	$-$	0	$+$	0	$-$
y	$\cap$	拐点$(-1, \ln 2)$	$\cup$	拐点$(1, \ln 2)$	$\cap$

可见曲线在$(-\infty, -1]$和$[1, +\infty)$内是凸的,在$[-1, 1]$内是凹的,拐点为$(-1, \ln 2)$和$(1, \ln 2)$.

$(3)y' = 4(x+1)^3 + e^x$,　　$y'' = 12(x+1)^2 + e^x$.

因为在$(-\infty, +\infty)$内,$y'' > 0$,所以曲线 $y = (x+1)^4 + e^x$ 在$(-\infty, +\infty)$内是凹的,无拐点.

$(4)y' = e^{\arctan x} \cdot \dfrac{1}{1+x^2}$,

$y'' = e^{\arctan x} \cdot \dfrac{1}{(1+x^2)^2} + e^{\arctan x} \dfrac{-2x}{(1+x^2)^2} = \dfrac{-2e^{\arctan x}}{(1+x^2)^2}\left(x - \dfrac{1}{2}\right)$.

令 $y'' = 0$,得 $x = \dfrac{1}{2}$.

因为当 $x < \dfrac{1}{2}$ 时,$y'' > 0$;当 $x > \dfrac{1}{2}$ 时,$y'' < 0$,所以曲线 $y = e^{\arctan x}$ 在

$\left(-\infty,\dfrac{1}{2}\right]$ 内是凹的,在 $\left[\dfrac{1}{2},+\infty\right)$ 内是凸的,拐点为 $\left(\dfrac{1}{2},\mathrm{e}^{\arctan\frac{1}{2}}\right)$.

【例2】问 a,b 为何值时,点 $(1,3)$ 为曲线 $y=ax^3+bx^2$ 的拐点.

【解】$y'=3ax^2+2bx,y''=6ax+2b$.

因为 $(1,3)$ 为拐点,由必要条件,应有 $y''(1)=0$,所以

$$6a+2b=0, \tag{①}$$

由拐点 $(1,3)$ 在曲线上,代入得 $a+b=3$. ②

联立式①与②,解得 $a=-\dfrac{3}{2},b=\dfrac{9}{2}$.

【例3】试决定曲线 $y=ax^3+bx^2+cx+d$ 中的 a,b,c,d,使得 $x=-2$ 处曲线有水平切线,$(1,-10)$ 为拐点,且 $(-2,44)$ 点在曲线上.

【解】因为点 $(1,-10)$ 与 $(-2,44)$ 都在曲线上,所以

$$\begin{cases}-8a+4b-2c+d=44,\\ a+b+c+d=-10,\end{cases} \tag{①}$$

$$y'=3ax^2+2bx+c,\quad y''=6ax+2b.$$

分别代入 $x_0=-2$ 与 $x_1=1$,由题设驻点与拐点条件,又得

$$\begin{cases}12a-4b+c=0,\\ 6a+2b=0,\end{cases} \tag{②}$$

解方程组①与②得:$a=1,b=-3,c=-24,d=16$.

二、利用函数图形的凹凸性证明不等式

【例4】利用函数图形的凹凸性证明下列不等式:

$(1)\ \dfrac{1}{2}(x^n+y^n)>\left(\dfrac{x+y}{2}\right)^n \quad (x>0,y>0,x\ne y,n>1)$;

$(2)\ \dfrac{\mathrm{e}^x+\mathrm{e}^y}{2}>\mathrm{e}^{\frac{x+y}{2}} \quad (x\ne y)$;

$(3)\ x\ln x+y\ln y>(x+y)\ln\dfrac{x+y}{2} \quad (x>0,y>0,x\ne y)$.

【问题分析】选取适当的辅助函数 $f(t)$,根据 $f(t)$ 图形的凹凸性,

得出 $f\left(\dfrac{x+y}{2}\right) < \dfrac{f(x)+f(y)}{2}$ 或 $f\left(\dfrac{x+y}{2}\right) > \dfrac{f(x)+f(y)}{2}$ 的结论,即可证明不等式.

【证明】 (1) 设 $f(t) = t^n$,$f'(t) = nt^{n-1}$,$f''(t) = n(n-1)t^{n-2}$,

当 $n > 1$ 时,在 $(0, +\infty)$ 内,$f''(t) > 0$,故 $f(t)$ 的图形是凹的,因此,

$$f\left(\frac{x+y}{2}\right) < \frac{f(x)+f(y)}{2},$$

即

$$\left(\frac{x+y}{2}\right)^n < \frac{x^n + y^n}{2}.$$

(2) 设 $f(t) = e^t$,$f'(t) = e^t$,$f''(t) = e^t$,在 $(-\infty, +\infty)$ 内,$f''(t) > 0$,故 $f(t)$ 的图形是凹的,因此,对任意的 $x, y \in (-\infty, +\infty)$,当 $x \neq y$ 时,有

$$f\left(\frac{x+y}{2}\right) < \frac{f(x)+f(y)}{2},$$

即

$$e^{\frac{x+y}{2}} < \left(\frac{e^x + e^y}{2}\right),$$

亦即

$$\frac{e^x + e^y}{2} > e^{\frac{x+y}{2}}.$$

(3) $f(t) = t\ln t$,$f'(t) = \ln t + 1$,$f''(t) = \dfrac{1}{t}$,在 $(0, +\infty)$ 内,$f''(t) > 0$,故 $f(t)$ 的图形是凹的,因此,对任意的 $x, y \in (0, +\infty)$,当 $x \neq y$ 时,有

$$f\left(\frac{x+y}{2}\right) < \frac{f(x)+f(y)}{2},$$

即

$$\frac{x+y}{2}\ln\frac{x+y}{2} < \frac{x\ln x + y\ln y}{2},$$

亦即

$$x\ln x + y\ln y > (x+y)\ln\frac{x+y}{2}.$$

三、求曲线的渐近线

【例 5】求下列各曲线的渐近线:

$(1)y = \dfrac{1}{x-1};$ 　　　　　$(2)y = \dfrac{4x^3}{9(x-1)^2};$

$(3)y = \dfrac{x+2}{x^2-x+2};$ 　　　$(4)y = e^{-\frac{1}{x}}.$

【解】(1) 因为 $\lim\limits_{x\to\infty} y = \lim\limits_{x\to\infty} \dfrac{1}{x-1} = 0$,所以直线 $y=0$ 是曲线的一条水平渐近线;

又 $\lim\limits_{x\to1} y = \lim\limits_{x\to1} \dfrac{1}{x-1} = \infty$,所以所以直线 $x=1$ 是曲线的一条垂直渐近线;

因为 $k = \lim\limits_{x\to\infty} \dfrac{f(x)}{x} = \lim\limits_{x\to\infty} \dfrac{1}{x(x-1)} = 0$,故该曲线无斜渐近线.

(2) 因为 $\lim\limits_{x\to\infty} y = \lim\limits_{x\to\infty} \dfrac{4x^3}{9(x-1)^2} = \infty$,故曲线无水平渐近线;

又因为 $\lim\limits_{x\to1} y = \lim\limits_{x\to1} \dfrac{4x^3}{9(x-1)^2} = \infty$,故直线 $x=1$ 是曲线的一条垂直渐近线;

由于 $k = \lim\limits_{x\to\infty} \dfrac{f(x)}{x} = \lim\limits_{x\to\infty} \dfrac{4x^3}{x\cdot 9(x-1)^2} = \lim\limits_{x\to\infty} \dfrac{4x^2}{9(x-1)^2} = \dfrac{4}{9},$

又 $b = \lim\limits_{x\to\infty}[f(x)-kx] = \lim\limits_{x\to\infty}\left[\dfrac{4x^3}{9(x-1)^2} - \dfrac{4}{9}x\right] = \lim\limits_{x\to\infty} \dfrac{4(2x^2-x)}{9(x-1)^2} = \dfrac{8}{9},$

即 $$b = \dfrac{8}{9}.$$

所以直线 $y = \dfrac{4}{9}x + \dfrac{8}{9}$ 是曲线的一条斜渐近线.

(3) 可以看出,曲线有水平渐近线 $y=0$;

由于函数 $f(x) = \dfrac{x+2}{x^2-x+2}$ 的分母为 $x^2-x-2 = (x+1)(x-2)$,可以看出

$$\lim_{x\to -1} y = \lim_{x\to -1}\frac{x+2}{x^2-x+2} = \lim_{x\to -1}\frac{x+2}{(x+1)(x-2)} = \infty,$$

$$\lim_{x\to 2} y = \lim_{x\to 2}\frac{x+2}{x^2-x+2} = \lim_{x\to 2}\frac{x+2}{(x+1)(x-2)} = \infty.$$

所以,直线 $x=-1$ 及 $x=2$ 为曲线的两条垂直渐近线.

又因 $k = \lim_{x\to\infty}\frac{f(x)}{x} = \lim_{x\to\infty}\frac{x+2}{x(x^2-x+2)} = 0$,故该曲线无斜渐近线.

注:在求曲线 $f(x)$ 的垂直渐近线时,若函数为分式函数并且有使得分母为零的点 x_0,则计算 $\lim_{x\to x_0} f(x)$. 若此极限值为 ∞,则 $x=x_0$ 即为所求的垂直渐近线.

(4)因为 $\lim_{x\to\infty} y = \lim_{x\to\infty} e^{-\frac{1}{x}} = 1$,所以直线 $y=1$ 是曲线的一条水平渐近线;

又 $\lim_{x\to 0^-} y = \lim_{x\to 0^-} e^{-\frac{1}{x}} = +\infty$,所以,$x=0$ 是曲线的一条垂直渐近线.

而 $k = \lim_{x\to\infty}\frac{f(x)}{x} = \lim_{x\to\infty}\frac{e^{-\frac{1}{x}}}{x} = 0$,故该曲线无斜渐近线.

四、函数作图

【例6】描绘函数 $y = \frac{1}{5}(x^4-6x^2+8x+7)$ 的图形.

【解】①函数 $y = \frac{1}{5}(x^4-6x^2+8x+7)$ 的定义域为 $(-\infty,+\infty)$.

②函数无奇偶性,亦无周期性.

③求函数的一、二阶导数以及导数为零的点:

$$y' = \frac{1}{5}(4x^3-12x+8) = \frac{4}{5}(x^3-3x+2)$$

$$= \frac{4}{5}\big[(x^3-x)-2(x-1)\big]$$

$$= \frac{4}{5}(x-1)(x^2+x-2) = \frac{4}{5}(x-1)^2(x+2),$$

$$y'' = \frac{4}{5}(3x^2 - 3) = \frac{12}{5}(x-1)(x+1).$$

令 $y' = 0$，得到 $x_1 = -2, x_2 = 1$；令 $y'' = 0$，得到 $x_3 = 1, x_4 = -1$.

④分段列表分析如下：

x	$(-\infty, -2)$	-2	$(-2, -1)$	-1	$(-1, 1)$	1	$(1, +\infty)$
y'	$-$	0	$+$	$+$	$+$	0	$+$
y''	$+$	$+$	$+$	0	$-$	0	$+$
y	↘∪	极小值	↗∪	拐点	↗∩	拐点	↗∪

⑤函数 $y = \frac{1}{5}(x^4 - 6x^2 + 8x + 7)$ 无渐近线.

⑥由④可知，函数的极小点为 $x = -2$，极小值为 $y = -\frac{17}{5}$；曲线的

拐点为 $\left(-1, -\frac{6}{5}\right)$ 和 $(1, 2)$. 另外，取特殊点 $\left(0, \frac{7}{5}\right)$.

⑦作图(如图 3 - 3 所示).

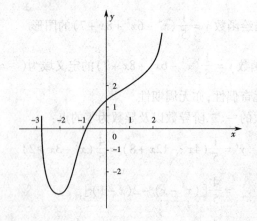

图 3 - 3

【例7】描绘函数 $y = \dfrac{(x+1)^3}{(x-1)^2}$ 的图形.

【解】①函数的定义域为 $x \neq 1$,即 $x \in (-\infty, 1) \cup (1, +\infty)$.

②函数无奇偶性,亦无周期性.

③求函数的一、二阶导数以及导数为零的点:

$y' = \dfrac{(x+1)^2(x-5)}{(x-1)^3}$,令 $y' = 0$,得到 $x_1 = -1, x_2 = 5$. 当 $x = 1$ 时,y' 不存在.

$y'' = \dfrac{24(x+1)}{(x-1)^4}$,令 $y'' = 0$,得到 $x_3 = -1$. 当 $x = 1$ 时,y'' 不存在.

④分段列表分析如下:

x	$(-\infty, -1)$	-1	$(-1,1)$	1	$(1,5)$	5	$(5, +\infty)$
y'	$+$	0	$+$	不存在	$-$	0	$+$
y''	$-$	0	$+$	不存在	$+$	$+$	$+$
y	↗∩	拐点$(-1,0)$	↗∪	间断	↘∪	极小值	↗∪

⑤求函数的渐近线.

因 $\lim\limits_{x \to 1} \dfrac{(x+1)^3}{(x-1)^2} = \infty$,故 $x = 1$ 为 y 的垂直渐近线.

又　　　$k = \lim\limits_{x \to \infty} \dfrac{f(x)}{x} = \lim\limits_{x \to \infty} \dfrac{(x+1)^3}{x(x-1)^2} = 1$ 存在,

$b = \lim\limits_{x \to \infty} [f(x) - kx] = \lim\limits_{x \to \infty} [\dfrac{(x+1)^3}{(x-1)^2} - x] = 5$ 也存在,

所以 $y = x + 5$ 为 y 的斜渐近线.

由 $\lim\limits_{x \to \infty} y = \infty$ 知,y 不存在水平渐近线.

⑥由④可知,函数的极小点为 $x = 5$,极小值为 $y(5) = \dfrac{27}{2}$;曲线的拐点为 $(-1,0)$. 另外,曲线与坐标轴的交点为 $(-1,0)$ 和 $(0,1)$.

⑦作图(如图3-4所示).

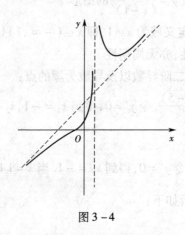

图3-4

考研真题解析与综合提高

【例1】(2016年数学二)函数 $f(x)$ 在 $(-\infty, +\infty)$ 内连续,其导数的图形如图3-5所示,则(   ).

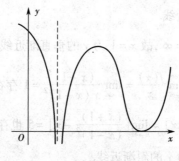

图3-5

(A)函数 $f(x)$ 有2个极值点,曲线 $y = f(x)$ 有2个拐点

(B)函数 $f(x)$ 有2个极值点,曲线 $y = f(x)$ 有3个拐点

(C)函数 $f(x)$ 有3个极值点,曲线 $y = f(x)$ 有1个拐点

（D）函数 $f(x)$ 有 3 个极值点，曲线 $y=f(x)$ 有 2 个拐点

【解】根据极值的必要条件可知，极值点可能是驻点或导数不存在的点．根据极值的充分条件可知，在某点左右导函数符号发生变化，则该点是极值点，因此从图形可知函数 $f(x)$ 有 2 个极值点．

根据拐点的必要条件可知，拐点可能是二阶导数为零的点或二阶导不存在的点．根据拐点的必要条件可知，曲线在某点左右导函数的单调性发生改变，则该点是曲线的拐点，因此曲线 $y=f(x)$ 有 3 个拐点，故选（B）．

【例 2】（2016 年数学二）求 $\lim\limits_{x\to0}(\cos 2x+2x\sin x)^{\frac{1}{x^4}}$.

【解】利用 1^{∞} 形式的重要极限，得

$$\lim_{x\to0}\left[1+(\cos 2x+2x\sin x-1)\right]^{\frac{1}{x^4}}$$

$$=\lim_{x\to0}\left[1+(\cos 2x+2x\sin x-1)\right]^{\frac{1}{\cos 2x+2x\sin x-1}\cdot\frac{\cos 2x+2x\sin x-1}{x^4}}$$

$$=\mathrm{e}^{\lim\limits_{x\to0}\frac{\cos 2x+2x\sin x-1}{x^4}},$$

$$\lim_{x\to0}\frac{\cos 2x+2x\sin x-1}{x^4}$$

$$=\lim_{x\to0}\frac{1-2x^2+\dfrac{2}{3}x^4+o(x^4)+2x\left[x-\dfrac{1}{6}x^3+o(x^3)\right]-1}{x^4}$$

$$=\lim_{x\to0}\frac{\dfrac{1}{3}x^4+o(x^4)}{x^4}=\frac{1}{3}.$$

所以　　　　　　　$\lim\limits_{x\to0}(\cos 2x+2x\sin x)^{\frac{1}{x^4}}=\mathrm{e}^{\frac{1}{3}}$.

【例 3】（2015 年数学一）设函数 $f(x)=x+a\ln(1+x)+bx\sin x$，$g(x)=kx^3$，在 $x\to0$ 时为等价无穷小，求常数 a,b,k 的值．

【解】当 $x\to0$ 时，把函数 $f(x)=x+a\ln(1+x)+bx\sin x,g(x)=kx^3$ 展开到三阶的麦克劳林公式，得：

$$f(x)=x+a\left[x-\frac{x^2}{2}+\frac{x^3}{3}+o(x^3)\right]+bx\left[x-\frac{x^3}{6}+o(x^3)\right]$$

$$= (1 + a)x + \left(-\frac{a}{2} + b \right)x^2 + \frac{a}{3}x^3 + o(x^3).$$

当 $x \to 0$ 时,$f(x)$,$g(x)$ 是等价无穷小,则有

$$\begin{cases} 1 + a = 0, \\ -\dfrac{a}{2} + b = 0, \\ \dfrac{a}{3} = k. \end{cases}$$

解得:$a = -1$,$b = -\dfrac{1}{2}$,$k = -\dfrac{1}{3}$.

【例4】(2015 年数学二)已知函数 $f(x)$ 在区间 $[a, +\infty)$ 上具有二阶导数,$f(a) = 0$,$f'(x) > 0$,$f''(x) > 0$. 设 $b > a$,曲线 $y = f(x)$ 在 $(b, f(b))$ 点的切线与 x 轴的交点是 $(x_0, 0)$,证明:$a < x_0 < b$.

【证明】曲线在点 $(b, f(b))$ 的切线方程为

$$y - f(b) = f'(b)(x - b).$$

令 $y = 0$,得切线与坐标轴的交点为 $\left(b - \dfrac{f(b)}{f'(b)}, 0 \right)$,也就是

$$x_0 = b - \frac{f(b)}{f'(b)}.$$

由于 $f(a) = 0$,$f'(x) > 0$,所以 $f(b) > f(a) = 0$,$\dfrac{f(b)}{f'(b)} > 0$,可得 $x_0 < b$.

下面只需要证明 $b - \dfrac{f(b)}{f'(b)} > a$ 即等价于 $bf'(b) - f(b) - af'(b) > 0$.

令 $g(x) = xf'(x) - f(x) - af'(x)$,

则 $g(x)$ 在 $[a, +\infty)$ 上可导,且 $g(a) = 0$,

$g'(x) = (x - a)f''(x)$,$x \in (a, +\infty)$,$g'(x) > 0$,

所以 $g(x)$ 在 $[a, +\infty)$ 上单调增加,$g(b) > g(a) = 0$.

也就是 $bf'(b) - f(b) - af'(b) > 0$. 即 $b - \dfrac{f(b)}{f'(b)} > a$. 所以 $a < x_0 < b$.

【例5】(2015 年数学一)设函数 $f(x)$ 在 $(-\infty, +\infty)$ 上连续,其二

阶导数 $f''(x)$ 的图形如图 3-6 所示,则曲线 $y=f(x)$ 在 $(-\infty,+\infty)$ 上的拐点个数为(　　).

(A)0　　　　　(B)1　　　　　(C)2　　　　　(D)3

【解】对于连续函数的曲线而言,拐点处的二阶导数等于零或二阶导数不存在. 从图 3-6 上可以看出,有两个二阶导数等于零的点以及一个二阶导数不存在的点 $x=0$,对于这三个点,左边的二阶导数等于零的点的两侧二阶导数都是正的,所以对应的点不是拐点. 而另外两个点的两侧二阶导数是异号的,对应的点才是拐点,所以应选(C).

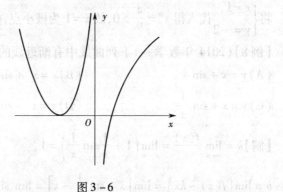

图 3-6

【例 6】(2014 数学三)设 $P(x)=a+bx+cx^2+dx^3$,当 $x\to0$ 时,若 $P(x)-\tan x$ 是比 x^3 高阶的无穷小,则下列选项中错误的是(　　).

(A)$a=0$　　　(B)$b=1$　　　(C)$c=0$　　　(D)$d=\dfrac{1}{6}$

【解】利用麦克劳林公式知,$\tan x=x+\dfrac{1}{3}x^3+o(x^3)$,

所以,$P(x)-\tan x=a+(b-1)x+cx^2+\left(d-\dfrac{1}{3}\right)x^3+o(x^3)$.

又因为 $P(x)-\tan x$ 是比 x^3 高阶的无穷小,可得 $a=0,b=1,c=0$, $d=\dfrac{1}{3}$.

故选(D).

【例7】(2014 年数学一)设函数 $y = f(x)$ 由方程 $y^3 + xy^2 + x^2 y + 6 = 0$ 确定,求 $f(x)$ 的极值.

【解】将方程 $y^3 + xy^2 + x^2 y + 6 = 0$ 两边对 x 求导得:

$$3y^2 y' + y^2 + 2xyy' + 2xy + x^2 y' = 0,$$

解得 $y' = -\dfrac{2xy + y^2}{x^2 + 2xy + 3y^2}$. 由 $y' = 0$ 得 $y = -2x$,代入原式得 $\begin{cases} x = 1, \\ y = -2. \end{cases}$

$$y'' = -\frac{(2y + 2xy' + 2yy')(x^2 + 2xy + 3y^2) - (2xy + y^2)(2x + 2y + 2xy' + 6yy')}{(x^2 + 2xy + 3y^2)^2}.$$

将 $\begin{cases} x = 1, \\ y = -2 \end{cases}$ 代入得 $y'' = \dfrac{4}{9} > 0$,故 $x = 1$ 为极小点,极小值为 $y = -2$.

【例8】(2014 年数学一)下列曲线中有渐近线的是(　　).

(A) $y = x + \sin x$ 　　　　　　　(B) $y = x^2 + \sin x$

(C) $y = x + \sin \dfrac{1}{x}$ 　　　　　　(D) $y = x^2 + \sin \dfrac{1}{x}$

【解】$k = \lim\limits_{x \to \infty} \dfrac{f(x)}{x} = \lim\limits_{x \to \infty} \left(1 + \dfrac{1}{x} \sin \dfrac{1}{x} \right) = 1,$

$b = \lim\limits_{x \to \infty} [f(x) - kx] = \lim\limits_{x \to \infty} \left[x + \sin \dfrac{1}{x} - x \right] = \lim\limits_{x \to \infty} \sin \dfrac{1}{x} = 0.$

所以 $y = x$ 是 $y = x + \sin \dfrac{1}{x}$ 的斜渐近线,故选(C).

【例9】(2014 年数学一)设函数 $y = f(x)$ 具有二阶导数,$g(x) = f(0)(1-x) + f(1)x$,则在区间 $[0,1]$ 上(　　).

(A)当 $f'(x) \geqslant 0$ 时, $f(x) \geqslant g(x)$

(B)当 $f'(x) \geqslant 0$ 时, $f(x) \leqslant g(x)$

(C)当 $f''(x) \geqslant 0$ 时, $f(x) \geqslant g(x)$

(D)当 $f''(x) \geqslant 0$ 时, $f(x) \leqslant g(x)$

【解】当 $f''(x) \geqslant 0$ 时,曲线 $y = f(x)$ 是凹的,而 $g(x)$ 是连接 $(0, f(0))$ 与 $(1, f(1))$ 的直线段(图 3 - 7),故 $f(x) \leqslant g(x)$,应该选(D).

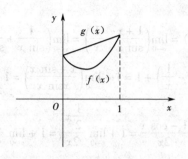

图 3 - 7

【例 10】(2013 年数学一)设奇函数 $f(x)$ 在 $[-1,1]$ 上具有二阶导数,且 $f(1)=1$,证明:

(1)存在 $\xi \in (0,1)$,使得 $f'(\xi)=1$.

(2)存在 $\eta \in (-1,1)$,使得 $f''(\eta)+f'(\eta)=1$.

【证明】(1)由于 $f(x)$ 在 $[-1,1]$ 上为奇函数,故 $f(-x)=-f(x)$,$f(0)=0$.

令 $F(x)=f(x)-x$,则 $F(x)$ 在 $[0,1]$ 上连续,在 $(0,1)$ 内可导,且 $F(1)=f(1)-1=0,F(0)=f(0)-0=0$.

由罗尔定理可知,存在 $\xi \in (0,1)$,使得 $F'(\xi)=0$,即 $f'(\xi)=1$.

(2)由于 $f(x)$ 在 $[-1,1]$ 上为奇函数,则 $f'(x)$ 在 $[-1,1]$ 上为偶函数,所以由(1)

$$f'(-\xi)=f'(\xi)=1.$$

令 $G(x)=\mathrm{e}^x[f'(x)-1]$,则 $G(x)$ 在 $[-1,1]$ 上连续,在 $(-1,1)$ 内可导,且 $G(\xi)=G(-\xi)=0$,

由罗尔定理可知,存在 $\eta \in (-\xi,\xi) \subset (-1,1)$,使得 $G'(\eta)=0$,即 $f''(\eta)+f'(\eta)=1$.

【例 11】(2012 年数学二)已知函数 $f(x)=\dfrac{1+x}{\sin x}-\dfrac{1}{x}$,记 $a=\lim\limits_{x \to 0}f(x)$.

(1)求 a 的值.

(2)若当 $a=1$ 时,$f(x)-a$ 与 x^k 是同阶无穷小,求 k.

【解】(1)

$$a = \lim_{x \to 0} f(x) = \lim_{x \to 0}\left(\frac{1+x}{\sin x} - \frac{1}{x}\right) = \lim_{x \to 0}\left(\frac{1}{\sin x} + \frac{x}{\sin x} - \frac{1}{x}\right)$$

$$= \lim_{x \to 0}\left(\frac{1}{\sin} - \frac{1}{x}\right) + 1 = 1 + \lim_{x \to 0}\left(\frac{x - \sin x}{x\sin x}\right) = 1 + \lim_{x \to 0}\frac{x - \sin x}{x^2}$$

$$= 1 + \lim_{x \to 0}\frac{1 - \cos x}{2x} = 1 + \lim_{x \to 0}\frac{\frac{1}{2}x^2}{2x} = 1 + \lim_{x \to 0}\frac{x}{4} = 1.$$

所以 $a = 1$.

(2)解法一　因为 $f(x) - a = \frac{1+x}{\sin x} - \frac{1}{x} - 1 = \frac{x + x^2 - \sin x - x\sin x}{x\sin x}$,

$$\lim_{x \to 0}\frac{f(x) - a}{x^k} = \lim_{x \to 0}\frac{x + x^2 - \sin x - x\sin x}{x^{k+2}}$$

$$= \lim_{x \to 0}\frac{1 + 2x - \cos x - \sin x - x\cos x}{(k+2)x^{k+1}}$$

$$= \lim_{x \to 0}\frac{2 + \sin x - 2\cos x + x\sin x}{(k+2)(k+1)x^k}$$

$$= \lim_{x \to 0}\frac{\cos x + 3\sin x + x\cos x}{(k+2)(k+1)kx^{k-1}}.$$

所以,当 $k = 1$ 时,有 $\lim_{x \to 0}\frac{f(x) - a}{x^k} = \frac{1}{6}$. 此时 $f(x) - a$ 与 x 是同阶无穷小 $(x \to 0)$,因此 $k = 1$.

解法二　因为 $\sin x = x - \frac{x^3}{6} + o(x^3)$,所以

$$\lim_{x \to 0}\frac{f(x) - a}{x^k} = \lim_{x \to 0}\frac{x + x^2 - \sin x - x\sin x}{x^{k+2}}$$

$$\lim_{x \to 0}\frac{x + x^2 - \left(x - \frac{1}{6}x^3\right) - x^2 + o(x^3)}{x^{k+2}} = \lim_{x \to 0}\frac{\frac{1}{6}x^3 + o(x^3)}{x^{k+2}}.$$

可知当 $3 = k + 2$ 时,$f(x) - a$ 与 x 是同阶无穷小,因此 $k = 1$.

【例12】(2012 年数学二)证明:$x\ln\frac{1+x}{1-x} + \cos x \geqslant 1 + \frac{x^2}{2}$, $-1 < x < 1$.

【问题分析】把不等式的右边移到左边,证明移项后的函数其函数值在区间$(-1,1)$内是否恒大于等于零即可.

【证明】令$f(x)=x\ln\dfrac{1+x}{1-x}+\cos x-1-\dfrac{x^2}{2}$,则

$$f'(x)=\ln\dfrac{1+x}{1-x}+\dfrac{2x}{1-x^2}-\sin x-x,$$

$$f''(x)=\dfrac{4}{(1-x^2)^2}-1-\cos x.$$

当$-1<x<1$时,由于$\dfrac{4}{(1-x^2)^2}\geqslant 4$,$1+\cos x\leqslant 2$,

所以$f''(x)\geqslant 2>0$,从而$f'(x)$单调增加.

又因为$f'(0)=0$,所以$-1<x<0$时,$f'(x)<0$;当$0<x<1$时,$f'(x)>0$,于是$f(0)=0$是函数$f(x)$在$(-1,1)$内的最小值.

从而当$-1<x<1$时,$f(x)\geqslant f(0)=0$,即

$$x\ln\dfrac{1+x}{1-x}+\cos x\geqslant 1+\dfrac{x^2}{2}.$$

【例13】(2012 年数学二)(1)证明方程$x^n+x^{n-1}+\cdots+x=1$(n为大于1的整数)在区间$\left(\dfrac{1}{2},1\right)$内有且仅有一个实根;

(2)记(1)中的实根为x_n,证明$\lim\limits_{n\to\infty}x_n$存在,并求此极限.

【解】(1)令$f(x)=x^n+x^{n-1}+\cdots+x-1$($n>1$),则$f(x)$在$\left[\dfrac{1}{2},1\right]$上连续,且

$$f\left(\dfrac{1}{2}\right)=\dfrac{\dfrac{1}{2}\left(1-\dfrac{1}{2^n}\right)}{1-\dfrac{1}{2}}-1=-\dfrac{1}{2^n}<0,\ f(1)=n-1>0,$$

由闭区间上连续函数的介值定理知,方程$f(x)=0$在$\left(\dfrac{1}{2},1\right)$内至少有一个实根.

当 $x \in \left(\dfrac{1}{2}, 1 \right)$ 时,$f'(x) = nx^{n-1} + (n-1)x^{n-2} + \cdots + 2x + 1 > 1 > 0$,故 $f(x)$ 在 $\left(\dfrac{1}{2}, 1 \right)$ 内单调增加.

综上所述,方程 $f(x) = 0$ 在 $\left(\dfrac{1}{2}, 1 \right)$ 内有且仅有一个实根.

(2)由 $x_n \in \left(\dfrac{1}{2}, 1 \right)$ 知数列 $\{x_n\}$ 有界,又 $f(x_n) = 0$,故

$$x_n^n + x_n^{n-1} + \cdots + x_n = 1, \quad x_{n+1}^{n+1} + x_{n+1}^n + x_{n+1}^{n-1} + \cdots + x_{n+1} = 1.$$

因为 $x_{n+1}^{n+1} > 0$,所以

$$x_n^n + x_n^{n-1} + \cdots + x_n > x_{n+1}^{n+1} + x_{n+1}^n + x^{n-1} x_{n+1} + \cdots + x_{n+1},$$

于是有 $x_n > x_{n+1}$,$n = 1, 2, \cdots$,即 $\{x_n\}$ 单调减少.

综上所述,数列 $\{x_n\}$ 单调有界,故 $\{x_n\}$ 收敛.

记 $a = \lim\limits_{x \to \infty} x_n$. 由于 $\dfrac{x_n - x_n^{n+1}}{1 - x_n} = 1$,令 $n \to \infty$ 并注意到 $\dfrac{1}{2} < x_n < x_1 < 1$,则有 $\dfrac{a}{1-a} = 1$,解得 $a = \dfrac{1}{2}$,即 $\lim\limits_{n \to \infty} x_n = \dfrac{1}{2}$.

【例14】(2012 年数学二)曲线 $y = \dfrac{x^2 + x}{x^2 - 1}$ 的渐近线的条数为(   ).

(A)0　　　　(B)1　　　　(C)2　　　　(D)3

【解】因为 $\lim\limits_{x \to \infty} y = \lim\limits_{x \to \infty} \dfrac{x^2 + x}{x^2 - 1} = 1$,所以 $y = 1$ 为水平渐近线;

又 $\lim\limits_{x \to 1} \dfrac{x^2 + x}{x^2 - 1} = \infty$,所以 $x = 1$ 为曲线的垂直渐近线;

而 $k = \lim\limits_{x \to \infty} \dfrac{f(x)}{x} = \lim\limits_{x \to \infty} \dfrac{x^2 + x}{x(x^2 - 1)} = 0$,所以曲线没有斜渐近线.

综上可知,曲线共有两条渐近线. 选(C).

【例15】(2011 年数学二)(1)证明对任意的正整数 n,都有 $\dfrac{1}{n+1} < \ln\left(1 + \dfrac{1}{n}\right) < \dfrac{1}{n}$ 成立.

(2) 设 $a_n = 1 + \dfrac{1}{2} + \cdots + \dfrac{1}{n} - \ln n$ ($n = 1, 2, \cdots$), 证明数列 $\{a_n\}$ 收敛.

【证明】(1) 令 $f(x) = \ln x$, 则 $f(x)$ 在 $[n, n+1]$ 上连续, 在开区间 $(n, n+1)$ 内可导, 根据拉格朗日中值定理, 存在 $\xi \in (n, n+1)$, 使得

$$\frac{f(n+1) - f(n)}{(n+1) - n} = f'(\xi),$$

即

$$\ln(n+1) - \ln n = \frac{1}{\xi}.$$

也即

$$\ln\left(1 + \frac{1}{n}\right) = \frac{1}{\xi}.$$

由于 $n < \xi < n+1$, 即 $\dfrac{1}{n+1} < \dfrac{1}{\xi} < \dfrac{1}{n}$, 所以 $\dfrac{1}{n+1} < \ln\left(1 + \dfrac{1}{n}\right) < \dfrac{1}{n}$.

(2) 当 $n \geqslant 1$ 时, 由 (1) 知

$$a_{n+1} - a_n = \frac{1}{n+1} - \ln\left(1 + \frac{1}{n}\right) < 0, \text{且}$$

$$a_n = 1 + \frac{1}{2} + \cdots + \frac{1}{n} - \ln n \ (n = 1, 2, \cdots)$$

$$> \ln(1+1) + \ln\left(1 + \frac{1}{2}\right) + \cdots + \ln\left(1 + \frac{1}{n}\right) - \ln n$$

$$= \ln(1+n) - \ln n > 0.$$

所以数列 $\{a_n\}$ 单调减少有下界, 故 $\{a_n\}$ 收敛.

【例 16】(2011 年数学二) 已知当 $x \to 0$ 时, 函数 $f(x) = 3\sin x - \sin 3x$ 与 cx^k 是等价无穷小, 则 (　　).

(A) $k = 1, c = 4$ (B) $k = 1, c = -4$

(C) $k = 3, c = 4$ (D) $k = 3, c = -4$

【解】由题意, $f(x)$ 与 cx^k 是等价无穷小, 由等价无穷小的定义, 有

$$\lim_{x \to 0} \frac{f(x)}{cx^k} = \lim_{x \to 0} \frac{3\sin x - \sin 3x}{cx^k} = \lim_{x \to 0} \frac{3\cos x - 3\cos 3x}{ckx^{k-1}}$$

$$= \lim_{x \to 0} \frac{-3\sin x + 9\sin 3x}{ck(k-1)x^{k-2}} = \lim_{x \to 0} \frac{-3\cos x + 27\cos 3x}{ck(k-1)(k-2)x^{k-3}}$$

$$\xlongequal{k=3}\frac{24}{ck(k-1)(k-2)}=1.$$

从而 $k=3$，$ck(k-1)(k-2)=24$，即 $k=3$，$c=4$，故选(C).

【例17】(2011 年数学一)求方程 $k\arctan x - x = 0$ 不同实根的个数，其中 k 为参数.

【解】令 $f(x)=k\arctan x - x$，则 $f'(x)=\dfrac{k-1-x^2}{1+x^2}$.

(1)当 $k-1\leqslant0$，即 $k\leqslant1$ 时，$f'(x)\leqslant0$(除去可能一点外 $f'(x)<0$)，所以 $f(x)$ 单调减少，又因为 $\lim\limits_{x\to-\infty}f(x)=+\infty$，$\lim\limits_{x\to+\infty}f(x)=-\infty$ 所以方程只有一个根.

(2)当 $k-1>0$，即 $k>1$ 时，由 $f'(x)=0$ 得 $x=\pm\sqrt{k-1}$.

当 $x\in(-\infty,-\sqrt{k-1})$ 时，$f'(x)<0$；当 $x\in(-\sqrt{k-1},\sqrt{k-1})$ 时，$f'(x)>0$；当 $x\in(\sqrt{k-1},+\infty)$ 时，$f'(x)<0$. 所以 $x=-\sqrt{k-1}$ 为极小点，$x=\sqrt{k-1}$ 为极大点，极小值为 $-k\arctan\sqrt{k-1}+\sqrt{k-1}$，极大值为 $k\arctan\sqrt{k-1}-\sqrt{k-1}$.

令 $\sqrt{k-1}=t$，当 $k>1$ 时，$t>0$.

令 $g(t)=k\arctan\sqrt{k-1}-\sqrt{k-1}=(1-t^2)\arctan t-t$.

显然 $g(0)=0$，因为 $g'(t)=2t\arctan t>0$，所以 $g(t)>g(0)=0$(当 $t>0$)，即 $k\arctan\sqrt{k-1}-\sqrt{k-1}>0$，极小值 $-k\arctan\sqrt{k-1}+\sqrt{k-1}<0$，极大值 $k\arctan\sqrt{k-1}-\sqrt{k-1}>0$. 又因 $\lim\limits_{x\to-\infty}f(x)=+\infty$，$\lim\limits_{x\to+\infty}f(x)=-\infty$，所以方程有三个根,分别位于 $(-\infty,-\sqrt{k-1})$，$(-\sqrt{k-1},\sqrt{k-1})$ 及 $(\sqrt{k-1},+\infty)$ 区间内.

【例18】(2011 年数学一)曲线 $y=(x-1)(x-2)^2(x-3)^3(x-4)^4$ 的拐点是(　　).

(A)$(1,0)$　　　(B)$(2,0)$　　　(C)$(3,0)$　　　(D)$(4,0)$

【解】由 $y=(x-1)(x-2)^2(x-3)^3(x-4)^4$ 可知,1,2,3,4 分别是

$$y = (x-1)(x-2)^2(x-3)^3(x-4)^4 = 0$$

的一、二、三、四重根,故由导数与原函数之间的关系可知

$y'(1) \neq 0, y'(2) = y'(3) = y'(4) = 0;$

$y''(2) \neq 0, y''(3) = y''(4) = 0;$

$y'''(3) \neq 0, y'''(4) = 0.$

故 $(3,0)$ 是一拐点. 选(C).

【例 19】(2011 年数学二)设函数 $y = y(x)$ 由参数方程

$$\begin{cases} x = \dfrac{1}{3}t^3 + t + \dfrac{1}{3}, \\[2mm] y = \dfrac{1}{3}t^3 - t + \dfrac{1}{3} \end{cases}$$

确定,求 $y = y(x)$ 的极值和曲线 $y = y(x)$ 的凹凸区间及拐点.

【解】令 $\dfrac{\mathrm{d}y}{\mathrm{d}x} = \dfrac{t^2 - 1}{t^2 + 1} = 0$,得 $t = \pm 1$.

当 $t = 1$ 时,$x = \dfrac{5}{3}$;当 $t = -1$ 时,$x = -1$.

令 $\dfrac{\mathrm{d}^2 y}{\mathrm{d}x^2} = \dfrac{\dfrac{4t}{(t^2+1)^2}}{t^2+1} = \dfrac{4t}{(t^2+1)^3} = 0$,得 $t = 0$,即 $x = \dfrac{1}{3}$.

列表如下:

t	$(-\infty, -1)$	-1	$(-1,0)$	0	$(0,1)$	1	$(1, +\infty)$
x	$(-\infty, -1)$	-1	$\left(-1, \dfrac{1}{3}\right)$	$\dfrac{1}{3}$	$\left(\dfrac{1}{3}, \dfrac{5}{3}\right)$	$\dfrac{5}{3}$	$\left(\dfrac{5}{3}, +\infty\right)$
y'	$+$	0	$-$	$-$	$-$	0	$+$
y''	$-$		$-$		$+$	$+$	$+$
y	↗∩	极大值	↘∩	拐点	↘∪	极小值	↗∪

由此可知,函数 $y = y(x)$ 的极大值为 $y(-1) = y\big|_{t=-1} = 1$,极小值

为 $y\left(\dfrac{5}{3}\right) = y\mid_{t=1} = -\dfrac{1}{3}$.

曲线 $y = y(x)$ 的凹区间为 $\left(\dfrac{1}{3}, +\infty\right)$，凸区间为 $\left(-\infty, \dfrac{1}{3}\right)$，拐点为 $\left(\dfrac{1}{3}, \dfrac{1}{3}\right)$.

【例20】（2010年数学二）设函数 $f(x)$ 在区间 $[0,1]$ 上连续，在开区间 $(0,1)$ 内可导，且 $f(0) = 0$，$f(1) = \dfrac{1}{3}$. 证明：存在 $\xi \in \left(0, \dfrac{1}{2}\right)$，$\eta \in \left(\dfrac{1}{2}, 1\right)$，使得 $f'(\xi) + f'(\eta) = \xi^2 + \eta^2$.

【问题分析】 $f'(\xi) + f'(\eta) = \xi^2 + \eta^2$，移项得
$$f'(\xi) + f'(\eta) - \xi^2 - \eta^2 = 0,$$
即 $f'(\xi) - \xi^2 + f'(\eta) - \eta^2 = 0$，
即 $\left[f(x) - \dfrac{1}{3}x^3\right]'_{x=\xi} + \left[f(x) - \dfrac{1}{3}x^3\right]'_{x=\eta} = 0$.

则可令 $F(x) = f(x) - \dfrac{1}{3}x^3$，分别在 $\left[0, \dfrac{1}{2}\right]$，$\left[\dfrac{1}{2}, 1\right]$ 上应用拉格朗日中值定理.

【证明】 设 $F(x) = f(x) - \dfrac{1}{3}x^3$，则 $F(0) = 0$，$F(1) = 0$，且 $F(x)$ 在闭区间 $\left[0, \dfrac{1}{2}\right]$ 和 $\left[\dfrac{1}{2}, 1\right]$ 上连续，在开区间 $\left(0, \dfrac{1}{2}\right)$ 和 $\left(\dfrac{1}{2}, 1\right)$ 可导，应用拉格朗日中值定理可得

$$F\left(\dfrac{1}{2}\right) - F(0) = \dfrac{1}{2}F'(\xi), \xi \in \left(0, \dfrac{1}{2}\right); \qquad ①$$

$$F(1) - F\left(\dfrac{1}{2}\right) = \dfrac{1}{2}F'(\eta), \eta \in \left(\dfrac{1}{2}, 1\right). \qquad ②$$

①+②得：
$$F'(\xi) + F'(\eta) = 0,$$
即
$$f'(\xi) + f'(\eta) - \xi^2 - \eta^2 = 0,$$

即
$$f'(\xi) + f'(\eta) = \xi^2 + \eta^2.$$

【例 21】（2009 年数学二）（1）证明拉格朗日中值定理：若函数 $f(x)$ 在 $[a,b]$ 上连续，在 (a,b) 内可导，则存在 $\xi \in (a,b)$，使得
$$f(b) - f(a) = f'(\xi)(b-a);$$

（2）证明：若函数 $f(x)$ 在 $x=0$ 处连续，在 $(0,\xi)$ 内可导，且 $\lim\limits_{x \to 0^+} f'(x) = A$，则 $f'_+(0)$ 存在，且 $f'_+(0) = A$.

【证明】（1）令 $F(x) = f(x) - \dfrac{f(b) - f(a)}{b-a}(x-a)$，由题意知 $F(x)$

在 $[a,b]$ 上连续，在 $[a,b]$ 内可导，且
$$F(a) = f(a) - \frac{f(b) - f(a)}{b-a}(a-a) = f(a),$$
$$F(b) = f(b) - \frac{f(b) - f(a)}{b-a}(b-a) = f(a).$$

根据罗尔定理，存在 $\xi \in (a,b)$，使得
$$F'(\xi) = f'(\xi) - \frac{f(b) - f(a)}{b-a} = 0,$$

即
$$f(b) - f(a) = f'(\xi)(b-a).$$

（2）对于任意的 $t \in (0,\delta)$，$f(x)$ 在 $[0,t]$ 上连续，在 $(0,t)$ 内可导，由右导数定义及拉格朗日中值定理有
$$f'_+(0) = \lim_{t \to 0^+} \frac{f(t) - f(0)}{t-0} = \lim_{t \to 0^+} f'(\xi),$$

其中 $\xi \in (0,t)$.

由于 $\lim\limits_{t \to 0^+} f'(t) = A$，且当 $t \to 0^+$ 时，$\xi \to 0^+$，所以 $\lim\limits_{t \to 0^+} f'(\xi) = A$.

故 $f'_+(0)$ 存在，且 $f'_+(0) = A$.

【例 22】（2009 年数学二）求极限 $\lim\limits_{x \to 0} \dfrac{(1-\cos x)[x - \ln(1+\tan x)]}{\sin^4 x}$.

【问题分析】本题考查"$\dfrac{0}{0}$"型未定式极限的计算，可利用洛必达法则，并要结合等价无穷小代换.

【解】当 $x \to 0$ 时,$\sin x \sim x, 1 - \cos x \sim \dfrac{1}{2}x^2$,所以

$$\lim_{x \to 0} \frac{(1 - \cos x)[x - \ln(1 + \tan x)]}{\sin^4 x} = \lim_{x \to 0} \frac{\dfrac{1}{2}x^2[x - \ln(1 + \tan x)]}{x^4}$$

$$= \frac{1}{2}\lim_{x \to 0} \frac{x - \ln(1 + \tan x)}{x^2} = \frac{1}{2}\lim_{x \to 0} \frac{1 - \dfrac{\sec^2 x}{1 + \tan x}}{2x}$$

$$= \frac{1}{4}\lim_{x \to 0} \frac{1 + \tan x - \sec^2 x}{x(1 + \tan x)} = \frac{1}{4}\lim_{x \to 0} \frac{1 + \tan x - \sec^2 x}{x}$$

$$= \frac{1}{4}\lim_{x \to 0} \frac{\sec^2 x - 2\sec^2 x \tan x}{1} = \frac{1}{4}.$$

【例23】(2008 年数学二) 求极限 $\displaystyle\lim_{x \to 0} \frac{[\sin x - \sin(\sin x)]\sin x}{x^4}$.

【解】当 $x \to 0$ 时,$\sin x \sim x, 1 - \cos x \sim \dfrac{1}{2}x^2$,所以

$$\lim_{x \to 0} \frac{[\sin x - \sin(\sin x)]}{x^4}\sin x = \lim_{x \to 0} \frac{\sin x - \sin(\sin x)}{x^3}$$

$$= \lim_{x \to 0} \frac{\cos x - \cos(\sin x) \cdot \cos x}{3x^2}$$

$$= \lim_{x \to 0} \frac{\cos x[1 - \cos(\sin x)]}{3x^2}$$

$$= \lim_{x \to 0} \frac{1 - \cos(\sin x)}{3x^2}$$

$$= \lim_{x \to 0} \frac{\dfrac{1}{2}\sin^2 x}{3x^2} = \frac{1}{6}.$$

【例24】求椭圆 $x^2 - xy + y^2 = 3$ 上纵坐标最大和最小的点.

【解】将方程 $x^2 - xy + y^2 = 3$ 两边对 x 求导得:

$$2x - y - xy' + 2yy' = 0,$$

$$y' = \frac{2x - y}{x - 2y}.$$

令 $y' = 0$，得 $x = \dfrac{1}{2}y$. 将 $x = \dfrac{1}{2}y$ 代入椭圆方程，得

$$\frac{1}{4}y^2 - \frac{1}{2}y^2 + y^2 = 3,$$

$$y = \pm 2.$$

于是得驻点 $x = -1, x = 1$. 又当 $x = -1$ 时, $y = -2$, 当 $x = 1$ 时, $y = 2$, 所以纵坐标最大和最小的点分别为 $(1, 2)$ 和 $(-1, -2)$.

【例 25】求数列 $\{\sqrt[n]{n}\}$ 的最大项.

【解】令 $f(x) = \sqrt[x]{x} = x^{\frac{1}{x}}$, 则 $\ln f(x) = \dfrac{1}{x}\ln x$, 两边对 x 求导得:

$$\frac{1}{f(x)} \cdot f'(x) = \frac{1}{x^2} - \frac{1}{x^2}\ln x = \frac{1}{x^2}(1 - \ln x),$$

$$f'(x) = x^{\frac{1}{x} - 2}(1 - \ln x).$$

令 $f'(x) = 0$, 得唯一驻点 $x = \mathrm{e}$.

因为当 $0 < x < \mathrm{e}$ 时, $f'(x) > 0$; 当 $x > \mathrm{e}$ 时, $f'(x) < 0$, 所以唯一驻点 $x = \mathrm{e}$ 为最大值点.

数列 $\{\sqrt[n]{n}\}$ 的最大值只可能在 $x = \mathrm{e}$ 的邻近整数中取得, 即在 2 与 3 中取得.

因此所求最大项为 $\max\{\sqrt{2}, \sqrt[3]{3}\} = \sqrt[3]{3}$.

【例 26】设 $f(x)$ 在 (a, b) 内二阶可导, 且 $f''(x) \geqslant 0$. 证明对于 (a, b) 内任意两点 x_1, x_2 及 $0 \leqslant t \leqslant 1$, 有

$$f[(1 - t)x_1 + tx_2] \leqslant (1 - t)f(x_1) + tf(x_2).$$

【证明】对于 (a, b) 内任意两点 x_1, x_2, 由于 $0 \leqslant t \leqslant 1$, 故

$$x_0 = [(1 - t)x_1 + tx_2] \in (a, b),$$

根据泰勒公式, 有

$$f(x) = f(x_0) + f'(x_0)(x - x_0) + \frac{1}{2!}f''(\xi)(x - x_0)^2, \quad \xi \in (a, b),$$

因为 $f''(x) \geqslant 0, (x - x_0)^2 \geqslant 0$, 所以

$$f(x_1) \geqslant f(x_0) + f'(x_0)(x_1 - x_0),$$

$$f(x_2) \geqslant f(x_0) + f'(x_0)(x_2 - x_0),$$

$$x_1 - x_0 = x_1 - (1-t)x_1 - tx_2 = t(x_1 - x_2),$$

$$x_2 - x_0 = x_2 - (1-t)x_1 - tx_2 = -(1-t)(x_1 - x_2),$$

所以

$$(1-t)f(x_1) + tf(x_2) \geqslant (1-t+t)f(x_0) + f'(x_0)[(1-t)(x_1 - x_0) + t(x_2 - x_0)]$$

$$= f(x_0) + f'(x_0)[(1-t)t - t(1-t)](x_1 - x_0) = f(x_0),$$

即

$$f[(1-t)x_1 + tx_2] \leqslant (1-t)f(x_1) + tf(x_2).$$

【例27】试确定常数 a 和 b,使 $f(x) = x - (a + b\cos x)\sin x$ 为当 $x \to 0$ 时关于 x 的 5 阶无穷小.

【解】$f(x)$ 是有任意阶导数的,它的五阶麦克劳林公式为

$$f(x) = f(0) + f'(0)x + \frac{f''(0)}{2!}x^2 + \frac{f'''(0)}{3!}x^3 + \frac{f^{(4)}(0)}{4!}x^4$$

$$+ \frac{f^{(5)}(0)}{5!}x^5 + o(x^5)$$

$$= (1 - a - b)x + \frac{a + 4b}{3!}x^3 + \frac{-a - 16b}{5!}x^5 + o(x^5).$$

要使 $f(x) = x - (a + b\cos x)\sin x$ 为当 $x \to 0$ 时关于 x 的 5 阶无穷小,就是要使极限

$$\lim_{x \to 0} \frac{f(x)}{x^5} = \lim_{x \to 0}\left[\frac{1 - a - b}{x^4} + \frac{a + 4b}{3!}\frac{1}{x^2} + \frac{-a - 16b}{5!} + \frac{o(x^5)}{x^5}\right]$$

存在且不为 0,为此令

$$\begin{cases} 1 - a - b = 0, \\ a + 4b = 0, \end{cases}$$

解得

$$a = \frac{4}{3}, \quad b = -\frac{1}{3}.$$

因为当 $a = \frac{4}{3}, b = -\frac{1}{3}$ 时,$\lim_{x \to 0} \frac{f(x)}{x^5} = \frac{-a - 16b}{5!} = \frac{1}{30} \neq 0,$

所以当 $a = \frac{4}{3}, b = -\frac{1}{3}$ 时,$f(x) = x - (a + b\cos x)\sin x$ 为当 $x \to 0$

时关于 x 的 5 阶无穷小.

同步测试

一、填空题(本题共 5 小题,每题 5 分,共 25 分)

1. $\lim\limits_{x \to 0} \dfrac{x - x\cos x}{x - \sin x} = $ _____.

2. 函数 $y = \dfrac{2x}{1 + x^2}$ 的单调增加区间是 _____.

3. 当 $b^2 - 3ac < 0$ 时,方程 $x^3 + ax^2 + bx + c$ 有 _____ 个实根.

4. 已知曲线 $y = mx^3 + \dfrac{9}{2}x^2$ 的一个拐点处的切线方程为 $9x - 2y - 3 = 0$,$m = $ _____.

5. 设曲线 $y = 2 + \dfrac{5}{(x-3)^2}$,那么这条曲线的水平渐近线为 _____.

二、选择题(本题共 5 小题,每题 5 分,共 25 分)

1. 下列函数中( )在区间 $[-1, 1]$ 上满足罗尔定理的条件.

(A) $y = 1 - |x|$ (B) $y = 1 - \sqrt[3]{x^3}$

(C) $y = x^2 - 1$ (D) $y = xe^{-x}$

2. 曲线 $y = -x^3 + 3x^2 + 9x - 27$ 上的切线斜率的极大值是( ).

(A) -16 (B) 12 (C) 0 (D) -27

3. 设 p 为大于 1 的实数,$f(x) = x^p + (1-x)^p$ 在 $[0, 1]$ 上的最小值是( ).

(A) 1 (B) 2 (C) $\dfrac{1}{2^{p-1}}$ (D) $\dfrac{1}{2^p}$

4. 函数 $f(x)$ 在区间 (a, b) 内有 $f'(x) > 0$,$f''(x) < 0$,则 $f(x)$ 在 (a, b) 内( ).

(A) 单增且凹   (B) 单减且凹   (C) 单增且凸   (D) 单减且凸

5. 曲线 $y = \dfrac{3}{1+4\mathrm{e}^{5x}}$ 有(　　)条水平渐近线.

(A)0　　　　　　(B)1　　　　　　(C)2　　　　　　(D)3

三、计算证明题(本题共 5 小题,每题 10 分,共 50 分)

1. $\lim\limits_{x\to 0}\left(\dfrac{1}{x} - \dfrac{1}{\mathrm{e}^x - 1}\right)$.

2. 求函数 $y = x^{\frac{2}{3}}\mathrm{e}^{-x}$ 的单调区间和极值.

3. 求函数 $y = (x^2 - 2x)^{\frac{2}{3}}$ 在 $[0,3]$ 上的最大(小)值.

4. 求函数 $y = -\mathrm{e}^{-x^2}$ 的凹凸区间和拐点.

5. 证明:当 $x > 1$ 时,不等式 $\ln x > \dfrac{2(x-1)}{x+1}$ 恒成立.

第四章 不定积分

第一节 不定积分的概念与性质

【知识要点回顾】

1. 原函数的定义

若对于某区间上任意一点 x 均有 $F'(x) = f(x)$ 或 $\mathrm{d}F(x) = f(x)\mathrm{d}x$，则称函数 $F(x)$ 是函数 $f(x)$ 在该区间上的一个原函数.

2. 不定积分的定义

函数 $f(x)$ 的全体原函数称为 $f(x)$ 的不定积分，记作 $\int f(x)\mathrm{d}x$，其中 $f(x)$ 称为被积函数，$f(x)\mathrm{d}x$ 称为被积表达式，x 称为积分变量.

若 $F(x)$ 是 $f(x)$ 的一个原函数，则 $\int f(x)\mathrm{d}x = F(x) + C$，$C$ 称为积分常数.

3. 不定积分的性质

$(1)\left[\int f(x)\mathrm{d}x\right]' = f(x)$ 或 $\mathrm{d}\left[\int f(x)\mathrm{d}x\right] = f(x)\mathrm{d}x$

$(2)\int f'(x)\mathrm{d}x = f(x) + C$ 或 $\int \mathrm{d}f(x) = f(x) + C$

$(3)\int kf(x)\mathrm{d}x = k\int f(x)\mathrm{d}x \quad (k$ 为常数，$k \neq 0)$

$(4)\int[f(x)\pm g(x)]dx = \int f(x)dx \pm \int g(x)dx$　　（有限多个函数仍适用）

4. 基本积分公式

$(1)\int k dx = kx + C$　　（k 为常数）

$(2)\int x^\mu dx = \dfrac{x^{\mu+1}}{\mu+1} + C$　　（$\mu \neq 1$）

$(3)\int \dfrac{1}{x} dx = \ln|x| + C$

$(4)\int \dfrac{1}{1+x^2} dx = \arctan x + C$

$(5)\int \dfrac{1}{\sqrt{1-x^2}} dx = \arcsin x + C$

$(6)\int \cos x dx = \sin x + C$

$(7)\int \sin x dx = -\cos x + C$

$(8)\int \dfrac{1}{\cos^2 x} dx = \int \sec^2 x dx = \tan x + C$

$(9)\int \dfrac{1}{\sin^2 x} dx = \int \csc^2 x dx = -\cot x + C$

$(10)\int \sec x \tan x dx = \sec x + C$

$(11)\int \csc x \cot x dx = -\csc x + C$

$(12)\int e^x dx = e^x + C$

$(13)\int a^x dx = \dfrac{a^x}{\ln a} + C$

$(14)\int \tan x dx = -\ln|\cos x| + C$

$(15)\displaystyle\int \cot x\mathrm{d}x = \ln|\sin x| + C$

$(16)\displaystyle\int \sec x\mathrm{d}x = \ln|\sec x + \tan x| + C$

$(17)\displaystyle\int \csc x\mathrm{d}x = \ln|\csc x - \cot x| + C$

$(18)\displaystyle\int \frac{1}{a^2 + x^2}\mathrm{d}x = \frac{1}{a}\arctan \frac{x}{a} + C$

$(19)\displaystyle\int \frac{1}{x^2 - a^2}\mathrm{d}x = \frac{1}{2a}\ln \left|\frac{x-a}{x+a}\right| + C$

$(20)\displaystyle\int \frac{1}{\sqrt{a^2 - x^2}}\mathrm{d}x = \arcsin \frac{x}{a} + C$

$(21)\displaystyle\int \frac{1}{\sqrt{x^2 + a^2}}\mathrm{d}x = \ln(x + \sqrt{x^2 + a^2}) + C$

$(22)\displaystyle\int \frac{1}{\sqrt{x^2 - a^2}}\mathrm{d}x = \ln|x + \sqrt{x^2 - a^2}| + C$

$(23)\displaystyle\int \sqrt{a^2 - x^2}\,\mathrm{d}x = \frac{a^2}{2}\arcsin \frac{x}{a} + \frac{1}{2}x\sqrt{a^2 - x^2} + C$

5. 直接积分法

直接积分法就是用基本积分公式和不定积分的性质,或先将被积函数经过代数或三角恒等变形,再用基本积分公式和不定积分的性质就可求出不定积分的结果.

将被积函数恒等变形,就是根据被积函数的特点,设法将其化为适合基本积分公式的形式.

【答疑解惑】

【问1】若$f(x)$在区间I上不连续,则在I上$f(x)$必无原函数,这个命题正确吗?

【答】不正确. 例如,函数

$$f(x) = \begin{cases} 2x\cos\dfrac{1}{x} + \sin\dfrac{1}{x}, & x \neq 0, \\ 0, & x = 0 \end{cases}$$

在 $I = [-1,1]$ 上不连续, $x = 0$ 为其第二间断点, 但

$$F(x) = \begin{cases} x^2\cos\dfrac{1}{x}, & x \neq 0, \\ 0, & x = 0 \end{cases}$$

是 $f(x)$ 在 I 上的一个原函数.

【问2】初等函数的原函数是否还是初等函数?

【答】不一定. 例如, $\int e^{-x^2}\,\mathrm{d}x, \int \sin x^2\,\mathrm{d}x, \int \cos x^2\,\mathrm{d}x, \int \dfrac{\sin x}{x}\,\mathrm{d}x, \int \dfrac{\cos x}{x}\,\mathrm{d}x, \int \dfrac{1}{\ln x}\,\mathrm{d}x, \int \sqrt{1 - k^2\sin^2 x}\,\mathrm{d}x, \int \dfrac{1}{\sqrt{1 - k^2\sin^2 x}}\,\mathrm{d}x$ 的原函数 (或不定积分) 就不能用初等函数表达出来, 属于"积不出来"的典型.

【典型题型精解】

一、原函数与不定积分的概念

【例1】设 $f(x)$ 的一个原函数是 $x\ln x - x$, 则 $\int f(x)\,\mathrm{d}x = $ _____;
$\int xf'(x)\,\mathrm{d}x = $ _____.

【问题分析】$\int f(x)\,\mathrm{d}x$ 是 $f(x)$ 的全体原函数, 而 $x\ln x - x$ 是 $f(x)$ 的一个原函数.

【解】由不定积分的定义, $\int f(x)\,\mathrm{d}x = x\ln x - x + C$.

由原函数的定义, $(x\ln x - x)' = f(x)$, 即 $\ln x = f(x)$, 从而 $f'(x) = \dfrac{1}{x}$, 于是

$$\int xf'(x)\,\mathrm{d}x = \int x \cdot \frac{1}{x}\,\mathrm{d}x = \int \mathrm{d}x = x + C.$$

【例2】若 $F'(x) = \Phi'(x)$,则( )成立.

(A) $F(x) - \Phi(x) = 0$

(B) $F(x) - \Phi(x) = C$

(C) $\int F(x)\,\mathrm{d}x = \int \Phi(x)\,\mathrm{d}x$

(D) $\dfrac{\mathrm{d}}{\mathrm{d}x}\left(\int F(x)\,\mathrm{d}x\right) = \dfrac{\mathrm{d}}{\mathrm{d}x}\left(\int \Phi(x)\,\mathrm{d}x\right)$

【解】由拉格朗日中值定理的推论可知,若 $F'(x) = \Phi'(x)$,则 $F(x)$ 与 $\Phi(x)$ 之间至多差一个常数 C,应选(B),故(A)是干扰项.

因为 $F'(x) = \Phi'(x)$ 推不出 $F(x) = \Phi(x)$,从而

$$\frac{\mathrm{d}}{\mathrm{d}x}\left(\int F(x)\,\mathrm{d}x\right) \neq \frac{\mathrm{d}}{\mathrm{d}x}\left(\int \Phi(x)\,\mathrm{d}x\right).$$

【例3】设函数 $f(x)$ 满足下列条件,求 $f(x)$.

(1) $f(0) = 2, f(-2) = 0$;

(2) $f(x)$ 在 $x = -1, x = 5$ 处有极值;

(3) $f(x)$ 的导数是 x 的二次函数.

【问题分析】这是已知导函数,求原函数的问题.

【解】因 $x = -1, x = 5$ 为极值点,可设

$$f'(x) = a(x+1)(x-5) = a(x^2 - 4x - 5),$$

于是

$$f(x) = \int f'(x)\,\mathrm{d}x = a\left(\frac{1}{3}x^3 - 2x^2 - 5x\right) + C.$$

由 $f(0) = 2$,得 $C = 2$.

由 $f(-2) = 0$,有 $a\left(-\dfrac{8}{3} - 8 + 10\right) + 2 = 0$ 得 $a = 3$.

故所求函数 $f(x) = x^3 - 6x^2 - 15x + 2.$

二、求分段函数的不定积分

【例4】设 $f(x) = \begin{cases} 1, & x < 0, \\ x+1, & 0 \leqslant x \leqslant 1, \\ 2x, & x > 1, \end{cases}$

求 $\int f(x)\,\mathrm{d}x.$

【问题分析】本题是分段函数求不定积分,分别求出函数的各段在相应区间内的原函数,然后考察在分段点处函数的连续性.

【解】当 $x < 0$ 时, $\int f(x)\,\mathrm{d}x = \int 1\mathrm{d}x = x + C_1.$

当 $0 \leqslant x \leqslant 1$ 时, $\int f(x)\,\mathrm{d}x = \int (x+1)\,\mathrm{d}x = \dfrac{1}{2}x^2 + x + C_2.$

当 $x > 1$ 时, $\int f(x)\,\mathrm{d}x = \int 2x\mathrm{d}x = x^2 + C_3.$

因 $f(x)$ 在定义域内连续,故存在原函数. 由原函数的连续性,分别考虑在 $x = 0, x = 1$ 处的左、右极限可知有:

$C_1 = C_2, \dfrac{1}{2} + 1 + C_2 = 1 + C_3,$ 解之得

$$C_1 = C_2 = C_3 - \dfrac{1}{2}.$$

令 $C_1 = C_2 = C_3 - \dfrac{1}{2} = C,$ 则

$$\int f(x)\,\mathrm{d}x = \begin{cases} x + C, & x < 0, \\ \dfrac{1}{2}x^2 + x + C, & 0 \leqslant x \leqslant 1, \\ x^2 + \dfrac{1}{2} + C, & x > 1. \end{cases}$$

第二节　不定积分的第一类换元积分法

【知识要点回顾】

第一类换元积分法（凑微分法）

$$\int f\left[\varphi(x)\right]\varphi'(x)\mathrm{d}x = \int f\left[\varphi(x)\right]\mathrm{d}\varphi(x) \xrightarrow[\text{变量替换}]{\text{令}\,\varphi(x)=u} \int f(u)\mathrm{d}u$$

$$\xrightarrow[\text{用积分公式}]{F'(x)=f(u)} F(u)+C \xrightarrow[\text{变量还原}]{u=\varphi(x)} F\left[\varphi(x)\right]+C.$$

【答疑解惑】

【问1】已知 $\int f(x)\mathrm{d}x = F(x)+C$，问 $\int f\left[g(x)\right]\mathrm{d}x = F\left[g(x)\right]+C$ 成立吗？

【答】不一定成立. 从 $\int f(x)\mathrm{d}x = F(x)+C$，由第一类换元积分法，有 $\int f\left[g(x)\right]g'(x)\mathrm{d}x = F\left[g(x)\right]+C$，想 $\int f\left[g(x)\right]\mathrm{d}x = F\left[g(x)\right]+C$，只有 $g'(x)=1$，即 $g(x)=x+a$（a 为任意常数），否则就不成立.

【问2】在凑微分法中，常见的类型有哪些？

【答】假设 $\int f(u)\mathrm{d}u = F(u)+C$.

$$\int f(ax^n+b)x^{n-1}\mathrm{d}x = \frac{1}{an}\int f(ax^n+b)\mathrm{d}(ax^n+b)\quad(a\neq0);$$

$$\int f\left(\frac{1}{x}\right)\frac{1}{x^2}\mathrm{d}x = -\int f\left(\frac{1}{x}\right)\mathrm{d}\left(\frac{1}{x}\right);$$

$$\int f(\sqrt{x})\frac{1}{\sqrt{x}}\mathrm{d}x = 2\int f(\sqrt{x})\mathrm{d}\sqrt{x};$$

$$\int f(\mathrm{e}^x)\mathrm{e}^x\mathrm{d}x = \int f(\mathrm{e}^x)\mathrm{d}(\mathrm{e}^x);$$

$$\int f(\ln x)\frac{1}{x}\mathrm{d}x = \int f(\ln x)\mathrm{d}(\ln x);$$

$$\int f(\sin x)\cos x\mathrm{d}x = \int f(\sin x)\mathrm{d}(\sin x);$$

$$\int f(\cos x)\sin x\mathrm{d}x = -\int f(\cos x)\mathrm{d}(\cos x);$$

$$\int f(\tan x)\frac{1}{\sec^2 x}\mathrm{d}x = \int f(\tan x)\mathrm{d}(\tan x);$$

$$\int f(\arcsin x)\frac{1}{\sqrt{1-x^2}}\mathrm{d}x = \int f(\arcsin x)\mathrm{d}(\arcsin x);$$

$$\int f(\arctan x)\frac{1}{1+x^2}\mathrm{d}x = \int f(\arctan x)\mathrm{d}(\arctan x).$$

【典型题型精解】

第一类换元积分法(凑微分法)

【例】求下列函数的不定积分

$(1)\ \displaystyle\int\frac{2^{\arcsin x}}{\sqrt{1-x^2}}\mathrm{d}x;$　　　　$(2)\ \displaystyle\int\mathrm{e}^{\mathrm{e}^x+x}\mathrm{d}x;$　　　　$(3)\ \displaystyle\int\frac{1+\ln x}{(x\ln x)^2}\mathrm{d}x;$

$(4)\ \displaystyle\int\cos x\cos\frac{x}{2}\mathrm{d}x;$　　　　$(5)\ \displaystyle\int\cos^2(\omega t+\varphi)\mathrm{d}t;$

$(6)\ \displaystyle\int\tan^3 x\sec x\mathrm{d}x;$　　　　$(7)\ \displaystyle\int\frac{\mathrm{d}x}{2x^2-1};$　　　　$(8)\ \displaystyle\int\frac{x}{x^2-x-2}\mathrm{d}x;$

$(9)\ \displaystyle\int\frac{\arctan\sqrt{x}}{\sqrt{x}(1+x)}\mathrm{d}x;$　　　　$(10)\ \displaystyle\int\frac{\ln\tan x}{\sin x\cos x}\mathrm{d}x.$

【问题分析】(1)(2)两题都是凑幂指数的微分.

【解】

(1)解法一:凑微分法.

$$\int \frac{2^{\arcsin x}}{\sqrt{1-x^2}}dx = \int 2^{\arcsin x}d(\arcsin x) = \frac{2^{\arcsin x}}{\ln 2} + C.$$

解法二:第二类换元积分法.

设 $x = \sin t,\ \sqrt{1-x^2} = \cos t,\ t = \arcsin x, dx = \cos t dt$,于是

$$\int \frac{2^{\arcsin x}}{\sqrt{1-x^2}}dx = \int \frac{2^t}{\cos t}\cdot\cos t dt = \int 2^t dt = \frac{2^t}{\ln 2} + C = \frac{2^{\arcsin x}}{\ln 2} + C.$$

(2) $\int e^{e^x + x}dx = \int e^{e^x}\cdot e^x dx = \int e^{e^x}\cdot d(e^x) = e^{e^x} + C.$

【问题分析】(3)题是利用分子凑分母的微分.

(3) $\int \frac{1+\ln x}{(x\ln x)^2}dx = \int \frac{1}{(x\ln x)^2}d(x\ln x) = -\frac{1}{x\ln x} + C.$

【问题分析】(4)(5)(6)三题,被积函数为三角有理函数时,可用三角函数关系式,倍角公式等变换后积分.

(4) $\int \cos x\cos\frac{x}{2}dx = \frac{1}{2}\int\left(\cos\frac{3x}{2} + \cos\frac{x}{2}\right)dx$

$= \frac{1}{3}\int\cos\frac{3x}{2}d\left(\frac{3x}{2}\right) + \int\cos\frac{x}{2}d\left(\frac{x}{2}\right) = \frac{1}{3}\sin\frac{3x}{2} + \sin\frac{x}{2} + C.$

(5) $\int \cos^2(\omega t + \varphi)dt = \int \frac{1+\cos 2(\omega t + \varphi)}{2}dt$

$= \frac{1}{2}\int 1 dt + \frac{1}{4\omega}\int\cos 2(\omega t + \varphi)d[2(\omega t + \varphi)] = \frac{t}{2} + \frac{1}{4\omega}\sin 2(\omega t + \varphi) + C.$

(6) $\int \tan^3 x\sec x dx = \int(\sec^2 x - 1)\tan x\sec x dx$

$= \int(\sec^2 x - 1)d(\sec x) = \frac{1}{3}\sec^3 x - \sec x + C.$

【问题分析】(7)(8)二题是先对被积函数作代数恒等变形,然后再用凑微分法积分.

(7) $\int \frac{dx}{2x^2 - 1} = \frac{1}{2}\int\left(\frac{1}{\sqrt{2}x - 1} - \frac{1}{\sqrt{2}x + 1}\right)dx$

$= \frac{1}{2\sqrt{2}}(\ln|\sqrt{2}x - 1| - \ln|\sqrt{2}x + 1|) + C.$

（8）因 $\dfrac{x}{x^2-x-2}=\dfrac{1}{2}\Big[\dfrac{(x+1)+(x-2)+1}{(x+1)(x-2)}\Big]=\dfrac{2}{3}\cdot\dfrac{1}{x-2}+\dfrac{1}{3}\cdot\dfrac{1}{x+1},$

故

$$\int\dfrac{x}{x^2-x-2}\mathrm{d}x=\dfrac{2}{3}\int\dfrac{1}{x-2}\mathrm{d}(x-2)+\dfrac{1}{3}\int\dfrac{1}{x+1}\mathrm{d}(x+1)$$

$$=\dfrac{2}{3}\ln|x-2|+\dfrac{1}{3}\ln|x+1|+C.$$

【问题分析】本题用凑微分法和第二类换元积分法都可以,但凑微分法更简便,也省去变量还原的过程.

（9）$\displaystyle\int\dfrac{\arctan\sqrt{x}}{\sqrt{x}(1+x)}\mathrm{d}x=2\int\dfrac{\arctan\sqrt{x}}{1+x}\mathrm{d}(\sqrt{x})$

$$=2\int\arctan\sqrt{x}\,\mathrm{d}(\arctan\sqrt{x})=(\arctan\sqrt{x})^2+C.$$

【问题分析】当被积函数比较复杂时,可先观察它的某一部分是否是某个函数的导数,再利用积分公式积分.

（10）$\displaystyle\int\dfrac{\ln\tan x}{\sin x\cos x}\mathrm{d}x=\int\dfrac{\ln\tan x}{\tan x}\mathrm{d}(\tan x)$

$$=\int\ln\tan x\,\mathrm{d}(\ln\tan x)=\dfrac{1}{2}(\ln\tan x)^2+C.$$

第三节　不定积分的第二类换元积分法

【知识要点回顾】

1. 第二类换元积分法的积分过程

若 $\displaystyle\int f[\varphi(t)]\varphi'(t)\mathrm{d}t=F(t)+C$,且 $\varphi'(t)\neq0$,则

$$\int f(x)\mathrm{d}x\xrightarrow[\diamondsuit\,x=\varphi(t)]{\text{变量替换}}\int f[\varphi(t)]\varphi'(t)\mathrm{d}t$$

$$\xrightarrow[\text{用积分公式}]{}F(t)+C\xrightarrow[t=\varphi^{-1}(x)]{\text{变量还原}}F\left[\varphi^{-1}(x)\right]+C.$$

其中,$t=\varphi^{-1}(x)$是$x=\varphi(t)$的反函数.

2. 第二类换元积分法主要讨论的情况

（1）被积函数含根式$\sqrt[n]{ax+b}$　（$a\neq0,b$可是0）时，由$\sqrt[n]{ax+b}=t$,求其反函数.

作替换$x=\dfrac{1}{a}(t^n-b)$,可消去根式,化为代数有理式的积分.

（2）被积函数含下列根式,作三角函数替换,可消去根式,化为三角函数有理式的积分:

含根式$\sqrt{a^2-x^2}$　（$a>0$）时,设$x=a\sin t$,则$\sqrt{a^2-x^2}=a\cos t$;

含根式$\sqrt{x^2+a^2}$　（$a>0$）时,设$x=a\tan t$,则$\sqrt{x^2+a^2}=a\sec t$;

含根式$\sqrt{x^2-a^2}$　（$a>0$）时,设$x=a\sec t$,则$\sqrt{x^2-a^2}=a\tan t$.

（3）被积函数含指数函数a^x,由$a^x=t$,设$x=\dfrac{1}{\ln a}\ln t$,可消去a^x;

由$e^x=t$,设$x=\ln t$,可消去e^x.被积函数含根式$\sqrt{a+e^x}$,由$\sqrt{a+e^x}=t$,设$x=\ln(t^2-a)$,可消去根式,使被积函数有理化.

【答疑解惑】

【问】第二类换元积分法与第一类换元积分法有何区别?

【答】第一类换元积分法与第二类换元积分法是一个公式从两个不同方向的运用.

$$\int f\left[\varphi(x)\right]\varphi'(x)\mathrm{d}x\underset{\text{令 }u=\varphi(x)\text{（第二类换元法）}}{\overset{\text{令 }\varphi(x)=u\text{（第一类换元法）}}{\rightleftarrows}}\int f(u)\mathrm{d}u$$

【典型题型精解】

第二类换元积分法

【例1】求下列不定积分：

$(1) \int \dfrac{x^2}{\sqrt{a^2-x^2}} \mathrm{d}x \quad (a>0);$ $\qquad (2) \int \dfrac{1}{x^2\sqrt{x^2-1}} \mathrm{d}x;$

$(3) \int \dfrac{1}{\sqrt{(x^2+1)^3}} \mathrm{d}x.$

【问题分析】本例各题属于三角代换.

【解】(1)设 $x = a\sin t$，$\mathrm{d}x = a\cos t\mathrm{d}t$，$\sqrt{a^2-x^2} = a\cos t$，于是

$$\int \frac{x^2}{\sqrt{a^2-x^2}} \mathrm{d}x = \int a^2\sin^2 t\mathrm{d}t = \frac{a^2}{2}\int(1-\cos 2t)\mathrm{d}t = \frac{a^2}{2}\left(t - \frac{1}{2}\sin 2t\right) + C,$$

由 $x = a\sin t$，得 $\sin t = \dfrac{x}{a}$，$t = \arcsin\dfrac{x}{a}$，故

$$\int \frac{x^2}{\sqrt{a^2-x^2}} \mathrm{d}x = \frac{a^2}{2}\left(\arcsin\frac{x}{a} - \frac{x}{a^2}\sqrt{a^2-x^2}\right) + C.$$

(2)设 $x = \sec t$，$\sqrt{x^2-1} = \tan t$，$\mathrm{d}x = \sec t\tan t\mathrm{d}t$，于是

$$\int \frac{1}{x^2\sqrt{x^2-1}} \mathrm{d}x = \int \frac{1}{\sec t}\mathrm{d}t = \int \cos t\mathrm{d}t = \sin t + C,$$

由于 $x = \sec t$，引入直角三角形，得 $\cos t = \dfrac{1}{x}$，$\sin t = \dfrac{\sqrt{x^2-1}}{x}$，故

$$\int \frac{1}{x^2\sqrt{x^2-1}} \mathrm{d}x = \frac{\sqrt{x^2-1}}{x} + C.$$

(3)设 $x = \tan t$，则 $\sqrt{x^2+1} = \sec t$，$\mathrm{d}x = \sec^2 t\mathrm{d}t$，则

$$\int \frac{1}{\sqrt{(x^2+1)^3}} \mathrm{d}x = \int \frac{1}{\sec t}\mathrm{d}t = \int \cos t\mathrm{d}t = \sin t + C$$

由于 $x = \tan t$，引入直角三角形，得 $\sin t = \dfrac{x}{\sqrt{x^2+1}}$，故

$$\int \frac{1}{\sqrt{(x^2+1)^3}}\mathrm{d}x = \frac{x}{\sqrt{x^2+1}} + C.$$

【例2】求下列不定积分：

$(1) \displaystyle\int \frac{1}{1+\sqrt{x+1}}\mathrm{d}x$；　　　$(2) \displaystyle\int \frac{\sqrt{x}}{1+\sqrt[3]{x}}\mathrm{d}x.$

【解】(1) 设 $\sqrt{x+1} = t$，$x = t^2 - 1$，$\mathrm{d}x = 2t\mathrm{d}t$，则

$$\int \frac{1}{1+\sqrt{x+1}}\mathrm{d}x = \int \frac{2t}{1+t}\mathrm{d}t = 2\int \frac{t+1-1}{1+t}\mathrm{d}t = 2\int\left(1 - \frac{1}{1+t}\right)\mathrm{d}t$$

$$= 2[t - \ln(1+t)] + C = 2[\sqrt{x+1} - \ln(1+\sqrt{x+1})] + C.$$

(2) 设 $\sqrt[6]{x} = t$，则 $x = t^6$，$\mathrm{d}x = 6t^5\mathrm{d}t$，所以

$$\int \frac{\sqrt{x}}{1+\sqrt[3]{x}}\mathrm{d}x = 6\int \frac{t^8}{1+t^2}\mathrm{d}t = 6\int \frac{t^8 - 1 + 1}{1+t^2}\mathrm{d}t = 6\int\left[(t^4+1)(t^2-1) + \frac{1}{1+t^2}\right]\mathrm{d}t$$

$$= 6\int(t^6 - t^4 + t^2 - 1)\mathrm{d}t + 6\int \frac{1}{1+t^2}\mathrm{d}t$$

$$= 6\left[\frac{1}{7}t^7 - \frac{1}{5}t^5 + \frac{1}{3}t^3 - t + \arctan t\right] + C$$

$$= 6\left[\frac{1}{7}\sqrt[6]{x^7} - \frac{1}{5}\sqrt[6]{x^5} + \frac{1}{3}\sqrt{x} - \sqrt[6]{x} + \arctan\sqrt[6]{x}\right] + C.$$

【例3】求下列不定积分：

$(1) \displaystyle\int \frac{1}{\sqrt{9x^2+6x+5}}\mathrm{d}x$；　　　$(2) \displaystyle\int \sqrt{2+x-x^2}\,\mathrm{d}x.$

【问题分析】此类问题可利用三角代换或直接利用公式.

【解】(1) 利用公式 $\displaystyle\int \frac{1}{\sqrt{x^2+a^2}}\mathrm{d}x = \ln|x + \sqrt{x^2+a^2}| + C.$ 故

$$\int \frac{1}{\sqrt{9x^2+6x+5}}\mathrm{d}x = \int \frac{1}{\sqrt{(3x+1)^2+4}}\mathrm{d}x = \frac{1}{3}\int \frac{1}{\sqrt{(3x+1)^2+4}}\mathrm{d}(3x+1)$$

$$= \frac{1}{3}\ln|3x+1+\sqrt{9x^2+6x+5}|+C.$$

（2）解法一：用三角替换.

令 $x-\dfrac{1}{2}=\dfrac{3}{2}\sin t, \mathrm{d}x=\dfrac{3}{2}\cos t\mathrm{d}t$，于是

$$\int\sqrt{2+x-x^2}\,\mathrm{d}x = \int\sqrt{\frac{9}{4}-\left(x-\frac{1}{2}\right)^2}\,\mathrm{d}x = \int\frac{3}{2}\cos t\cdot\frac{3}{2}\cos t\mathrm{d}t$$

$$= \frac{9}{4}\int\frac{1+\cos 2t}{2}\mathrm{d}t$$

$$= \frac{9}{8}\left(t+\frac{1}{2}\sin 2t\right)+C = \frac{9}{8}(t+\sin t\cos t)+C.$$

因为 $x-\dfrac{1}{2}=\dfrac{3}{2}\sin t$，所以

$$\sin t = \frac{2x-1}{3}, t=\arcsin\frac{2x-1}{3}, \cos t = \frac{\sqrt{2+x-x^2}}{\frac{3}{2}},\text{故}$$

$$\int\sqrt{2+x-x^2}\,\mathrm{d}x = \frac{9}{8}\arcsin\frac{2x-1}{3}+\frac{1}{4}(2x-1)\sqrt{2+x-x^2}+C.$$

解法二：

利用公式 $\displaystyle\int\sqrt{a^2-x^2}\,\mathrm{d}x = \frac{a^2}{2}\arcsin\frac{x}{a}+\frac{1}{2}x\sqrt{a^2-x^2}+C.$ 故

$$\int\sqrt{2+x-x^2}\,\mathrm{d}x = \int\sqrt{\frac{9}{4}-\left(x-\frac{1}{2}\right)^2}\,\mathrm{d}x = \int\sqrt{\left(\frac{3}{2}\right)^2-\left(x-\frac{1}{2}\right)^2}\,\mathrm{d}x$$

$$= \frac{\left(\frac{3}{2}\right)^2}{2}\arcsin\frac{x-\frac{1}{2}}{\frac{3}{2}}+\frac{1}{2}\left(x-\frac{1}{2}\right)\sqrt{\left(\frac{3}{2}\right)^2-\left(x-\frac{1}{2}\right)^2}+C$$

$$= \frac{9}{8}\arcsin\frac{2x-1}{3}+\frac{1}{4}(2x-1)\sqrt{2+x-x^2}+C.$$

【例4】求不定积分 $\displaystyle\int\frac{\mathrm{d}x}{\sqrt{1+\mathrm{e}^x}}$.

【问题分析】这种类型用第二类换元积分法，将无理函数的积分化为有理函数的积分.

【解】设 $\sqrt{1+e^x}=t$，则 $x=\ln(t^2-1)$，$dx=\dfrac{2t}{t^2-1}dt$，故

$$\int \frac{dx}{\sqrt{1+e^x}}=\int \frac{2}{t^2-1}dt=\int\left(\frac{1}{t-1}-\frac{1}{t+1}\right)dt=\ln|t-1|-\ln|t+1|+C$$

$$=\ln\left|\frac{t-1}{t+1}\right|+C=\ln\left|\frac{\sqrt{1+e^x}-1}{\sqrt{1+e^x}+1}\right|+C.$$

第四节　不定积分的分部积分法

【知识要点回顾】

分部积分公式

设 $u=u(x)$，$v=v(x)$ 有连续的导数，则 $\int udv=uv-\int vdu$.

【答疑解惑】

【问1】分部积分法的主要作用是什么？

【答】分部积分法的主要作用有三种：

1. 逐步化简积分式，通过分部积分公式 $\int udv=uv-\int vdu$，可将不定积分 $\int udv$ 化为 $\int vdu$.

在 $\int vdu$ 较 $\int udv$ 容易计算时，公式起到化简作用.

2. 产生循环现象，从而求出积分.

3. 建立递推公式.

【问2】分部积分法的常见题型有哪些？

【答】(1) $\int x^n \mathrm{e}^{bx}\mathrm{d}x, \int x^n \sin bx\mathrm{d}x, \int x^n \cos bx\mathrm{d}x$, 其中 n 是正整数; x^n 也可是 n 次多项式 $p_n(x)$. 这时取 $u = x^n, v' = \mathrm{e}^{bx}, \sin bx, \cos bx$.

(2) $\int x^n \ln x\mathrm{d}x, \int x^n \arcsin bx\mathrm{d}x, \int x^n \arccos bx\mathrm{d}x, \int x^n \arctan bx\mathrm{d}x,$ $\int x^n \mathrm{arccot}\, bx\mathrm{d}x.$

其中 n 是正整数或零,也可以是负整数,或是分数; x^n 也可以是 n 次多项式 $p_n(x)$.

这时取 $u = \ln x, \arcsin bx, \arccos bx, \arctan bx$ 等, $v' = x^n$.

(3) $\int \mathrm{e}^{kx} \sin(ax+b)\mathrm{d}x, \int \mathrm{e}^{kx} \sin(ax+b)\mathrm{d}x$, 此时可设 $u = \mathrm{e}^{kx}$, 也可设 $u = \sin(ax+b)$ 或 $u = \cos(ax+b)$.

(4) 被积函数含有 $\ln f(x), \arcsin f(x), \arccos f(x), \arctan f(x),$ $\mathrm{arccot}\, f(x)$ 等函数的积分,其中 $f(x)$ 为代数函数,这种情况可设 $\ln f(x), \arcsin f(x), \arccos f(x), \arctan f(x), \mathrm{arccot}\, f(x)$ 为 u, 只不过这种被积函数需要换元积分和分部积分并用.

【典型题型精解】

分部积分法

【例1】求不定积分: $\int x\mathrm{e}^{-x}\mathrm{d}x$.

【问题分析】本题先用凑微分法,然后再利用分部积分法求解.

【解】$\int x\mathrm{e}^{-x}\mathrm{d}x = \int(-x)\mathrm{e}^{-x}\mathrm{d}(-x) = \int(-x)\mathrm{d}\mathrm{e}^{-x}$

$$= -x\mathrm{e}^{-x} - \int \mathrm{e}^{-x}\mathrm{d}(-x) = -\mathrm{e}^{-x}(1+x) + C.$$

【例2】求不定积分:

(1) $\int x \tan^2 x\mathrm{d}x$; (2) $\int \dfrac{\ln^3 x}{x^2}\mathrm{d}x$; (3) $\int \cos \ln x\mathrm{d}x$; (4) $\int \mathrm{e}^{\sqrt[3]{x}}\mathrm{d}x$.

【问题分析】本题需要用到分部积分法,对于比较复杂的问题常采用多次分部积分,或综合利用换元积分法和分部积分法. 例如(2)题中要用三次分部积分,(4)题中先利用换元积分法再利用分部积分法.

【解】

$(1) \int x \tan^2 x dx = \int x(\sec^2 x - 1) dx = \int x \sec^2 x dx - \int x dx$

$$= \int x d(\tan x) - \frac{1}{2}x^2 = x\tan x - \int \tan x dx - \frac{1}{2}x^2$$

$$= x\tan x + \ln|\cos x| - \frac{1}{2}x^2 + C.$$

(2)本题用三次分部积分.

设 $u = \ln^3 x, v' = \frac{1}{x^2}$,则 $v = -\frac{1}{x}, u' = 3\ln^2 x \cdot \frac{1}{x}$,所以

$\int \frac{\ln^3 x}{x^2} dx = \int \ln^3 x d\left(-\frac{1}{x}\right) = -\frac{\ln^3 x}{x} + 3\int \frac{1}{x^2}\ln^2 x dx$

$$= -\frac{\ln^3 x}{x} + 3\int \ln^2 x d\left(-\frac{1}{x}\right)$$

$$= -\frac{\ln^3 x}{x} - \frac{3}{x}\ln^2 x + 6\int \frac{1}{x^2}\ln x dx$$

$$= -\frac{\ln^3 x}{x} - \frac{3}{x}\ln^2 x - 6\int \ln x d\left(\frac{1}{x}\right)$$

$$= -\frac{1}{x}\ln^3 x - \frac{3}{x}\ln^2 x - \frac{6}{x}(1 + \ln x) + C.$$

(3)设 $u = \cos \ln x, v = x$ 则 $u' = -\frac{\sin \ln x}{x}$,故

$\int \cos \ln x dx = x\cos \ln x + \int \sin \ln x dx$

$$= x\cos \ln x + x\sin \ln x - \int \cos \ln x dx,故$$

$$\int \cos \ln x dx = \frac{1}{2}x(\cos \ln x + \sin \ln x) + C.$$

（4）设 $\sqrt[3]{x} = t, x = t^3, \mathrm{d}x = 3t^2\mathrm{d}t$，所以

$$\int \mathrm{e}^{\sqrt[3]{x}}\mathrm{d}x = \int 3t^2\mathrm{e}^t\mathrm{d}t = \int 3t^2\mathrm{d}\mathrm{e}^t = 3\left[t^2\mathrm{e}^t - 2\int t\mathrm{e}^t\mathrm{d}t \right]$$

$$= 3t^2\mathrm{e}^t - 6\int t\mathrm{d}\mathrm{e}^t = 3t^2\mathrm{e}^t - 6t\mathrm{e}^t + 6\int \mathrm{e}^t\mathrm{d}t$$

$$= 3\mathrm{e}^t(t^2 - 2t + 2) + C$$

$$= 3\mathrm{e}^{\sqrt[3]{x}}(\sqrt[3]{x^2} - 2\sqrt[3]{x} + 2) + C.$$

第五节　有理函数的不定积分

【知识要点回顾】

特殊类型函数的积分

（1）有理函数的积分：$\int \dfrac{P(x)}{Q(x)}\mathrm{d}x$，其中 $P(x)$ 和 $Q(x)$ 为多项式；

（2）三角函数有理式的积分：$\int f(\sin x, \cos x)\mathrm{d}x$；

（3）简单无理函数的积分.

【答疑解惑】

【问1】如何计算有理函数的不定积分？

【答】有理函数积分一般方法是将被积函数（如果是假分式）化成多项式与真分式的和，再把真分式分解成部分分式的和，然后分项积分. 但有些有理函数，由于具有某些特点，用特殊解法往往简单，见效快.

又形如 $\int \dfrac{Ax + B}{x^2 + px + q}\mathrm{d}x$ 的积分，可将它化成 $C\int \dfrac{\mathrm{d}(x^2 + px + q)}{x^2 + px + q}$ 与

$D\int \dfrac{\mathrm{d}x}{x^2 + px + q}$ 的和. 对 $D\int \dfrac{\mathrm{d}x}{x^2 + px + q}$：

1. 当 $p^2 - 4q > 0$ 时,方法有二:

(1)将分母分解因式,分项积分.

(2)将分母配成完全平方再积分.

2. 当 $p^2 - 4q < 0$ 时,将分母配成完全平方.

3. 当 $p^2 - 4q = 0$ 时,将 $D\displaystyle\int \frac{\mathrm{d}x}{x^2 + px + q}$ 变为 $\displaystyle\int \frac{D}{\left(x + \dfrac{p}{2}\right)^2}\mathrm{d}x$,显然容易积分.

当被积函数次数较高时,可考虑通过适当的变量替换降低有理函数的次数以简化计算.

【问2】如何计算三角函数有理式的不定积分?

【答】任何三角函数有理式的积分 $\displaystyle\int f(\sin x, \cos x)\,\mathrm{d}x$ 都可以通过万能代换 $\tan \dfrac{x}{2} = u$ 将原积分化为 u 的有理函数的积分来计算,但当被积函数具有某些特点时,应采用简便方法. 如:

(1)若被积函数满足 $f(-\sin x, -\cos x) = f(\sin x, \cos x)$ 或仅含有 $\sin x$ 的偶次项或仅含有 $\cos x$ 的偶次项时,作代换 $\tan x = u$.

(2)形如 $\displaystyle\int \sin^m x \cos^n x\mathrm{d}x$ 的积分,m, n 中至少有一个是正奇数. 当 m 是正奇数,n 是整数时,作代换 $\cos x = u$;当 n 是正奇数,m 是整数时,作代换 $\sin x = u$.

(3)形如 $\displaystyle\int \sin^m ax \cos^n bx\mathrm{d}x$ 的积分,m 和 n 均是正整数,应先将被积函数利用倍角公式及积化和差公式化成三角多项式,然后再分项积分.

【问3】如何计算简单无理函数的不定积分?

【答】求简单无理函数积分的一般方法是选择适当的变量替换,将原积分化为有理函数的积分或基本公式的形式,再求之. 选择什么样的变量替换简单,应根据被积函数的特点而定.

【典型题型精解】

一、有理函数的积分

【例1】求下列不定积分：

$(1)\int\dfrac{\mathrm{d}x}{x\,(x-1)^2}$；　　$(2)\int\dfrac{\mathrm{d}x}{(x+1)(x^2+1)}$.

【问题分析】本题的关键是将真分式化为最简真分式之和.

【解】(1)解法一：比较系数法.

设 $\dfrac{1}{x\,(x-1)^2}=\dfrac{A}{x}+\dfrac{B}{(x-1)^2}+\dfrac{C}{x-1}$，通分得：

$$\dfrac{1}{x(x-1)^2}=\dfrac{A\,(x-1)^2+Bx+Cx(x-1)}{x(x-1)^2},$$

去分母得　　　　　$1=A(x-1)^2+Bx+Cx(x-1)$，

比较系数，得 $\begin{cases}x^0:A=1,\\ x:-2A+B-C=0,\\ x^2:A+C=0,\end{cases}$ 即 $\begin{cases}A=1,\\ B=1,\\ C=-1.\end{cases}$

于是　　　　　$\dfrac{1}{x(x-1)^2}=\dfrac{1}{x}+\dfrac{1}{(x-1)^2}-\dfrac{1}{x-1}$.

解法二：配搭法.

$$\dfrac{1}{x\,(x-1)^2}=\dfrac{(1-x)+x}{x\,(x-1)^2}=\dfrac{1}{(x-1)^2}+\dfrac{-1}{x(x-1)}=\dfrac{1}{(x-1)^2}+\dfrac{(x-1)-x}{x(x-1)}$$

$$=\dfrac{1}{(x-1)^2}+\dfrac{1}{x}-\dfrac{1}{x-1}.$$

故　　$\displaystyle\int\dfrac{\mathrm{d}x}{x\,(x-1)^2}=\int\dfrac{1}{(x-1)^2}\mathrm{d}x+\int\dfrac{1}{x}\mathrm{d}x-\int\dfrac{1}{x-1}\mathrm{d}x$

$$=\ln|x|-\dfrac{1}{x-1}-\ln|x-1|+C.$$

(2)比较系数法

设 $\dfrac{1}{(x+1)(x^2+1)}=\dfrac{A}{x+1}+\dfrac{Bx+C}{x^2+1}$，通分后,去分母得：

$$1 = A(x^2 + 1) + (Bx + C)(x + 1).$$

令 $x = -1$,得 $A = \dfrac{1}{2}$; 令 $x = 0$,得 $C = \dfrac{1}{2}$; 令 $x = 1$,得 $B = -\dfrac{1}{2}$.

于是 $\qquad \dfrac{1}{(x+1)(x^2+1)} = \dfrac{1}{2(x+1)} - \dfrac{x-1}{2(x^2+1)}.$

故 $\displaystyle\int \dfrac{1}{(x+1)(x^2+1)}\mathrm{d}x = \dfrac{1}{2}\int \dfrac{1}{(x+1)}\mathrm{d}x - \dfrac{1}{2}\int \dfrac{x-1}{(x^2+1)}\mathrm{d}x$

$$= \dfrac{1}{2}\ln|x+1| - \dfrac{1}{2}\int \dfrac{x}{x^2+1}\mathrm{d}x + \dfrac{1}{2}\int \dfrac{1}{x^2+1}\mathrm{d}x$$

$$= \dfrac{1}{2}\ln|x+1| - \dfrac{1}{4}\ln(1+x^2) + \dfrac{1}{2}\arctan x + C.$$

【例2】求下列不定积分:

(1) $\displaystyle\int \dfrac{2x-1}{x^2+2x-3}\mathrm{d}x$; $\qquad$ (2) $\displaystyle\int \dfrac{x-2}{x^2+2x+3}\mathrm{d}x$.

【问题分析】(1)分母 $x^2 + 2x - 3 = (x+3)(x-1)$,可分解因式,将真分式分解成最简分式之和,再积分.

(2)分母 $x^2 + 2x + 3$ 在实数范围内不能分解因式,可将分子配成分母的导数,再分别用凑微分法和直接积分法积分.

【解】(1)配搭法

$$\dfrac{2x-1}{x^2+2x-3} = \dfrac{2(x-1)+1}{(x-1)(x+3)} = \dfrac{2}{x+3} + \dfrac{1}{(x-1)(x+3)}$$

$$= \dfrac{2}{x+3} + \dfrac{1}{4}\left(\dfrac{1}{x-1} - \dfrac{1}{x+3}\right) = \dfrac{1}{4(x-1)} + \dfrac{7}{4(x+3)}.$$

故

$$\int \dfrac{2x-1}{x^2+2x-3}\mathrm{d}x = \int \dfrac{1}{4(x-1)}\mathrm{d}x + \int \dfrac{7}{4(x+3)}\mathrm{d}x = \dfrac{1}{4}\ln|x-1| + \dfrac{7}{4}\ln|x+3| + C.$$

(2) $\displaystyle\int \dfrac{x-2}{x^2+2x+3}\mathrm{d}x = \int \dfrac{\dfrac{1}{2}(2x+2)-3}{x^2+2x+3}\mathrm{d}x$

$$= \dfrac{1}{2}\int \dfrac{1}{x^2+2x+3}\mathrm{d}(x^2+2x+3) - 3\int \dfrac{1}{(x+1)^2+(\sqrt{2})^2}\mathrm{d}x$$

$$= \frac{1}{2}\ln(x^2 + 2x + 3) - \frac{3\sqrt{2}}{2}\arctan\frac{x+1}{\sqrt{2}} + C.$$

【例3】求下列不定积分：

$$(1) \int \frac{1}{x(1+x^5)}dx; \qquad (2) \int \frac{x^2}{(x+1)^{100}}dx.$$

【问题分析】本题属于分母是高次幂的有理函数，但不宜用比较系数法化为最简真分式的积分，应设法通过变替换来降低分母的幂次.

【解】$(1) \displaystyle\int \frac{1}{x(1+x^5)}dx = \int \frac{x^4}{x^5(1+x^5)}dx = \frac{1}{5}\int \frac{1}{x^5(1+x^5)}dx^5$

$$= \frac{1}{5}\left[\int \frac{1}{x^5}dx^5 - \int \frac{1}{1+x^5}d(1+x^5) \right]$$

$$= \frac{1}{5}\ln\left| \frac{x^5}{1+x^5} \right| + C.$$

$(2) \displaystyle\int \frac{x^2}{(x+1)^{100}}dx \xrightarrow{\text{令}\ x+1=t} \int \frac{(t-1)^2}{t^{100}}dt = \int \frac{t^2-2t+1}{t^{100}}dt$

$$= \int (t^{-98} - 2t^{-99} + t^{-100})dt = -\frac{t^{-97}}{97} + 2\frac{t^{-98}}{98} - \frac{t^{-99}}{99} + C$$

$$= -\frac{1}{97(x+1)^{97}} + \frac{1}{49(x+1)^{98}} - \frac{1}{99(x+1)^{99}} + C.$$

二、三角函数有理式的积分

【例4】求不定积分$\displaystyle\int \frac{1}{3+\sin^2 x}dx$.

【问题分析】将被积表达式作如下变形：

$$\frac{dx}{3+\sin^2 x} = \frac{dx}{3\cos^2 x + 4\sin^2 x} = \frac{dx}{\cos^2 x(3+4\tan^2 x)}.$$

【解】设$u = \tan x$，则$\sec^2 x dx = du$，于是

$$\int \frac{1}{3+\sin^2 x}dx = \int \frac{dx}{\cos^2 x(3+4\tan^2 x)} = \int \frac{\sec^2 x dx}{3+4\tan^2 x}$$

$$= \int \frac{1}{3 + 4\tan^2 x} d(\tan x) = \frac{1}{2} \int \frac{1}{3 + 4u^2} d(2u) = \frac{1}{2\sqrt{3}} \arctan \frac{2\tan x}{\sqrt{3}} + C.$$

【例5】求不定积分 $\int \sin 3x \sin 5x \, dx$.

【问题分析】用积化和差公式将被积函数化为有利于积分的形式.

【解】由于 $\sin 3x \sin 5x = -\frac{1}{2}(\cos 8x - \cos 2x)$，故

$$\int \sin 3x \sin 5x \, dx = -\frac{1}{2} \int (\cos 8x - \cos 2x) \, dx = -\frac{1}{16} \sin 8x + \frac{1}{4} \sin 4x + C.$$

【例6】求不定积分 $\int \frac{1}{(2 + \cos x) \sin x} dx$.

【问题分析】本题分母为两项乘积，可用配搭法先分项再积分，也可直接用万能替换.

【解】解法一：万能替换.

设 $u = \tan \frac{x}{2}$，则 $\cos x = \frac{1 - u^2}{1 + u^2}$，$\sin x = \frac{2u}{1 + u^2}$，$dx = \frac{2}{1 + u^2} du$.

$$原式 = \int \frac{1 + u^2}{u(3 + u^2)} du = \frac{1}{3} \int \left(\frac{1}{u} + \frac{2u}{3 + u^2} \right) du$$

$$= \frac{1}{3} \ln \left| \tan \frac{x}{2} \right| + \frac{1}{3} \ln \left(3 + \tan^2 \frac{x}{2} \right) + C.$$

解法二：用配搭法先分项，再积分.

$$\int \frac{1}{(2 + \cos x) \sin x} dx = \int \frac{\sin^2 x + \cos^2 x}{(2 + \cos x) \sin x} dx$$

$$= -\frac{1}{3} \int \frac{\sin^2 x - (4 - \cos^2 x)}{(2 + \cos x) \sin x} dx$$

$$= -\frac{1}{3} \int \left(\frac{\sin x}{2 + \cos x} - \frac{2 - \cos x}{\sin x} \right) dx$$

$$= -\frac{1}{3} \int \left(\frac{\sin x}{2 + \cos x} - \frac{2}{\sin x} + \frac{\cos x}{\sin x} \right) dx$$

$$= -\frac{1}{3} \left[-\ln |2 + \cos x| - 2\ln \left| \tan \frac{x}{2} \right| + \ln |\sin x| \right] + C.$$

$$= \frac{1}{3}\ln|2 + \cos x| + \frac{2}{3}\ln\left|\tan\frac{x}{2}\right| - \frac{1}{3}\ln|\sin x| + C.$$

【例7】求不定积分 $\displaystyle\int\frac{1 + \cos x}{x + \sin x}\mathrm{d}x.$

【问题分析】本题利用凑微分法:分子凑分母的微分.

【解】$\displaystyle\int\frac{1 + \cos x}{x + \sin x}\mathrm{d}x = \int\frac{1}{x + \sin x}\mathrm{d}(x + \sin x) = \ln|x + \sin x| + C.$

三、简单无理函数的积分

【例8】求不定积分 $\displaystyle\int\frac{\sqrt[3]{x}}{x(\sqrt{x} + \sqrt[3]{x})}\mathrm{d}x.$

【问题分析】为了使不同根式都能开方出来,令 $\sqrt[6]{x} = t.$

【解】令 $\sqrt[6]{x} = t$,则 $x = t^6, \sqrt[3]{x} = t^2, \sqrt{x} = t^3, \mathrm{d}x = 6t^5\mathrm{d}t$,于是

$$原式 = 6\int\frac{1}{t(t + 1)}\mathrm{d}t = 6\int\frac{t + 1 - t}{t(t + 1)}\mathrm{d}t = 6\int\left(\frac{1}{t} - \frac{1}{t + 1}\right)\mathrm{d}t$$

$$= 6(\ln|t| - \ln|t + 1|) + C$$

$$= 6\ln\left|\frac{t}{t + 1}\right| + C = 6\ln\left|\frac{\sqrt[6]{x}}{\sqrt[6]{x} + 1}\right| + C.$$

【例9】求不定积分 $\displaystyle\int\frac{\sqrt{x + 1} - 1}{\sqrt{x + 1} + 1}\mathrm{d}x.$

【问题分析】先分母有理化,过程中用到第二类换元积分法,也可直接令 $\sqrt{x + 1} = t.$

【解】$\displaystyle\int\frac{\sqrt{x + 1} - 1}{\sqrt{x + 1} + 1}\mathrm{d}x = \int\frac{(\sqrt{x + 1} - 1)^2}{x}\mathrm{d}x = \int\frac{x + 2 - 2\sqrt{x + 1}}{x}\mathrm{d}x$

$$= \int\left(1 + \frac{2}{x} - \frac{2\sqrt{x + 1}}{x}\right)\mathrm{d}x$$

$$= x + 2\ln|x| - 2\int\frac{\sqrt{x + 1}}{x}\mathrm{d}x.$$

其中 $2\displaystyle\int\frac{\sqrt{x+1}}{x}\mathrm{d}x$ 中，设 $\sqrt{x+1}=t,x=t^2-1,\mathrm{d}x=2t\mathrm{d}t$，于是

$$2\int\frac{\sqrt{x+1}}{x}\mathrm{d}x=4\int\frac{t^2}{t^2-1}\mathrm{d}t=4\int\left[1+\frac{1}{(t+1)(t-1)}\right]\mathrm{d}t$$

$$=4t+2\int\frac{(t+1)-(t-1)}{(t+1)(t-1)}\mathrm{d}t=4t+2\int\left(\frac{1}{t-1}-\frac{1}{t+1}\right)\mathrm{d}t$$

$$=4t+2(\ln|t-1|-\ln|t+1|)+C_1=4t+2\ln\left|\frac{t-1}{t+1}\right|+C_1$$

$$=4\sqrt{x+1}+2\ln\left|\frac{\sqrt{x+1}-1}{\sqrt{x+1}+1}\right|+C_1,故$$

原式 $=x+2\ln|x|-4\sqrt{x+1}-2\ln\left|\dfrac{\sqrt{x+1}-1}{\sqrt{x+1}+1}\right|+C$

$$=x-4\sqrt{x+1}+4\ln(\sqrt{x+1}+1)+C.$$

考研真题解析与综合提高

【例 1】(2016 年数学一)已知函数 $f(x)=\begin{cases}2(x-1),&x<1,\\\ln x,&x\geqslant1,\end{cases}$
则 $f(x)$ 的一个原函数是（　　）.

(A) $F(x)=\begin{cases}(x-1)^2,&x<1,\\x(\ln x-1),&x\geqslant1\end{cases}$

(B) $F(x)=\begin{cases}(x-1)^2,&x<1,\\x(\ln x+1),&x\geqslant1\end{cases}$

(C) $F(x)=\begin{cases}(x-1)^2,&x<1,\\x(\ln x+1)+1,&x\geqslant1\end{cases}$

(D) $F(x)=\begin{cases}(x-1)^2,&x<1,\\x(\ln x-1)+1,&x\geqslant1\end{cases}$

【问题分析】本题结合分段函数与分部积分法考察原函数的概念.

【解】因为当 $x < 1$ 时，$F(x) = \int 2(x-1)\mathrm{d}x = (x-1)^2 + C_1$；当 $x \geq 1$ 时，$F(x) = \int \ln x\mathrm{d}x = x\ln x - \int x \cdot \dfrac{1}{x}\mathrm{d}x = x(\ln x - 1) + C_2$.

又 $\lim\limits_{x \to 1^-} F(x) = C_1 = \lim\limits_{x \to 1^+} F(x) = F(1) = \lim\limits_{x \to 1^-}(-1 + C_1)$，即 $C_1 = -1 + C_2$. 取 $C_1 = C$，则 $C_2 = 1 + C$，所以 $f(x)$ 的原函数为

$$F(x) = \int f(x)\mathrm{d}x = \begin{cases} (x-1)^2 + C, & x < 1, \\ x(\ln x - 1) + 1 + C, & x \geq 1. \end{cases}$$

当 $C = 0$ 时，$f(x)$ 的一个原函数为 $F(x) = \begin{cases} (x-1)^2, & x < 1, \\ x(\ln x - 1) + 1, & x \geq 1, \end{cases}$

故选(D).

【例2】(2014 年数学农)计算不定积分：$\displaystyle\int \dfrac{x\ln(1 + x^2)}{(1 + x^2)^2}\mathrm{d}x$.

【问题分析】本题是考察凑微分法与分部积分法的综合运用.

【解】$\displaystyle\int \dfrac{x\ln(1 + x^2)}{(1 + x^2)^2}\mathrm{d}x = \dfrac{1}{2}\int \dfrac{\ln(1 + x^2)}{(1 + x^2)^2}\mathrm{d}(1 + x^2)$.

设 $1 + x^2 = u$，则

$$\int \dfrac{x\ln(1 + x^2)}{(1 + x^2)^2}\mathrm{d}x = \dfrac{1}{2}\int \dfrac{\ln u}{u^2}\mathrm{d}u = -\dfrac{1}{2}\int \ln u\,\mathrm{d}\left(\dfrac{1}{u}\right) = -\dfrac{1}{2}\dfrac{\ln u}{u} + \dfrac{1}{2}\int \dfrac{1}{u^2}\mathrm{d}u$$

$$= -\dfrac{1}{2}\dfrac{\ln u}{u} - \dfrac{1}{2u} + C = -\dfrac{1}{2u}(\ln u + 1) + C$$

$$= -\dfrac{1}{2(1 + x^2)}[1 + \ln(1 + x^2)] + C.$$

【例3】(2012 年数学农)设函数：$f(x) = \max\{1, x^2, x^3\}$，求不定积分 $\displaystyle\int f(x)\mathrm{d}x$.

【问题分析】本题考察的是分段函数的不定积分. 先分别求出函数的各段在对应区间内的原函数，然后着重考察函数在分段点处的连续性.

【解】$f(x) = \max\{1, x^2, x^3\} = \begin{cases} x^2, & x < -1, \\ 1, & -1 \leqslant x \leqslant 1, \\ x^3, & x > 1, \end{cases}$

则 $\int f(x)\mathrm{d}x = \begin{cases} \dfrac{1}{3}x^3 + C_1, & x < -1, \\ x + C_2, & -1 \leqslant x \leqslant 1, \\ \dfrac{1}{4}x^4 + C_3, & x > 1. \end{cases}$

因为函数 $f(x)$ 为连续函数,故 $\begin{cases} -\dfrac{1}{3} + C_1 = -1 + C_2 \\ 1 + C_2 = \dfrac{1}{4} + C_3 \end{cases}.$

令 $C_2 = C$,则 $\begin{cases} C_1 = -\dfrac{2}{3} + C \\ C_3 = \dfrac{3}{4} + C \end{cases},$

所以 $\int f(x)\mathrm{d}x = \begin{cases} \dfrac{1}{3}x^3 - \dfrac{2}{3} + C, & x < -1, \\ x + C, & -1 \leqslant x \leqslant 1, \\ \dfrac{1}{4}x^4 + \dfrac{3}{4} + C, & x > 1. \end{cases}$

（其中 C 为任意常数）

【例 4】(2011 年数学农)计算:$\int \dfrac{\arcsin \sqrt{x} + 1}{\sqrt{x}}\mathrm{d}x.$

【问题分析】本题考察的是利用凑微分求函数的不定积分.

【解】$\int \dfrac{\arcsin \sqrt{x} + 1}{\sqrt{x}}\mathrm{d}x = \int \dfrac{\arcsin \sqrt{x}}{\sqrt{x}}\mathrm{d}x + \int \dfrac{1}{\sqrt{x}}\mathrm{d}x$

$= 2\int \arcsin \sqrt{x}\,\mathrm{d}\sqrt{x} + 2\sqrt{x}.$

在 $\int \arcsin \sqrt{x}\,\mathrm{d}\sqrt{x}$ 中,设 $\arcsin \sqrt{x} = u, \sqrt{x} = v$,所以

$$\int \arcsin \sqrt{x}\, \mathrm{d}\sqrt{x} = \sqrt{x}\arcsin \sqrt{x} - \int \frac{1}{2}\frac{1}{\sqrt{1-x}}\mathrm{d}x$$

$$= \sqrt{x}\arcsin \sqrt{x} + \sqrt{1-x} + C_1.$$

故　　$$\int \frac{\arcsin \sqrt{x}+1}{\sqrt{x}}\mathrm{d}x = 2\sqrt{x}\arcsin \sqrt{x} + 2\sqrt{1-x} + 2\sqrt{x} + C.$$

(C 为任意常数)

【例5】(2009 年数学二)计算不定积分:$\int \ln\left(1 + \sqrt{\dfrac{1+x}{x}}\right)\mathrm{d}x\ (x>0).$

【问题分析】本题先用第二类换元积分法,然后利用分部积分法和有理函数积分求解.

【解】令$\sqrt{\dfrac{1+x}{x}} = u$,则$x = \dfrac{1}{u^2-1}$,所以

$$\int \ln\left(1 + \sqrt{\frac{1+x}{x}}\right)\mathrm{d}x = \int \ln(1+u)\mathrm{d}\left(\frac{1}{u^2-1}\right) = \frac{\ln(1+u)}{u^2-1} - \int \frac{1}{u^2-1}\cdot\frac{1}{u+1}\mathrm{d}u$$

$$= \frac{\ln(1+u)}{u^2-1} - \frac{1}{4}\int\left[\frac{1}{u-1} - \frac{1}{u+1} - \frac{2}{(u+1)^2}\right]\mathrm{d}u$$

$$= \frac{\ln(1+u)}{u^2-1} + \frac{1}{4}\ln\frac{u+1}{u-1} - \frac{1}{2(u+1)} + C$$

$$= x\ln\left(1 + \sqrt{\frac{1+x}{x}}\right) + \frac{1}{2}\ln(\sqrt{1+x} + \sqrt{x}) - \frac{\sqrt{x}}{2(\sqrt{1+x} + \sqrt{x})} + C.$$

【例6】(2006 年数学二)计算不定积分$\int \dfrac{\arcsin \mathrm{e}^x}{\mathrm{e}^x}\mathrm{d}x.$

【问题分析】本题是分部积分法和第二类换元积分法的综合运用.

【解】设$\arcsin \mathrm{e}^x = u, \mathrm{e}^x = \sin u$,则$x = \ln(\sin u), \mathrm{d}x = \dfrac{\cos u}{\sin u}\mathrm{d}u$,所以

$$\int \frac{\arcsin \mathrm{e}^x}{\mathrm{e}^x}\mathrm{d}x = \int \frac{u}{\sin u}\cdot\frac{\cos u}{\sin u}\mathrm{d}u = -\int u\mathrm{d}\left(\frac{1}{\sin u}\right) = -\frac{u}{\sin u} + \int \frac{1}{\sin u}\mathrm{d}u$$

$$= -\frac{u}{\sin u} + \ln|\csc u - \cot u| + C$$

$$= -e^{-x}\arcsin e^x + \ln\left| \frac{1}{e^x} - \frac{\sqrt{1-e^{2x}}}{e^x} \right| + C$$

$$= -e^{-x}\arcsin e^x + \ln(1 - \sqrt{1-e^{2x}}) - x + C.$$

（ C 为任意常数）

$$\left(\text{因为 } e^x = \sin u, \text{所以 } \cos u = \sqrt{1-e^{2x}}, \cot u = \frac{\sqrt{1-e^{2x}}}{e^x} \right)$$

【例 7】求 $\displaystyle\int \frac{x^3 \arccos x}{\sqrt{1-x^2}} dx.$

【问题分析】这是第二类换元积分法与分部积分法的综合运用.

【解】设 $x = \cos t$,则 $dx = -\sin t\,dt, t = \arccos x, \sin t = \sqrt{1-x^2}.$ 故

$$\int \frac{x^3 \arccos x}{\sqrt{1-x^2}} dx = -\int t \cos^3 t\,dt$$

$$= -\int t(1-\sin^2 t)\,d(\sin t) = -\int t\,d\left(\sin t - \frac{1}{3}\sin^3 t \right)$$

$$= \left(\frac{1}{3}\sin^3 t - \sin t \right)t + \int \left(\sin t - \frac{1}{3}\sin^3 t \right)dt$$

$$= \left(\frac{1}{3}\sin^3 t - \sin t \right)t - \cos t - \frac{1}{3}\int \sin^3 t\,dt$$

$$= \left(\frac{1}{3}\sin^3 t - \sin t \right)t - \cos t + \frac{1}{3}\int (1-\cos^2 t)\,d\cos t$$

$$= t\sin t\left(\frac{1}{3}\sin^2 t - 1 \right) - \cos t + \frac{1}{3}\left(\cos t - \frac{1}{3}\cos^3 t \right) + C$$

$$= -\frac{1}{3}\sqrt{1-x^2}\,(x^2+2)\arccos x - \frac{1}{9}x(x^2+6) + C.$$

【例 8】求 $\displaystyle\int \sqrt{\frac{1-x}{1+x}}\frac{dx}{x}.$

【问题分析】本题属于第二类换元积分法.

【解】设 $\sqrt{\dfrac{1-x}{1+x}} = t$,则 $x = \dfrac{1-t^2}{1+t^2}, dx = \dfrac{-4t}{(1+t^2)^2}dt,$ 故

$$\int \sqrt{\frac{1-x}{1+x}} \frac{\mathrm{d}x}{x} = -4 \int \frac{t^2}{(1-t^2)(1+t^2)} \mathrm{d}t = -2 \int \left[\frac{1}{1-t^2} - \frac{1}{1+t^2} \right] \mathrm{d}t$$

$$= -\int \left(\frac{1}{1-t} + \frac{1}{1+t} \right) \mathrm{d}t + 2\arctan t$$

$$= -\int \frac{1}{1-t} \mathrm{d}t - \int \frac{1}{1+t} \mathrm{d}t + 2\arctan t$$

$$= \ln|1-t| - \ln|1+t| + 2\arctan t + C$$

$$= \ln \left| \frac{1-t}{1+t} \right| + 2\arctan t + C$$

$$= \ln \left| \frac{1 - \sqrt{\dfrac{1-x}{1+x}}}{1 + \sqrt{\dfrac{1-x}{1+x}}} \right| + 2\arctan \sqrt{\frac{1-x}{1+x}} + C$$

$$= \ln \left| \frac{\sqrt{1+x} - \sqrt{1-x}}{\sqrt{1+x} + \sqrt{1-x}} \right| + 2\arctan \sqrt{\frac{1-x}{1+x}} + C.$$

同步测试

一、填空题(本题共 5 小题,每小题 5 分,满分 25 分)

1. $\int f'(2x) \mathrm{d}x = $ _____.

2. 如果 $f'(x)$ 连续,那么 $\int \dfrac{f'(x)}{1+f^2(x)} \mathrm{d}x = $ _____.

3. $\int \dfrac{1}{1-x^2} \mathrm{d}x = $ _____.

4. 设 e^{-x} 是 $f(x)$ 的一个原函数,则 $\int x f'(x) \mathrm{d}x = $ _____.

5. $\int \dfrac{\mathrm{d}x}{\sqrt{x(4-x)}} = $ _____.

二、选择题(本题共 5 小题,每小题 5 分,满分 25 分)

1. 若 $F'(x) = \dfrac{1}{\sqrt{1-x^2}}$,$F(1) = \dfrac{3}{2}\pi$,则 $F(x)$ 为( ).

(A) $\arcsin x$ (B) $\arcsin x + \dfrac{\pi}{2}$

(C) $\arccos x + \pi$ (D) $\arcsin x + \pi$

2. 下列等式中,正确结果是( ).

(A) $\int f'(x)\,dx = f(x)$ (B) $\int df(x) = f(x)$

(C) $\dfrac{d}{dx}\int f(x)\,dx = f(x)$ (D) $d\int f(x)\,dx = f(x)$

3. 已知 $\int \ln x\,dx = x(\ln x - 1) + C$,则 $\int \dfrac{\ln \ln x}{x}\,dx = ($).

(A) $(\ln \ln x - 1)x + C$ (B) $(\ln \ln x - \ln x)x + C$

(C) $(\ln \ln x - 1)\ln x + C$ (D) $(\ln \ln x - \ln x)\ln x + C$

4. $\int e^{\sin x}\sin x\cos x\,dx = ($).

(A) $e^{\sin x} + C$ (B) $e^{\sin x}\sin x + C$

(C) $e^{\sin x}\cos x + C$ (D) $e^{\sin x}(\sin x - 1) + C$

5. $\int \left(\sin \dfrac{\pi}{4} + 1\right)dx = ($).

(A) $-\cos \dfrac{\pi}{4} + x + C$ (B) $-\dfrac{4}{\pi}\cos \dfrac{\pi}{4} + x + C$

(C) $x\sin \dfrac{\pi}{4} + x + C$ (D) $x\sin \dfrac{\pi}{4} + 1 + C$

三、计算题(本题共 5 小题,每小题 10 分,共 50 分)

1. $\int x\sin^2 x\,dx$;

2. $\int \dfrac{\tan x}{\sqrt{\cos x}}\,dx$;

3. $\int \dfrac{1}{x(x^2+1)}dx$;

4. $\int \dfrac{x\mathrm{e}^{\arctan x}}{(1+x^2)^{3/2}}dx$;

5. 设 $f'(\ln x) = \begin{cases} 1, & 0 < x \leqslant 1, \\ x, & 1 < x < +\infty, \end{cases}$ 求 $f(t)$.

第五章 定积分及其应用

第一节 定积分的概念与性质

【知识要点回顾】

1. 定积分的概念

设函数 $f(x)$ 在闭区间 $[a,b]$ 上有定义且有界,若对闭区间 $[a,b]$ 的任意划分 $a = x_0 < x_1 < \cdots < x_n = b$ 和每个小区间上点的任意选取 $\xi_i \in [x_{i-1}, x_i](i = 1, 2, \cdots, n)$,极限

$$\lim_{\lambda \to 0} \sum_{i=1}^{n} f(\xi_i) \Delta x_i$$

都存在($\lambda = \max\{\Delta x_1, \Delta x_2, \cdots, \Delta x_n\}$),则称此极限为函数 $f(x)$ 在闭区间 $[a,b]$ 上的定积分,记作

$$\int_a^b f(x)\,\mathrm{d}x = \lim_{\lambda \to 0} \sum_{i=1}^{n} f(\xi_i) \Delta x_i.$$

2. 定积分的几何意义

定积分 $\int_a^b f(x)\,\mathrm{d}x$ 表示曲线 $f(x)$ 与直线 $x = a, x = b$ 及 x 轴所围曲边梯形面积的代数和(x 轴上方面积取正值,下方面积取负值). 如图 5 - 1 所示, $\int_a^b f(x)\,\mathrm{d}x = A_2 - A_1 - A_3.$

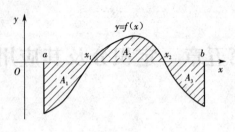

图 5 – 1

3. 函数在闭区间上可积的条件

定理 1 设函数 $f(x)$ 在闭区间 $[a,b]$ 上连续,则函数 $f(x)$ 在闭区间 $[a,b]$ 上可积.

定理 2 设函数 $f(x)$ 在闭区间 $[a,b]$ 上有界,且只有有限个间断点,则函数 $f(x)$ 在闭区间 $[a,b]$ 上可积.

4. 定积分的性质

两点规定：$\int_a^a f(x)\,\mathrm{d}x = 0$ 和 $\int_a^b f(x)\,\mathrm{d}x = -\int_b^a f(x)\,\mathrm{d}x.$

基本性质：

(1) $\int_a^b kf(x)\,\mathrm{d}x = k\int_a^b f(x)\,\mathrm{d}x$　（k 为常数）.

(2) $\int_a^b [f(x) \pm g(x)]\,\mathrm{d}x = \int_a^b f(x)\,\mathrm{d}x \pm \int_a^b g(x)\,\mathrm{d}x.$

(3) 对区间的可加性：对于任意三个常数 a,b,c，恒有

$$\int_a^b f(x)\,\mathrm{d}x = \int_a^c f(x)\,\mathrm{d}x + \int_c^b f(x)\,\mathrm{d}x.$$

(4) 如果在区间 $[a,b]$ 上,函数 $f(x) \equiv 1$,则 $\int_a^b 1\,\mathrm{d}x = \int_a^b \mathrm{d}x = b - a.$

(5) 单调性：如果在 $[a,b]$ 上 $f(x) \leqslant g(x)$,则

$$\int_a^b f(x)\,\mathrm{d}x \leqslant \int_a^b g(x)\,\mathrm{d}x　（a < b）.$$

特别地,如果在区间$[a,b]$上,函数$f(x) \geqslant 0$,则$\int_a^b f(x) \mathrm{d}x \geqslant 0$　$(a<b)$.

(6)绝对值不等式:$\left| \int_a^b f(x) \mathrm{d}x \right| \leqslant \int_a^b |f(x)| \mathrm{d}x$　$(a<b)$.

(7)估值定理:设常数M和m分别是函数$f(x)$在$[a,b]$上的最大值和最小值,则

$$m(b-a) \leqslant \int_a^b f(x) \mathrm{d}x \leqslant M(b-a).$$

(8)积分中值定理:设函数$f(x)$在区间$[a,b]$上连续,则在$[a,b]$上至少存在一点ξ,使得

$$\int_a^b f(x) \mathrm{d}x = f(\xi)(b-a)　(a \leqslant \xi \leqslant b).$$

【答疑解惑】

【问1】定积分与哪些因素有关?

【答】定积分与被积函数和积分区间有关,与区间的划分和点的选取无关,与符号的选取无关.

【问2】定积分与不定积分的区别是什么?

【答】不定积分求解出来的是原函数族,表示的是一族曲线;而定积分求解出来的是一个常数,表示的是曲边梯形的面积.

【问3】不定积分中将常数提到积分号外边对常数有要求吗? 定积分的这条性质对常数有要求吗?

【答】不定积分中将常数提到积分号外边要求常数非零;定积分没有要求,任意常数即可.

【典型题型精解】

一、利用定积分的几何意义计算定积分

【例1】根据定积分的几何意义计算下列定积分的值.

$(1)\int_{-1}^{1}x\mathrm{d}x$；$(2)\int_{-R}^{R}\sqrt{R^{2}-x^{2}}\mathrm{d}x$；$(3)\int_{0}^{2\pi}\cos x\mathrm{d}x$；$(4)\int_{-1}^{1}|x|\mathrm{d}x$．

【问题分析】定积分的几何意义是平面图形面积的代数和，因此直接计算平面图形的面积即可得到定积分的值．

【解】若 $x\in[a,b]$ 时，$f(x)\geqslant0$，则 $\int_{a}^{b}f(x)\mathrm{d}x$ 在几何上表示由曲线 $y=f(x)$，直线 $x=a,x=b$ 及 x 轴所围成的平面图形的面积；若 $x\in[a,b]$ 时，$f(x)\leqslant0$，则 $\int_{a}^{b}f(x)\mathrm{d}x$ 在几何上表示由曲线 $y=f(x)$，直线 $x=a$，$x=b$ 及 x 轴所围平面图形面积的负值．

(1)根据图 $5-2(\mathrm{a})$ 所示，$\int_{-1}^{1}x\mathrm{d}x=(-A_{1})+A_{1}=0$．

(2)根据图 $5-2(\mathrm{b})$ 所示，$\int_{-R}^{R}\sqrt{R^{2}-x^{2}}\mathrm{d}x=A_{2}=\dfrac{\pi R^{2}}{2}$．

(3)根据图 $5-2(\mathrm{c})$ 所示，

$$\int_{0}^{2\pi}\cos x\mathrm{d}x=A_{3}+(-A_{4})+A_{5}=A_{3}+A_{5}+(-A_{3}-A_{5})=0.$$

(4)根据图 $5-2(\mathrm{d})$ 所示，$\int_{-1}^{1}|x|\mathrm{d}x=2A_{6}=2\cdot\dfrac{1}{2}\cdot1\cdot1=1$．

【例2】根据定积分的几何意义计算定积分 $\int_{0}^{1}\sqrt{2x-x^{2}}\mathrm{d}x$．

【问题分析】曲线 $y=\sqrt{2x-x^{2}}=\sqrt{1-(x-1)^{2}}$，直线 $x=0,x=1$ 所围成的平面图形为以 $(1,0)$ 为圆心，以 1 为半径的四分之一圆，如图 $5-3$ 所示，因此定积分的值为圆面积的 $\dfrac{1}{4}$．

【解】根据定积分的几何意义，得

$$\int_{0}^{1}\sqrt{2x-x^{2}}\mathrm{d}x=A=\dfrac{1}{4}\pi\times1^{2}=\dfrac{\pi}{4}.$$

二、利用定积分的定义计算数列极限

【例3】用定积分表示下列数列的极限：

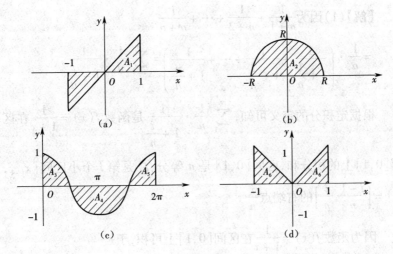

图 5 - 2

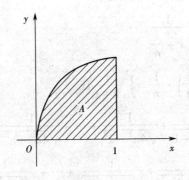

图 5 - 3

(1) $\lim\limits_{n\to\infty}\left(\dfrac{1}{n+1}+\dfrac{1}{n+2}+\cdots+\dfrac{1}{n+n}\right)$;

(2) $\lim\limits_{n\to\infty}\left(\dfrac{1}{\sqrt{4n^2-1}}+\dfrac{1}{\sqrt{4n^2-2^2}}+\cdots+\dfrac{1}{\sqrt{4n^2-n^2}}\right)$.

【问题分析】本题考察利用定积分的定义求极限.

【解】(1)因为$\dfrac{1}{n+1}+\dfrac{1}{n+2}+\cdots+\dfrac{1}{n+n}$

$=\dfrac{1}{n}\cdot\left(\dfrac{1}{1+\dfrac{1}{n}}+\dfrac{1}{1+\dfrac{2}{n}}+\cdots+\dfrac{1}{1+\dfrac{n}{n}}\right)=\displaystyle\sum_{i=1}^{n}\dfrac{1}{n}\cdot\dfrac{1}{1+\dfrac{i}{n}},$

根据定积分的定义可知，$\displaystyle\sum_{i=1}^{n}\dfrac{1}{n}\cdot\dfrac{1}{1+\dfrac{i}{n}}$是函数$f(x)=\dfrac{1}{1+x}$在区

间$[0,1]$上的积分和，区间$[0,1]$是n等分，ξ_i是第i个小区间$[x_{i-1},$

$x_i]=\left[\dfrac{i-1}{n},\dfrac{i}{n}\right]$的右端点$\dfrac{i}{n}$.

因为函数$f(x)=\dfrac{1}{1+x}$在区间$[0,1]$上可积，于是

$\displaystyle\lim_{n\to\infty}\left(\dfrac{1}{n+1}+\dfrac{1}{n+2}+\cdots+\dfrac{1}{n+n}\right)$

$=\displaystyle\lim_{n\to\infty}\sum_{i=1}^{n}\dfrac{1}{n}\cdot\dfrac{1}{1+\dfrac{i}{n}}$

$=\displaystyle\lim_{n\to\infty}\sum_{i=1}^{n}f\left(\dfrac{i}{n}\right)\cdot\dfrac{1}{n}=\int_0^1\dfrac{1}{1+x}\mathrm{d}x.$

(2)因为$\dfrac{1}{\sqrt{4n^2-1}}+\dfrac{1}{\sqrt{4n^2-2^2}}+\cdots+\dfrac{1}{\sqrt{4n^2-n^2}}$

$=\dfrac{1}{n}\cdot\left(\dfrac{1}{\sqrt{4-\left(\dfrac{1}{n}\right)^2}}+\dfrac{1}{\sqrt{4-\left(\dfrac{2}{n}\right)^2}}+\cdots+\dfrac{1}{\sqrt{4-\left(\dfrac{n}{n}\right)^2}}\right)$

$=\displaystyle\sum_{i=1}^{n}\dfrac{1}{n}\cdot\dfrac{1}{\sqrt{4-\left(\dfrac{i}{n}\right)^2}}.$

根据定积分的定义可知，$\displaystyle\sum_{i=1}^{n}\dfrac{1}{n}\cdot\dfrac{1}{\sqrt{4-\left(\dfrac{i}{n}\right)^2}}$是函数$f(x)=$

$\dfrac{1}{\sqrt{4-x^2}}$ 在区间 $[0,1]$ 上的积分和, 区间 $[0,1]$ 是 n 等分, ξ_i 是第 i 个小

区间 $[x_{i-1}, x_i] = \left[\dfrac{i-1}{n}, \dfrac{i}{n}\right]$ 的右端点 $\dfrac{i}{n}$, 因此

$$\lim_{n\to\infty}\left(\frac{1}{\sqrt{4n^2-1}} + \frac{1}{\sqrt{4n^2-2^2}} + \cdots + \frac{1}{\sqrt{4n^2-n^2}}\right)$$

$$= \lim_{n\to\infty}\sum_{i=1}^{n}\frac{1}{n}\cdot\frac{1}{\sqrt{4-\left(\dfrac{i}{n}\right)^2}} = \int_0^1\frac{1}{\sqrt{4-x^2}}\mathrm{d}x.$$

三、利用定积分的性质估计积分值和比较大小

【例4】比较下列积分值的大小:

$(1)\displaystyle\int_0^1 x\mathrm{d}x$ 与 $\displaystyle\int_0^1 x^3\mathrm{d}x$; $\qquad(2)\displaystyle\int_1^2 \ln x\mathrm{d}x$ 与 $\displaystyle\int_1^2 (\ln x)^2\mathrm{d}x$;

$(3)\displaystyle\int_0^1 (1+x)\mathrm{d}x$ 与 $\displaystyle\int_0^1 \mathrm{e}^x\mathrm{d}x$.

【问题分析】本题考察定积分的性质, 将比较定积分大小转化为比较被积函数的大小. 对于复杂函数比较大小需要借助于函数的单调性.

【解】(1) 因为在区间 $[0,1]$ 上有 $x \geqslant x^3$, 所以得 $\displaystyle\int_0^1 x\mathrm{d}x \geqslant \int_0^1 x^3\mathrm{d}x$;

(2) 因为在区间 $[1,2]$ 上有 $0 \leqslant \ln x \leqslant 1$, 故 $\ln x \geqslant (\ln x)^2$, 所以得

$$\int_1^2 \ln x\mathrm{d}x \geqslant \int_1^2 (\ln x)^2\mathrm{d}x;$$

(3) 令 $f(x) = (1+x) - \mathrm{e}^x$, 则当 $x \in [0,1]$ 时, $f'(x) = 1 - \mathrm{e}^x \leqslant 0$, 故函数 $f(x) = (1+x) - \mathrm{e}^x$ 在区间 $[0,1]$ 上单调递减, 即当 $x \in [0,1]$ 时,

$$f(x) = (1+x) - \mathrm{e}^x \leqslant f(0) = 0.$$

所以在区间 $[0,1]$ 上, 有

$$1 + x \leqslant \mathrm{e}^x.$$

根据定积分的性质, 得

$$\int_0^1 (1+x)\,\mathrm{d}x \leqslant \int_0^1 \mathrm{e}^x\,\mathrm{d}x.$$

【例5】利用定积分的估值公式,估计定积分 $\int_{-1}^1 (4x^4 - 2x^3 + 5)\,\mathrm{d}x$ 的值.

【问题分析】本题考察定积分的性质,将估计定积分的值转化为计算被积函数的最值.

【解】先求 $f(x) = 4x^4 - 2x^3 + 5$ 在 $[-1,1]$ 上的最值.

由 $f'(x) = 16x^3 - 6x^2 = 0$,得函数 $f(x)$ 的驻点 $x = 0$ 或 $x = \dfrac{3}{8}$.

比较 $f(-1) = 11$,$f(0) = 5$,$f\left(\dfrac{3}{8}\right) = -\dfrac{27}{1024} + 5 = \dfrac{5093}{1024}$,$f(1) = 7$ 的大小,知

$$f_{\min} = \frac{5093}{1024},\ f_{\max} = 11.$$

再利用定积分的估值公式,得

$$f_{\min} \cdot [1 - (-1)] \leqslant \int_{-1}^1 (4x^4 - 2x^3 + 5)\,\mathrm{d}x \leqslant f_{\max} \cdot [1 - (-1)],$$

即

$$\frac{5093}{512} \leqslant \int_{-1}^1 (4x^4 - 2x^3 + 5)\,\mathrm{d}x \leqslant 22.$$

四、积分中值定理的应用

【例6】求函数 $f(x) = \sqrt{1 - x^2}$ 在闭区间 $[-1,1]$ 上的平均值.

【问题分析】本题考察积分中值定理和定积分的几何意义.

【解】根据积分中值定理,得平均值为

$$\mu = \frac{1}{1 - (-1)} \int_{-1}^1 \sqrt{1 - x^2}\,\mathrm{d}x = \frac{1}{2} \cdot \frac{\pi \cdot 1^2}{2} = \frac{\pi}{4}.$$

【例7】设函数 $f(x)$ 在闭区间 $[0,1]$ 上连续、单调递减且取正值,证明:对于满足 $0 < \alpha < \beta < 1$ 的任何 α, β,有

$$\beta \int_0^\alpha f(x)\,\mathrm{d}x > \alpha \int_\alpha^\beta f(x)\,\mathrm{d}x.$$

【问题分析】本题考察积分中值定理.

【证明】根据积分中值定理,得

$$\beta \int_0^\alpha f(x)\,\mathrm{d}x = \beta\alpha f(\xi),\xi \in [0,\alpha],$$

$$\alpha \int_\alpha^\beta f(x)\,\mathrm{d}x = \alpha(\beta-\alpha)f(\eta),\eta \in [\alpha,\beta].$$

由于 $f(x)$ 在 $[0,1]$ 上单调递减且取正值,而 $0 \leqslant \xi \leqslant \eta \leqslant 1$,故 $f(\xi) \geqslant f(\eta) > 0$,所以

$$\beta\alpha f(\xi) \geqslant \beta\alpha f(\eta) > \alpha(\beta-\alpha)f(\eta),$$

因此

$$\beta \int_0^\alpha f(x)\,\mathrm{d}x > \alpha \int_\alpha^\beta f(x)\,\mathrm{d}x.$$

第二节　微积分基本定理

【知识要点回顾】

1. 积分上限的函数(变上限的定积分)

(1)积分上限的函数:设函数 $f(x)$ 在闭区间 $[a,b]$ 上连续,则函数 $\varPhi(x) = \int_a^x f(t)\,\mathrm{d}t$ $(a \leqslant x \leqslant b)$ 称为积分上限的函数(或称为变上限的定积分).

(2)积分上限函数的导数:设函数 $f(x)$ 在闭区间 $[a,b]$ 上连续,则积分上限的函数 $\varPhi(x) = \int_a^x f(t)\,\mathrm{d}t$ 在区间 $[a,b]$ 上可导,并且它的导数为

$$\varPhi'(x) = \frac{\mathrm{d}}{\mathrm{d}x}\int_a^x f(t)\,\mathrm{d}t = f(x).$$

(3)常用公式:若$f(x)$在$[a,b]$上连续,$\varphi(x)$及$\psi(x)$在$[a,b]$上可导,则有

$$\frac{\mathrm{d}}{\mathrm{d}x}\int_a^{\varphi(x)}f(t)\,\mathrm{d}t = f[\varphi(x)]\cdot\varphi'(x);$$

$$\frac{\mathrm{d}}{\mathrm{d}x}\int_{\psi(x)}^b f(t)\,\mathrm{d}t = -f[\psi(x)]\cdot\psi'(x);$$

$$\frac{\mathrm{d}}{\mathrm{d}x}\int_{\psi(x)}^{\varphi(x)}f(t)\,\mathrm{d}t = f[\varphi(x)]\cdot\varphi'(x) - f[\psi(x)]\cdot\psi'(x).$$

2. 微积分基本定理

(1)原函数存在定理:若函数$f(x)$在区间$[a,b]$上连续,则函数$\Phi(x)=\int_a^x f(t)\,\mathrm{d}t$ 就是$f(x)$在$[a,b]$上的一个原函数.

(2)牛顿—莱布尼兹公式:如果函数$F(x)$是连续函数$f(x)$在区间$[a,b]$上的一个原函数,则

$$\int_a^b f(x)\,\mathrm{d}x = F(x)\,\Big|_a^b = F(b)-F(a).$$

【答疑解惑】

【问1】若函数$f(x)$在区间$[a,b]$上连续,则函数$\int_x^b f(t)\,\mathrm{d}t$ 就是$f(x)$在$[a,b]$上的一个原函数,对吗?

【答】不对. 因为$\dfrac{\mathrm{d}}{\mathrm{d}x}\int_x^b f(t)\,\mathrm{d}t = -f(x)$,所以函数$\int_x^b f(t)\,\mathrm{d}t$ 不是$f(x)$在$[a,b]$上的一个原函数;但$\dfrac{\mathrm{d}}{\mathrm{d}x}\int_a^x f(t)\,\mathrm{d}t = f(x)$,故函数$\int_a^x f(t)\,\mathrm{d}t$ 是$f(x)$在$[a,b]$上的一个原函数.

【问2】若函数$f(x)$在区间$[a,b]$上连续,是否一定存在初等函数$F(x)$使得$\int_a^b f(x)\,\mathrm{d}x = F(b)-F(a)$?

【答】不一定. 例如函数$f(x)=\mathrm{e}^{-x^2}$在区间$[0,1]$上连续,可知

$f(x)$ 在区间 $[0,1]$ 上存在原函数,但却找不到初等函数 $F(x)$ 使得

$$\int_0^1 e^{-x^2} dx = F(1) - F(0).$$

【问 3】若 $F(x)$ 是 $f(x)$ 的原函数,则必然有 $\int_a^b f(x) dx = F(b) - F(a)$,对吗?

【答】不对. 例如 $\int_{-1}^1 \frac{1}{x} dx \neq \ln|x| \Big|_{-1}^1 = \ln 1 - \ln 1$,因为被积函数 $f(x) = \frac{1}{x}$ 存在无穷间断点 $x = 0$,不满足 $f(x)$ 在区间 $[a,b]$ 上连续的条件,所以积分 $\int_{-1}^1 \frac{1}{x} dx$ 不能用牛顿—莱布尼兹公式计算. 事实上,积分 $\int_{-1}^1 \frac{1}{x} dx$ 是反常积分,需要用反常积分的方法讨论.

【典型题型精解】

一、计算变限积分函数的导数

【例 1】计算下列函数的导数.

$(1) \int_0^{x^2} \cos t \, dx;$　　$(2) \int_{x^3}^1 e^{t^2} dt;$　　$(3) \int_x^{x^2} \sin t^2 dt.$

【问题分析】本题考察变限积分函数的导数,利用公式直接求解.

【解】根据变限积分求导公式,得

$(1) \dfrac{d}{dx} \int_0^{x^2} \cos t \, dx = \cos(x^2) \cdot (x^2)' = 2x\cos(x^2);$

$(2) \dfrac{d}{dx} \int_{x^3}^1 e^{t^2} dt = -e^{(x^3)^2} \cdot (x^3)' = -3x^2 e^{x^6};$

$(3) \dfrac{d}{dx} \int_x^{x^2} \sin t^2 dt = \sin(x^2)^2 \cdot (x^2)' - \sin x^2 = 2x\sin x^4 - \sin x^2.$

【例 2】计算由参数表达式 $x = \int_0^t e^{u^2} du, y = \int_0^{t^2} e^u du$ 所确定的函数 y

对 x 的导数 $\dfrac{\mathrm{d}y}{\mathrm{d}x}$.

【问题分析】本题结合参数方程考察变限积分函数的导数.

【解】根据参数方程求导法则和积分上限函数的导数公式,得

$$\frac{\mathrm{d}y}{\mathrm{d}x}=\frac{\dfrac{\mathrm{d}y}{\mathrm{d}t}}{\dfrac{\mathrm{d}x}{\mathrm{d}t}}=\frac{\dfrac{\mathrm{d}}{\mathrm{d}t}\displaystyle\int_0^{t^2}\mathrm{e}^u\mathrm{d}u}{\dfrac{\mathrm{d}}{\mathrm{d}t}\displaystyle\int_0^t\mathrm{e}^{u^2}\mathrm{d}u}=\frac{\mathrm{e}^{t^2}\cdot(t^2)'}{\mathrm{e}^{t^2}}=2t.$$

【例3】计算由 $\displaystyle\int_0^y\cos t\mathrm{d}t+\int_x^0\sin t\mathrm{d}t=0$ 所确定的隐函数 y 对 x 的导数 $\dfrac{\mathrm{d}y}{\mathrm{d}x}$.

【问题分析】本题结合隐函数考察变限积分函数的导数.

【解】根据隐函数求导法则,方程 $\displaystyle\int_0^y\cos t\mathrm{d}t+\int_x^0\sin t\mathrm{d}t=0$ 两边同时对 x 求导,结合积分上限函数的导数公式,得 $\cos y\cdot\dfrac{\mathrm{d}y}{\mathrm{d}x}-\sin x=0$,即 y 对 x 的导数 $\dfrac{\mathrm{d}y}{\mathrm{d}x}$ 为

$$\frac{\mathrm{d}y}{\mathrm{d}x}=\frac{\sin x}{\cos y}.$$

二、计算与变限积分函数有关的极限

【例4】计算下列极限.

$(1)\displaystyle\lim_{x\to1}\frac{\displaystyle\int_1^x\sin\pi t\mathrm{d}t}{1+\cos\pi x}$;　　　$(2)\displaystyle\lim_{x\to0}\frac{\displaystyle\int_{x^2}^0(\mathrm{e}^t-1)\mathrm{d}t}{1-\cos2x}$;

$(3)\displaystyle\lim_{x\to0}\frac{\displaystyle\int_x^0(\mathrm{e}^t+\mathrm{e}^{-t}-2)\mathrm{d}t}{\ln(1+x)\arcsin x}$.

【问题分析】本题结合极限知识考察变限积分函数的导数,上述题

目都是"$\dfrac{0}{0}$"型未定型,可以利用洛必达法则计算,同时可综合运用求极限的其他方法. 当函数的导数形式比较繁琐时,可以在用洛必达法则之前先利用等价无穷小替换.

【解】(1)利用洛必达法则,得

$$\lim_{x\to 1}\dfrac{\displaystyle\int_1^x\sin\pi t\,\mathrm{d}t}{1+\cos\pi x}=\lim_{x\to 1}\dfrac{\left(\displaystyle\int_1^x\sin\pi t\,\mathrm{d}t\right)'}{(1+\cos\pi x)'}=\lim_{x\to 1}\dfrac{\sin\pi x}{-\pi\sin\pi x}=-\dfrac{1}{\pi}.$$

$$(2)\lim_{x\to 0}\dfrac{\displaystyle\int_{x^2}^0(e^t-1)\,\mathrm{d}t}{1-\cos 2x}=\lim_{x\to 0}\dfrac{\left(\displaystyle\int_{x^2}^0(e^t-1)\,\mathrm{d}t\right)'}{(1-\cos 2x)'}=\lim_{x\to 0}\dfrac{-(e^{x^2}-1)\cdot 2x}{2\sin 2x}$$

$$=\lim_{x\to 0}\dfrac{-x^2\cdot 2x}{2\cdot 2x}=\lim_{x\to 0}\dfrac{-x^2}{2}=0.$$

$$(3)\lim_{x\to 0}\dfrac{\displaystyle\int_x^0(e^t+e^{-t}-2)\,\mathrm{d}t}{\ln(1+x)\arcsin x}=\lim_{x\to 0}\dfrac{\displaystyle\int_x^0(e^t+e^{-t}-2)\,\mathrm{d}t}{x\cdot x}$$

$$\overset{\frac{0}{0}}{=}\lim_{x\to 0}\dfrac{-(e^x+e^{-x}-2)}{2x}\overset{\frac{0}{0}}{=}\lim_{x\to 0}\dfrac{-(e^x-e^{-x})}{2}$$

$$=0.$$

三、变限积分函数的函数性状的讨论

【例5】求函数 $\Phi(x)=\displaystyle\int_0^{x^4}e^{-t^2}\mathrm{d}t$ 的单调区间和极值.

【问题分析】本题结合函数的性状考察变限积分函数的导数.

【解】根据积分上限函数的导数公式,得

$$\Phi'(x)=\dfrac{\mathrm{d}}{\mathrm{d}x}\int_0^{x^4}e^{-t^2}\mathrm{d}t=4x^3e^{-x^8},$$

由 $\Phi'(x)=0$,得函数 $\Phi(x)$ 的驻点为 $x=0$.

故当 $x>0$ 时,$\Phi'(x)>0$;当 $x<0$ 时,$\Phi'(x)<0$.

所以函数 $\Phi(x)$ 的单调递减区间为 $(-\infty,0)$,单调递增区间为

$(0, +\infty)$. 函数 $\Phi(x)$ 在点 $x=0$ 取得极小值,极小值为

$$\Phi(0) = \int_0^0 e^{-t^2} dt = 0.$$

四、利用牛顿—莱布尼兹公式计算定积分

【例6】计算下列定积分.

(1) $\int_0^1 x^{10} dx$;　　　　(2) $\int_0^{\frac{\pi}{2}} \sin x dx$;

(3) $\int_0^1 2x e^{x^2} dx$;　　　(4) $\int_0^{\frac{\pi}{4}} \dfrac{\tan x}{\cos^2 x} dx$.

【问题分析】本题利用牛顿—莱布尼兹公式计算,先找到原函数再求原函数的增量.

【解】(1) $\int_0^1 x^{10} dx = \dfrac{x^{11}}{11} \Big|_0^1 = \dfrac{1^{11}}{11} - \dfrac{0^{11}}{11} = \dfrac{1}{11}$.

(2) $\int_0^{\frac{\pi}{2}} \sin x dx = -\cos x \Big|_0^{\frac{\pi}{2}} = -\cos\dfrac{\pi}{2} - (-\cos 0) = 1$.

(3) $\int_0^1 2x e^{x^2} dx = \int_0^1 e^{x^2} d(x^2) = e^{x^2} \Big|_0^1 = e^{1^2} - e^{0^2} = e - 1$.

(4) $\int_0^{\frac{\pi}{4}} \dfrac{\tan x}{\cos^2 x} dx = \int_0^{\frac{\pi}{4}} \tan x d(\tan x) = \dfrac{(\tan x)^2}{2} \Big|_0^{\frac{\pi}{4}}$

$$= \dfrac{\left(\tan\dfrac{\pi}{4}\right)^2}{2} - \dfrac{(\tan 0)^2}{2} = \dfrac{1}{2}.$$

【例7】计算下列定积分.

(1) $\int_0^2 |1-x| dx$;　　　(2) $\int_0^{2\pi} |\sin x| dx$;

(3) 已知函数 $f(x) = \begin{cases} x^2, & 0 \leqslant x \leqslant 1, \\ x, & -1 \leqslant x < 0, \end{cases}$ 计算定积分 $\int_{-1}^1 f(x) dx$.

【问题分析】本题都是分段函数,先利用定积分对区间的可加性分区间积分,再利用牛顿—莱布尼兹公式计算.

【解】$(1) \int_0^2 |1 - x| \mathrm{d}x = \int_0^1 (1 - x) \mathrm{d}x + \int_1^2 (x - 1) \mathrm{d}x$

$$= \left(x - \frac{x^2}{2} \right) \bigg|_0^1 + \left(\frac{x^2}{2} - x \right) \bigg|_1^2 = \frac{1}{2} + \frac{1}{2} = 1.$$

$(2) \int_0^{2\pi} |\sin x| \mathrm{d}x = \int_0^{\pi} \sin x \mathrm{d}x + \int_{\pi}^{2\pi} (-\sin x) \mathrm{d}x$

$$= (-\cos x) \bigg|_0^{\pi} + \cos x \bigg|_{\pi}^{2\pi} = 2 + 2 = 4.$$

$(3) \int_{-1}^1 f(x) \mathrm{d}x = \int_{-1}^0 x \mathrm{d}x + \int_0^1 x^2 \mathrm{d}x = \frac{x^2}{2} \bigg|_{-1}^0 + \frac{x^3}{3} \bigg|_0^1 = -\frac{1}{6}.$

第三节　定积分的积分法

【知识要点回顾】

1. 定积分的积分方法

（1）牛顿—莱布尼兹公式：若对连续函数 $f(x)$ 有 $\int f(x) \mathrm{d}x = F(x) + C$，则

$$\int_a^b f(x) \mathrm{d}x = F(x) \bigg|_a^b = F(b) - F(a).$$

（2）定积分的换元积分公式：连续函数 $f(x)$ 在区间 $[a, b]$ 上连续，函数 $x = \varphi(t)$ 在区间 $[\alpha, \beta]$（或 $[\beta, \alpha]$）上有连续的导数，且 $\varphi(\alpha) = a$，$\varphi(\beta) = b$，则有

$$\int_a^b f(x) \mathrm{d}x = \int_{\alpha}^{\beta} f[\varphi(t)] \varphi'(t) \mathrm{d}t.$$

（3）定积分的分部积分法：设函数 $u(x)$ 与 $v(x)$ 在区间 $[a, b]$ 上有连续导数，则有

$$\int_a^b u \mathrm{d}v = (uv) \bigg|_a^b - \int_a^b v \mathrm{d}u.$$

2.定积分的重要公式

(1)奇偶性:设函数 $f(x)$ 在对称区间 $[-a,a]$ 上连续,则若函数 $f(x)$ 为奇函数,则 $\int_{-a}^{a} f(x)\mathrm{d}x = 0$;若函数 $f(x)$ 为偶函数,则

$$\int_{-a}^{a} f(x)\mathrm{d}x = 2\int_{0}^{a} f(x)\mathrm{d}x.$$

(2)周期性:设 $f(x)$ 是连续的周期函数,周期为 T,则有

$$\int_{a}^{a+T} f(x)\mathrm{d}x = \int_{0}^{T} f(x)\mathrm{d}x, \qquad \int_{a}^{a+nT} f(x)\mathrm{d}x = n\int_{0}^{T} f(x)\mathrm{d}x.$$

(3)设函数 $f(x)$ 在 $[0,1]$ 上连续,则有

$$\int_{0}^{\frac{\pi}{2}} f(\sin x)\mathrm{d}x = \int_{0}^{\frac{\pi}{2}} f(\cos x)\mathrm{d}x, \qquad \int_{0}^{\pi} xf(\sin x)\mathrm{d}x = \frac{\pi}{2}\int_{0}^{\pi} f(\sin x)\mathrm{d}x.$$

$$(4)\int_{0}^{\frac{\pi}{2}} \sin^n x\,\mathrm{d}x = \int_{0}^{\frac{\pi}{2}} \cos^n x\,\mathrm{d}x$$

$$= \begin{cases} \dfrac{n-1}{n}\cdot\dfrac{n-3}{n-2}\cdot\cdots\cdot\dfrac{3}{4}\cdot\dfrac{1}{2}\cdot\dfrac{\pi}{2}, & n\text{ 为正偶数,} \\[3mm] \dfrac{n-1}{n}\cdot\dfrac{n-3}{n-2}\cdot\cdots\cdot\dfrac{2}{3}\cdot 1, & n\text{ 为大于1的正奇数} \end{cases}$$

【答疑解惑】

【问1】定积分的换元积分法要注意什么问题?

【答】定积分的换元积分法要注意三点:(1)在换元后,积分上、下限也要作相应的变换,即"换元必换限".(2)要满足 $\varphi(\alpha)=a,\varphi(\beta)=b$,即新积分下限 $t=\alpha$ 对应于旧积分下限 $x=a$;新积分上限 $t=\beta$ 对应于旧积分上限 $x=b$.(3)在换元之后,按新的积分变量进行定积分运算,不必再还元为原积分变量.

【问2】应用定积分的第一类换元积分法即凑微分法时,是否一定要改换积分限?

【答】不一定.定积分的积分限表明了积分变量的变化范围,应用凑微分法计算定积分时,若凑微分后引入新的积分变量,则必须要根据变换式改换积分限;若没有引入新的积分变量,则积分限不用改变.

【问3】定积分对积分区间的可加性经常在什么情况下用?

【答】在定积分中当被积函数是分段函数,具体表现为当被积函数是明显的分段函数、被积函数含有绝对值以及被积函数含有先平方再开根号形式时,常常考虑利用定积分对积分区间的可加性.

【典型题型精解】

一、利用牛顿—莱布尼兹公式计算定积分

【例1】计算下列定积分.

$(1) \int_0^1 \dfrac{\mathrm{d}x}{(1+2x)^3}$;　　　$(2) \int_0^{\frac{\pi}{2}} \cos^2 \dfrac{x}{2} \mathrm{d}x$;

$(3) \int_{\frac{4}{\pi}}^{\frac{3}{\pi}} \dfrac{1}{x^2} \sec^2 \dfrac{1}{x} \mathrm{d}x$;　　　$(4) \int_0^{\pi} (1-\cos^3 x) \mathrm{d}x$.

【问题分析】利用牛顿—莱布尼兹公式计算定积分,需要先根据不定积分求出原函数,再计算原函数的增量.

【解】(1)因为

$$\int \frac{1}{(1+2x)^3} \mathrm{d}x = \int \frac{1}{(1+2x)^3} \cdot \frac{1}{2} \mathrm{d}(1+2x) = -\frac{1}{4} \frac{1}{(1+2x)^2} + C,$$

所以

$$\int_0^1 \frac{\mathrm{d}x}{(1+2x)^3} = -\frac{1}{4} \frac{1}{(1+2x)^2} \Big|_0^1 = -\frac{1}{4} \left(\frac{1}{9} - 1 \right) = \frac{2}{9}.$$

(2)因为 $\int \cos^2 \dfrac{x}{2} \mathrm{d}x = \int \dfrac{1+\cos x}{2} \mathrm{d}x = \dfrac{1}{2}(x + \sin x) + C$,所以

$$\int_0^{\frac{\pi}{2}} \cos^2 \frac{x}{2} \mathrm{d}x = \frac{1}{2}(x + \sin x) \Big|_0^{\frac{\pi}{2}} = \frac{1}{2} \left[\left(\frac{\pi}{2} + \sin \frac{\pi}{2} \right) - (0 + \sin 0) \right] = \frac{\pi}{4} + \frac{1}{2}.$$

(3)因为 $\int \dfrac{1}{x^2} \sec^2 \dfrac{1}{x} \mathrm{d}x = -\int \sec^2 \dfrac{1}{x} \mathrm{d}\dfrac{1}{x} = -\tan \dfrac{1}{x} + C$,所以

$$\int_{\frac{4}{\pi}}^{\frac{3}{\pi}} \frac{1}{x^2} \sec^2 \frac{1}{x} dx = -\tan \frac{1}{x} \Big|_{\frac{4}{\pi}}^{\frac{3}{\pi}} = -\left(\tan \frac{\pi}{3} - \tan \frac{\pi}{4}\right) = 1 - \sqrt{3}.$$

(4)因为 $\int(1 - \cos^3 x)dx = \int dx - \int \cos^3 x dx = x - \int \cos^2 x d\sin x$

$$= x - \int(1 - \sin^2 x)d\sin x = x - \sin x + \frac{1}{3}\sin^3 x + C,$$

所以 $\int_0^\pi (1 - \cos^3 x)dx = \left(x - \sin x + \frac{1}{3}\sin^3 x\right)\Big|_0^\pi = \pi - 0 = \pi.$

二、利用换元法计算定积分

【例2】计算下列定积分.

(1) $\int_{-1}^2 \frac{x dx}{\sqrt{3 - x}}$; (2) $\int_{\frac{\sqrt{3}}{3}}^1 \frac{dx}{x^2 \sqrt{1 + x^2}}$; (3) $\int_0^{\frac{\pi}{2}} \sin^4 x \cos x dx.$

【问题分析】本题需要利用定积分的换元积分法进行计算,要注意是否有新变量出现.

【解】(1)令 $\sqrt{3 - x} = t$,则 $x = 3 - t^2$, $dx = -2t dt$,且当 $x = -1$ 时, $t = 2$;当 $x = 2$ 时, $t = 1$. 所以

$$\int_{-1}^2 \frac{x dx}{\sqrt{3 - x}} = \int_2^1 \frac{3 - t^2}{t} \cdot (-2t)dt = -2\int_2^1 (3 - t^2)dt = -2\left(3t - \frac{t^3}{3}\right)\Big|_2^1 = \frac{4}{3}.$$

(2)令 $x = \tan t$,则 $dx = \sec^2 t dt$,且当 $x = \frac{\sqrt{3}}{3}$ 时, $t = \frac{\pi}{6}$;当 $x = 1$ 时,

$t = \frac{\pi}{4}$. 所以

$$\int_{\frac{\sqrt{3}}{3}}^1 \frac{dx}{x^2 \sqrt{1 + x^2}} = \int_{\frac{\pi}{6}}^{\frac{\pi}{4}} \frac{1}{\tan^2 t \sqrt{1 + \tan^2 t}} \cdot \sec^2 t dt = \int_{\frac{\pi}{6}}^{\frac{\pi}{4}} \frac{1}{\tan^2 t \cdot \sec t} \cdot \sec^2 t dt$$

$$= \int_{\frac{\pi}{6}}^{\frac{\pi}{4}} \frac{\cos t}{\sin^2 t} dt = \int_{\frac{\pi}{6}}^{\frac{\pi}{4}} \frac{1}{\sin^2 t} d(\sin t) = -\frac{1}{\sin t} \Big|_{\frac{\pi}{6}}^{\frac{\pi}{4}} = 2 - \sqrt{2}.$$

(3)方法一:利用第二类换元积分法. 令 $\sin x = t$,则 $\cos x dx = dt$,

且当 $x = 0$ 时, $t = 0$;当 $x = \frac{\pi}{2}$ 时, $t = 1$. 所以有

$$\int_0^{\frac{\pi}{2}} \sin^4 x \cos x \mathrm{d}x = \int_0^1 t^4 \mathrm{d}t = \frac{1}{5} t^5 \Big|_0^1 = \frac{1}{5}.$$

方法二:利用凑微分法(第一类换元积分法).

$$\int_0^{\frac{\pi}{2}} \sin^4 x \cos x \mathrm{d}x = \int_0^{\frac{\pi}{2}} \sin^4 x \mathrm{d}(\sin x) = \frac{1}{5} \sin^5 x \Big|_0^{\frac{\pi}{2}} = \frac{1}{5}.$$

三、利用分部积分法计算定积分

【例3】计算定积分 $\int_0^{\pi} t \sin 2t \mathrm{d}t$.

【问题分析】本题先用三角函数凑微分,再利用定积分的分部积分法进行计算.

【解】$\int_0^{\pi} t \sin 2t \mathrm{d}t = -\frac{1}{2} \int_0^{\pi} t \mathrm{d}(\cos 2t) = -\frac{1}{2}\left(t \cos 2t \Big|_0^{\pi} - \int_0^{\pi} \cos 2t \mathrm{d}t \right)$

$$= -\frac{\pi}{2} + \frac{1}{4} \sin 2t \Big|_0^{\pi} = -\frac{\pi}{2}.$$

【例4】计算下列定积分.

$(1) \int_0^{\frac{1}{2}} \arcsin x \mathrm{d}x;$ $\qquad$ $(2) \int_1^e x \ln x \mathrm{d}x;$

$(3) \int_{\frac{\pi}{4}}^{\frac{\pi}{3}} \frac{x}{\sin^2 x} \mathrm{d}x;$ $\qquad$ $(4) \int_1^e \cos(\ln x) \mathrm{d}x.$

【问题分析】本题需要利用定积分的分部积分法进行计算,要注意 u, v 的选择.

【解】$(1) \int_0^{\frac{1}{2}} \arcsin x \mathrm{d}x = x \arcsin x \Big|_0^{\frac{1}{2}} - \int_0^{\frac{1}{2}} x \mathrm{d}(\arcsin x)$

$$= \frac{\pi}{12} - \int_0^{\frac{1}{2}} \frac{x}{\sqrt{1-x^2}} \mathrm{d}x$$

$$= \frac{\pi}{12} + \frac{1}{2} \int_0^{\frac{1}{2}} \frac{1}{\sqrt{1-x^2}} \mathrm{d}(1-x^2)$$

$$= \frac{\pi}{12} + \sqrt{1-x^2} \Big|_0^{\frac{1}{2}} = \frac{\pi}{12} + \frac{\sqrt{3}}{2} - 1.$$

$$(2) \int_1^e x\ln x\,dx = \int_1^e \ln x\,d\left(\frac{x^2}{2}\right) = \frac{x^2}{2}\ln x \Big|_1^e - \int_1^e \frac{x^2}{2}\,d(\ln x)$$

$$= \frac{e^2}{2} - \int_1^e \frac{x^2}{2} \cdot \frac{1}{x}\,dx = \frac{e^2}{2} - \frac{1}{4}x^2 \Big|_1^e = \frac{e^2}{4} + \frac{1}{4}.$$

$$(3) \int_{\frac{\pi}{4}}^{\frac{\pi}{3}} \frac{x}{\sin^2 x}\,dx = \int_{\frac{\pi}{4}}^{\frac{\pi}{3}} x\csc^2 x\,dx = -\int_{\frac{\pi}{4}}^{\frac{\pi}{3}} x\,d(\cot x)$$

$$= -\left(x\cot x \Big|_{\frac{\pi}{4}}^{\frac{\pi}{3}} - \int_{\frac{\pi}{4}}^{\frac{\pi}{3}} \cot x\,dx\right)$$

$$= -\frac{\pi}{3} \cdot \frac{1}{\sqrt{3}} + \frac{\pi}{4} + \ln\sin x \Big|_{\frac{\pi}{4}}^{\frac{\pi}{3}} = \left(\frac{1}{4} - \frac{\sqrt{3}}{9}\right)\pi + \frac{1}{2}\ln\frac{3}{2}.$$

(4)方法一　$\displaystyle \int_1^e \cos(\ln x)\,dx \xlongequal{\text{令} \ln x = t} \int_0^1 \cos t \cdot e^t\,dt$,　又

$$\int_0^1 \cos t \cdot e^t\,dt = \int_0^1 \cos t\,de^t = e^t\cos t \Big|_0^1 - \int_0^1 e^t(-\sin t)\,dt$$

$$= (e \cdot \cos 1 - 1) + \int_0^1 \sin t\,d(e^t)$$

$$= (e \cdot \cos 1 - 1) + e^t\sin t \Big|_0^1 - \int_0^1 e^t\cos t\,dt$$

$$= (e \cdot \cos 1 - 1) + e \cdot \sin 1 - \int_0^1 e^t\cos t\,dt,$$

所以$\displaystyle \int_0^1 \cos t \cdot e^t\,dt = \frac{1}{2}(e \cdot \sin 1 + e \cdot \cos 1 - 1)$,因此

$$\int_1^e \cos(\ln x)\,dx = \frac{1}{2}(e \cdot \sin 1 + e \cdot \cos 1 - 1).$$

　　方法二　直接分部积分.

$$\int_1^e \cos(\ln x)\,dx = x \cdot \cos(\ln x) \Big|_1^e - \int_1^e x \cdot [-\sin(\ln x)] \cdot \frac{1}{x}\,dx$$

$$= (e \cdot \cos 1 - 1) + \int_1^e \sin(\ln x)\,dx$$

$$= (e \cdot \cos 1 - 1) + x \cdot \sin(\ln x) \Big|_1^e - \int_1^e x \cdot \cos(\ln x) \cdot \frac{1}{x} dx$$

$$= (e \cdot \cos 1 - 1) + e \cdot \sin 1 - \int_1^e \cos(\ln x) dx,$$

故

$$\int_1^e \cos(\ln x) dx = \frac{1}{2}(e \cdot \sin 1 + e \cdot \cos 1 - 1).$$

四、特殊形式定积分的计算

【例5】计算下列定积分.

$(1) \int_{-\frac{\pi}{2}}^{\frac{\pi}{2}} x^2 \sin x dx$；$(2) \int_{-1}^1 \frac{(\arcsin x)^2}{\sqrt{1-x^2}} dx$；$(3) \int_{-2}^2 \frac{x^5 \cos^2 x}{x^4 + 2x^2 + 1} dx$.

【问题分析】本题利用函数的奇偶性计算.

【解】(1) 因为被积函数 $x^2 \sin x$ 在对称区间 $\left[-\frac{\pi}{2}, \frac{\pi}{2}\right]$ 上是奇函数,所以

$$\int_{-\frac{\pi}{2}}^{\frac{\pi}{2}} x^2 \sin x dx = 0.$$

$(2) \int_{-1}^1 \frac{(\arcsin x)^2}{\sqrt{1-x^2}} dx = 2 \int_0^1 \frac{(\arcsin x)^2}{\sqrt{1-x^2}} dx$

$= 2 \int_0^1 (\arcsin x)^2 d(\arcsin x) = \frac{2}{3} (\arcsin x)^3 \Big|_0^1 = \frac{\pi^3}{12}$.

(3) 因为被积函数 $\dfrac{x^5 \cos^2 x}{x^4 + 2x^2 + 1}$ 是奇函数,所以

$$\int_{-2}^2 \frac{x^5 \cos^2 x}{x^4 + 2x^2 + 1} dx = 0.$$

【例6】计算下列定积分.

(1) 设 $f(x) = \begin{cases} \sqrt{x}, & 0 \leqslant x \leqslant 1, \\ e^{-x}, & x \leqslant 3, \end{cases}$ 求 $\int_0^3 f(x) dx$；

$(2) \int_{\frac{1}{e}}^{e} |\ln x| \, dx;$ 　　$(3) \int_{0}^{\pi} \sqrt{\sin x - \sin^3 x} \, dx.$

【问题分析】本题利用定积分对积分区间的可加性进行计算.

【解】（1）因为被积函数 $f(x)$ 是分段函数，所以

$$\int_{0}^{3} f(x) \, dx = \int_{0}^{1} f(x) \, dx + \int_{1}^{3} f(x) \, dx = \int_{0}^{1} \sqrt{x} \, dx + \int_{1}^{3} e^{-x} \, dx$$

$$= \frac{2}{3} \sqrt{x^3} \Big|_{0}^{1} - e^{-x} \Big|_{1}^{3} = \frac{2}{3} - e^{-3} + e^{-1}.$$

（2）因为当 $\frac{1}{e} \leqslant x \leqslant 1$ 时，$\ln x \leqslant 0$；当 $1 \leqslant x \leqslant e$ 时，$\ln x \geqslant 0$，所以

$$\int_{\frac{1}{e}}^{e} |\ln x| \, dx = \int_{\frac{1}{e}}^{1} -\ln x \, dx + \int_{1}^{e} \ln x \, dx,$$

又 $\int \ln x \, dx = x \ln x - \int x \, d(\ln x) = x \ln x - \int x \cdot \frac{1}{x} \, dx = x \ln x - x + C,$

因此 $\int_{\frac{1}{e}}^{e} |\ln x| \, dx = -(x \ln x - x) \Big|_{\frac{1}{e}}^{1} + (x \ln x - x) \Big|_{1}^{e} = 2 - \frac{2}{e}.$

$$(3) \int_{0}^{\pi} \sqrt{\sin x - \sin^3 x} \, dx = \int_{0}^{\pi} \sqrt{\sin x (1 - \sin^2 x)} \, dx = \int_{0}^{\pi} |\cos x| \sqrt{\sin x} \, dx$$

$$= \int_{0}^{\frac{\pi}{2}} \cos x \sqrt{\sin x} \, dx + \int_{\frac{\pi}{2}}^{\pi} -\cos x \sqrt{\sin x} \, dx$$

$$= \int_{0}^{\frac{\pi}{2}} \sqrt{\sin x} \, d\sin x - \int_{\frac{\pi}{2}}^{\pi} \sqrt{\sin x} \, d\sin x$$

$$= \frac{2}{3} \sqrt{\sin^3 x} \Big|_{0}^{\frac{\pi}{2}} - \frac{2}{3} \sqrt{\sin^3 x} \Big|_{\frac{\pi}{2}}^{\pi} = \frac{4}{3}.$$

【例7】计算下列定积分.

$(1) \int_{1}^{1+\pi} \cos 2x \, dx;$ 　　$(2) \int_{0}^{n\pi} \sin^2 x \, dx;$ 　　$(3) \int_{0}^{2\pi} |\sin(x+1)| \, dx.$

【问题分析】本题利用三角函数周期性的结论进行计算.

【解】（1）因为被积函数 $\cos 2x$ 是周期为 $T = \pi$ 的周期函数，因此

$$\int_{1}^{1+\pi} \cos 2x \, dx = \int_{0}^{\pi} \cos 2x \, dx = \frac{1}{2} \sin 2x \Big|_{0}^{\pi} = 0.$$

$(2)\displaystyle\int_0^{n\pi}\sin^2x\mathrm{d}x\xlongequal{T=\pi}n\int_0^{\pi}\sin^2x\mathrm{d}x=n\int_0^{\pi}\dfrac{1-\cos 2x}{2}\mathrm{d}x=\dfrac{n\pi}{2}.$

$(3)\displaystyle\int_0^{2\pi}\mid\sin(x+1)\mid\mathrm{d}x\xlongequal{u=x+1}\int_1^{1+2\pi}\mid\sin u\mid\mathrm{d}u,$

因为$\mid\sin u\mid$是周期为 $T=\pi$ 的周期函数,因此有

原式 $=\displaystyle\int_0^{2\pi}\mid\sin u\mid\mathrm{d}u=2\int_0^{\pi}\mid\sin u\mid\mathrm{d}u=2\int_0^{\pi}\sin u\mathrm{d}u=4.$

第四节　广义积分

【知识要点回顾】

1. 无穷限的反常积分(积分区间为无穷区间的广义积分)

设函数 $f(x)$ 在区间 $[a,+\infty)$ 上连续,取 $b>a$,如果极限 $\displaystyle\lim_{b\to+\infty}\int_a^b f(x)\mathrm{d}x$ 存在,则称此极限为函数$f(x)$在无穷区间$[a,+\infty)$上的广义积分(或称为反常积分),记作 $\displaystyle\int_a^{+\infty}f(x)\mathrm{d}x$,即

$$\int_a^{+\infty}f(x)\mathrm{d}x=\lim_{b\to+\infty}\int_a^b f(x)\mathrm{d}x.$$

这时也称广义积分$\displaystyle\int_a^{+\infty}f(x)\mathrm{d}x$收敛. 如果上述极限不存在,称广义积分$\displaystyle\int_a^{+\infty}f(x)\mathrm{d}x$发散.

同样可以定义反常积分

$$\int_{-\infty}^b f(x)\mathrm{d}x=\lim_{a\to-\infty}\int_a^b f(x)\mathrm{d}x,$$

$$\int_{-\infty}^{+\infty}f(x)\mathrm{d}x=\int_{-\infty}^c f(x)\mathrm{d}x+\int_c^{+\infty}f(x)\mathrm{d}x$$

$$=\lim_{a\to-\infty}\int_a^c f(x)\mathrm{d}x+\lim_{b\to+\infty}\int_c^b f(x)\mathrm{d}x.$$

若 $F(x)$ 是 $f(x)$ 的一个原函数,且 $\lim\limits_{x\to+\infty}F(x)$, $\lim\limits_{x\to-\infty}F(x)$ 存在,则广义积分可简记为:

$$\int_a^{+\infty}f(x)\,dx=\big[F(x)\big]_a^{+\infty}=\lim\limits_{x\to+\infty}F(x)-F(a)=F(+\infty)-F(a),$$

$$\int_{-\infty}^{b}f(x)\,dx=\big[F(x)\big]_{-\infty}^{b}=F(b)-\lim\limits_{x\to-\infty}F(x)=F(b)-F(-\infty),$$

$$\int_{-\infty}^{+\infty}f(x)\,dx=\big[F(x)\big]_{-\infty}^{+\infty}=\lim\limits_{x\to+\infty}F(x)-\lim\limits_{x\to-\infty}F(x)=F(+\infty)-F(-\infty).$$

2. 无界函数的反常积分(瑕积分)

瑕点:如果函数 $f(x)$ 在点 a 的任一邻域内都无界,那么点 a 称为函数 $f(x)$ 的瑕点(也称为无界间断点).

瑕积分:被积函数具有无界间断点的广义积分称为瑕积分(也称为无界函数的广义积分或无界函数的反常积分).

设函数 $f(x)$ 在区间 $(a,b]$ 上连续,而在点 a 的右邻域内无界(即点 a 是函数 $f(x)$ 的瑕点).取 $t>a$,如果极限 $\lim\limits_{t\to a^+}\int_t^b f(x)\,dx$ 存在,则称此极限为函数 $f(x)$ 在 $(a,b]$ 上的广义积分,仍然记作 $\int_a^b f(x)\,dx$,即

$$\int_a^b f(x)\,dx=\lim\limits_{t\to a^+}\int_t^b f(x)\,dx.$$

这时也称广义积分 $\int_a^b f(x)\,dx$ 收敛.如果上述极限不存在,就称广义积分 $\int_a^b f(x)\,dx$ 发散.

类似可定义反常积分:

$$\int_a^b f(x)\,dx=\lim\limits_{t\to b^-}\int_a^t f(x)\,dx\quad(\text{点 }b\text{ 是函数 }f(x)\text{ 的瑕点},t<b),$$

$$\int_a^b f(x)\,dx=\int_a^c f(x)\,dx+\int_c^b f(x)\,dx.\ (\text{点 }c\text{ 是函数 }f(x)\text{ 的瑕点},$$
$a<c<b)$

可采用如下简记形式：

$$\int_a^b f(x)\,dx = \left[F(x)\right]_a^b = F(b) - \lim_{x\to a^+} F(x) \quad (\text{点 } a \text{ 为 } f(x) \text{ 的瑕点})；$$

$$\int_a^b f(x)\,dx = \left[F(x)\right]_a^b = \lim_{x\to b^-} F(x) - F(a) \quad (\text{点 } b \text{ 为 } f(x) \text{ 的瑕点})；$$

$$\int_a^b f(x)\,dx = \int_a^c f(x)\,dx + \int_c^b f(x)\,dx = \left[F(x)\right]_a^c + \left[F(x)\right]_c^b$$

$$= \left[\lim_{x\to c^-} F(x) - F(a)\right] + \left[F(b) - \lim_{x\to c^+} F(x)\right]$$

$$(\text{点 } c\,(a<c<b) \text{ 为 } f(x) \text{ 的瑕点}).$$

【答疑解惑】

【问 1】无界函数的反常积分 $\int_a^b f(x)\,dx$ 中的函数 $f(x)$ 在区间 $[a,b]$ 上是可积分的，对吗？

【答】不对. 反常积分 $\int_a^b f(x)\,dx$ 中的函数 $f(x)$ 必然在区间 $[a,b]$ 上的某点无界，因此不满足 $f(x)$ 在区间 $[a,b]$ 上可积的必要条件，故 $f(x)$ 在区间 $[a,b]$ 上是不可积分的.

【问 2】无穷限的反常积分 $\int_{-\infty}^{\infty} f(x)\,dx$ 如何讨论收敛还是发散？

【答】先将反常积分写成两项和，即

$$\int_{-\infty}^{+\infty} f(x)\,dx = \int_{-\infty}^c f(x)\,dx + \int_c^{+\infty} f(x)\,dx,$$

再分别讨论 $\int_{-\infty}^c f(x)\,dx$ 和 $\int_c^{\infty} f(x)\,dx$ 是否收敛. 若 $\int_{-\infty}^c f(x)\,dx$ 和 $\int_c^{\infty} f(x)\,dx$ 都收敛，则反常积分 $\int_{-\infty}^{+\infty} f(x)\,dx$ 收敛；反之若 $\int_{-\infty}^c f(x)\,dx$ 和 $\int_c^{+\infty} f(x)\,dx$ 至少有一个发散，则反常积分 $\int_{-\infty}^{\infty} f(x)\,dx$ 发散.

【问 3】计算 $\int_{-1}^1 \frac{1}{x}\,dx = \ln|x|\,\big|_{-1}^1 = 0$ 是否正确，为什么？

【答】因为被积函数 $f(x) = \dfrac{1}{x}$ 在积分区间 $[-1,1]$ 上存在瑕点 $x = 0$，

因此该积分是无界函数的反常积分，有 $\displaystyle\int_{-1}^{1}\dfrac{1}{x}\mathrm{d}x = \int_{-1}^{0}\dfrac{1}{x}\mathrm{d}x + \int_{0}^{1}\dfrac{1}{x}\mathrm{d}x.$

而根据 $\displaystyle\int_{-1}^{0}\dfrac{1}{x}\mathrm{d}x = \ln|x|\,\Big|_{-1}^{0} = \lim_{x\to 0^-}\ln|x| - \ln 1 = \infty$ 知 $\displaystyle\int_{-1}^{0}\dfrac{1}{x}\mathrm{d}x$ 发

散，所以反常积分 $\displaystyle\int_{-1}^{1}\dfrac{1}{x}\mathrm{d}x$ 发散.

【典型题型精解】

一、无穷限反常积分的讨论

【例1】讨论下列反常积分的敛散性. 如果收敛，计算出反常积分的值.

(1) $\displaystyle\int_{1}^{+\infty}\dfrac{\mathrm{d}x}{x^3}$;　　　　(2) $\displaystyle\int_{-\infty}^{0}\dfrac{\mathrm{d}x}{1+x^2}$;

(3) $\displaystyle\int_{-\infty}^{+\infty}\dfrac{\mathrm{d}x}{x^2+6x+10}$;　　(4) $\displaystyle\int_{8}^{+\infty}\dfrac{\mathrm{d}x}{\sqrt[3]{x}}$.

【问题分析】本题利用无穷限反常积分的方法进行讨论.

【解】(1) 因为 $\displaystyle\int_{1}^{+\infty}\dfrac{\mathrm{d}x}{x^3} = -\dfrac{1}{2}x^{-2}\,\Big|_{1}^{+\infty} = \lim_{x\to +\infty}\left(-\dfrac{1}{2}x^{-2}\right) + \dfrac{1}{2} = \dfrac{1}{2}$,

所以反常积分 $\displaystyle\int_{1}^{+\infty}\dfrac{\mathrm{d}x}{x^3}$ 收敛，且 $\displaystyle\int_{1}^{+\infty}\dfrac{\mathrm{d}x}{x^3} = \dfrac{1}{2}$.

(2) 因为 $\displaystyle\int_{-\infty}^{0}\dfrac{1}{1+x^2}\mathrm{d}x = [\arctan x]_{-\infty}^{0} = \arctan 0 - \lim_{x\to -\infty}\arctan x = \dfrac{\pi}{2}$,

所以反常积分 $\displaystyle\int_{-\infty}^{0}\dfrac{\mathrm{d}x}{1+x^2}$ 收敛，且 $\displaystyle\int_{-\infty}^{0}\dfrac{\mathrm{d}x}{1+x^2} = \dfrac{\pi}{2}$.

(3) 因为 $\displaystyle\int_{-\infty}^{+\infty}\dfrac{\mathrm{d}x}{x^2+6x+10} = \int_{-\infty}^{+\infty}\dfrac{\mathrm{d}x}{1+(x+3)^2} = \arctan(x+3)\,\Big|_{-\infty}^{+\infty}$

$$= \lim_{x\to +\infty}\arctan(x+3) - \lim_{x\to -\infty}\arctan(x+$$

3)

$$= \frac{\pi}{2} - \left(-\frac{\pi}{2} \right) = \pi,$$

所以反常积分 $\displaystyle\int_{-\infty}^{+\infty} \frac{dx}{x^2 + 6x + 10}$ 收敛,且 $\displaystyle\int_{-\infty}^{+\infty} \frac{dx}{x^2 + 6x + 10} = \pi$.

(4)因为 $\displaystyle\int_8^{+\infty} \frac{dx}{\sqrt[3]{x}} = \frac{3}{2} \cdot x^{\frac{2}{3}} \Big|_8^{+\infty} = \lim_{x \to +\infty} \frac{3}{2} \cdot x^{\frac{2}{3}} - 6 = +\infty$,所以反

常积分 $\displaystyle\int_8^{+\infty} \frac{dx}{\sqrt[3]{x}}$ 发散.

【例2】讨论反常积分 $\displaystyle\int_e^{+\infty} \frac{dx}{x(\ln x)^k}$ 的敛散性,如果收敛,计算出反

常积分的值.

【问题分析】本题属于无穷限的反常积分,需要讨论 k 的不同

取值.

【解】当 $k < 1$ 时,

$$\int_e^{+\infty} \frac{dx}{x(\ln x)^k} = \int_e^{+\infty} \frac{1}{(\ln x)^k} d(\ln x) = \frac{1}{1-k}(\ln x)^{-k+1} \Big|_e^{+\infty} = +\infty;$$

当 $k = 1$ 时,$\displaystyle\int_e^{+\infty} \frac{dx}{x(\ln x)^k} = \int_e^{+\infty} \frac{1}{\ln x} d(\ln x) = \ln(\ln x) \Big|_e^{+\infty} = +\infty;$

当 $k > 1$ 时,$\displaystyle\int_e^{+\infty} \frac{dx}{x(\ln x)^k} = \int_e^{+\infty} \frac{1}{(\ln x)^k} d(\ln x) = \frac{1}{1-k}(\ln x)^{-k+1} \Big|_e^{+\infty}$

$$= \frac{1}{k-1}(\ln e)^{1-k} = \frac{1}{k-1}.$$

因此当 $k > 1$ 时,反常积分 $\displaystyle\int_e^{+\infty} \frac{dx}{x(\ln x)^k}$ 收敛,且 $\displaystyle\int_e^{+\infty} \frac{dx}{x(\ln x)^k} =$

$\dfrac{1}{k-1}$;当 $k \leqslant 1$ 时,反常积分 $\displaystyle\int_e^{+\infty} \frac{dx}{x(\ln x)^k}$ 发散.

二、无界函数反常积分的计算

【例3】讨论下列反常积分的敛散性. 如果收敛,计算出反常积分

的值.

$(1)\displaystyle\int_1^5\frac{1}{\sqrt{x-1}}\mathrm{d}x$;

$(2)\displaystyle\int_1^{\sqrt5}\frac{x}{\sqrt{x^2-1}}\mathrm{d}x$;

$(3)\displaystyle\int_{\sqrt e}^{\mathrm e}\frac{\mathrm{d}x}{x\sqrt{1-(\ln x)^2}}$;

$(4)\displaystyle\int_0^1\frac{\mathrm{d}x}{(1-x)^2}$.

【问题分析】本题需要利用定积分的换元积分法进行计算,要注意是否有新变量出现.

【解】(1)因为被积函数 $\dfrac{1}{\sqrt{x-1}}$ 在区间 $(1,5]$ 上连续,且

$\lim\limits_{x\to1^+}\dfrac{1}{\sqrt{x-1}}=+\infty$,所以点 $x=1$ 为被积函数的瑕点,因此

$$\int_1^5\frac{1}{\sqrt{x-1}}\mathrm{d}x=\left[2\sqrt{x-1}\right]_1^5=2\sqrt{5-1}-\lim_{x\to1^+}2\sqrt{x-1}=4-0=4,$$

所以反常积分收敛,且 $\displaystyle\int_1^5\frac{1}{\sqrt{x-1}}\mathrm{d}x=4$.

(2)因为 $\lim\limits_{x\to1^+}\dfrac{x}{\sqrt{x^2-1}}=+\infty$,所以点 $x=1$ 是被积函数的瑕点,故

$$\int_1^{\sqrt5}\frac{x}{\sqrt{x^2-1}}\mathrm{d}x=\int_1^{\sqrt5}\frac{1}{\sqrt{x^2-1}}\cdot\frac{1}{2}\mathrm{d}(x^2-1)=\sqrt{x^2-1}\Big|_1^{\sqrt5}$$

$$=2-\lim_{x\to1^+}\sqrt{x^2-1}=2-0=2,$$

所以反常积分 $\displaystyle\int_1^{\sqrt5}\frac{x}{\sqrt{x^2-1}}\mathrm{d}x$ 收敛,且 $\displaystyle\int_1^{\sqrt5}\frac{x}{\sqrt{x^2-1}}\mathrm{d}x=2$.

(3)因为 $\lim\limits_{x\to\mathrm e^-}\dfrac{1}{x\sqrt{1-(\ln x)^2}}=+\infty$,所以点 $x=\mathrm e$ 是被积函数的瑕点,因此

$$\int_{\sqrt e}^{\mathrm e}\frac{\mathrm{d}x}{x\sqrt{1-(\ln x)^2}}=\int_{\sqrt e}^{\mathrm e}\frac{1}{\sqrt{1-(\ln x)^2}}\mathrm{d}(\ln x)=\arcsin(\ln x)\ \Big|_{\sqrt e}^{\mathrm e}$$

$$=\lim_{x\to\mathrm e^-}\arcsin(\ln x)-\frac{\pi}{6}=\frac{\pi}{2}-\frac{\pi}{6}=\frac{\pi}{3},$$

所以反常积分 $\displaystyle\int_{\sqrt{e}}^{e} \frac{\mathrm{d}x}{x\sqrt{1-(\ln x)^2}}$ 收敛，且 $\displaystyle\int_{\sqrt{e}}^{e} \frac{\mathrm{d}x}{x\sqrt{1-(\ln x)^2}} = \frac{\pi}{3}$.

（4）因为 $\displaystyle\lim_{x\to 1^-} \frac{1}{(1-x)^2} = +\infty$，所以点 $x=1$ 是被积函数的瑕点，故

$$\int_0^1 \frac{\mathrm{d}x}{(1-x)^2} = \frac{1}{1-x}\bigg|_0^1 = \lim_{x\to 1^-} \frac{1}{1-x} - 1 = +\infty,$$

所以反常积分 $\displaystyle\int_0^2 \frac{\mathrm{d}x}{(1-x)^2}$ 发散.

第五节　定积分的应用

【知识要点回顾】

1. 直角坐标系下平面图形的面积

（1）由连续曲线 $y=f(x)$ $(f(x)\geqslant 0)$ 和直线 $x=a, x=b$ $(b>a)$，及 x 轴所围成的平面图形的面积 A 可以表示为定积分

$$A = \int_a^b f(x)\,\mathrm{d}x.$$

（2）由两条连续曲线 $f(x)$ 与 $g(x)$ $(f(x)\geqslant g(x))$ 和直线 $x=a$, $x=b$ $(b>a)$ 所围成的平面图形的面积 A 为

$$A = \int_a^b [f(x) - g(x)]\,\mathrm{d}x.$$

（3）由两条曲线 $x=\varphi(y), x=\psi(y)$ $(\psi(y)\geqslant\varphi(y))$ 和直线 $y=c$, $y=d$ $(d>c)$ 所围成的平面图形的面积为

$$A = \int_c^d [\psi(y) - \varphi(y)]\,\mathrm{d}y.$$

2. 极坐标系下平面图形的面积

（1）由曲线 $\rho=\varphi(\theta)$ 和射线 $\theta=\alpha, \theta=\beta$ $(\alpha<\beta)$ 所围成的曲边扇

形的面积可以表示为

$$A = \int_\alpha^\beta \frac{1}{2} [\varphi(\theta)]^2 d\theta.$$

(2)由曲线 $\rho = \varphi_1(\theta)$, $\rho = \varphi_2(\theta)$ 和射线 $\theta = \alpha$, $\theta = \beta$ $(\alpha < \beta)$ 所围成的曲边扇形的面积可以表示为

$$A = \int_\alpha^\beta \frac{1}{2} |\varphi_1{}^2(\theta) - \varphi_2{}^2(\theta)| d\theta.$$

3. 旋转体的体积

(1)由连续曲线 $y = f(x)$, 直线 $x = a$, $x = b$ $(a < b)$ 与 x 轴所围成的曲边梯形绕 x 轴和 y 轴旋转一周所成旋转体的体积分别为

$$V_x = \int_a^b \pi y^2 dx = \int_a^b \pi [f(x)]^2 dx; \quad V_y = 2\pi \int_a^b x f(x) dx.$$

(2)由连续曲线 $x = \varphi(y)$, 直线 $y = c$, $y = d$ 与 y 轴所围成的曲边梯形绕 y 轴和 x 轴旋转一周所得旋转体的体积分别为

$$V_y = \int_c^d \pi x^2 dy = \int_c^d \pi [\varphi(y)]^2 dy; \quad V_x = 2\pi \int_c^d y f(y) dy.$$

4. 旋转体的侧面积

(1)由连续曲线 $y = f(x)$ $(f(x) \geqslant 0)$, 直线 $x = a$, $x = b$ $(a < b)$ 与 x 轴所围成的曲边梯形绕 x 轴旋转一周所成旋转体的侧面积为

$$A = \int_a^b 2\pi f(x) \sqrt{1 + [f'(x)]^2} dx.$$

5. 已知平行截面面积的立体的体积

立体位于过点 $x = a$, $x = b$ $(a < b)$ 且垂直于 x 轴的两个平面之间, 平行截面面积 $A(x)$ 已知, 则立体的体积为

$$V = \int_a^b A(x) dx.$$

6. 平面曲线的弧长

（1）设曲线弧由 $y = f(x)$ （$a \leqslant x \leqslant b$）给出，其中 $f(x)$ 在 $[a, b]$ 上具有连续导数，则弧长为

$$s = \int_a^b \sqrt{1 + {y'}^2} \, \mathrm{d}x.$$

（2）设曲线弧由参数方程 $x = \varphi(t)$，$y = \psi(t)$ （$\alpha \leqslant t \leqslant \beta$）给出，其中 $x = \varphi(t)$，$y = \psi(t)$ 在 $[\alpha, \beta]$ 上具有连续导数，则弧长为

$$s = \int_\alpha^\beta \sqrt{{\varphi'}^2(t) + {\psi'}^2(t)} \, \mathrm{d}t.$$

（3）设曲线弧由极坐标方程 $\rho = \rho(\theta)$ （$\alpha \leqslant \theta \leqslant \beta$）给出，其中 $\rho(\theta)$ 在 $[\alpha, \beta]$ 上具有连续导数，则弧长为

$$s = \int_\alpha^\beta \sqrt{\rho^2(\theta) + {\rho'}^2(\theta)} \, \mathrm{d}\theta.$$

【答疑解惑】

【问1】在直角坐标系下计算平面图形的面积，积分变量的选择是任意的吗？

【答】理论上，可以任意选择 x 或 y 作为积分变量；在具体计算中，为了简化运算，可根据平面图形的形状和被积函数的形式灵活的选择积分变量.

【问2】用定积分计算平面图形的面积时，应该注意什么问题？

【答】因为平面图形的面积为正值，所以用定积分计算平面图形的面积应注意两个问题：积分上限大于积分下限和被积函数非负. 如果被积函数的正负不容易判定，可以先在被积函数上加绝对值，然后再分区间积分.

【问3】计算旋转体体积时，当旋转轴不是 x 轴，而是与 x 轴平行的直线，或者曲边梯形改为由 $f(x)$ 与 $g(x)$ 和直线 $x = a$，$x = b$ 所围成的平面图形旋转时，应如何处理？

【答】当曲线 $y = f(x)$，直线 $x = a$，$x = b$ 与 x 轴所围成的曲边梯形

绕 x 轴旋转时,常采用元素法.当旋转轴是与 x 轴平行的直线时,只需作平移即可.当曲边梯形改为由 $f(x)$ 与 $g(x)$ 和直线 $x=a,x=b$ 所围成的平面图形旋转时,可看成是两个曲边梯形旋转所得的体积差.

【典型题型精解】

一、平面图形的面积

【例1】求由两条抛物线 $y=x^2$ 与 $y=2-x^2$ 所围成的平面图形的面积.

【问题分析】本题考察平面图形的面积,利用元素法计算.

【解】如图5–4所示,两抛物线的交点是 $(-1,1)$, $(1,1)$,下面利用元素法求两抛物线所围图形的面积.

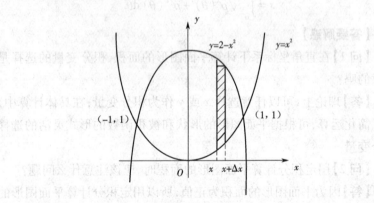

图5–4

(1)取 x 为积分变量,则变量 $x\in[-1,1]$,即积分区间为 $[-1,1]$;

(2)面积元素为

$$dA=(y_1-y_2)dx=[(2-x^2)-x^2]dx;$$

(3)于是,所求图形面积为定积分

$$A=\int_{-1}^{1}[(2-x^2)-x^2]dx=\int_{-1}^{1}(2-2x^2)dx=2\left[x-\frac{x^3}{3}\right]_{-1}^{1}=\frac{8}{3}.$$

【例2】求由曲线 $y = \ln x$，y 轴与直线 $y = \ln a$，$y = \ln b$（$b > a > 0$）所围成的平面图形的面积.

【问题分析】本题考察平面图形的面积，选择 y 为积分变量计算更方便.

【解】所围成的平面图形如图 5-5 所示.

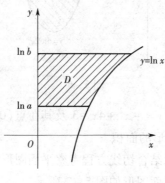

图 5-5

取 y 为积分变量，则积分区间为 $[\ln a, \ln b]$，面积元素为

$$dA = (x_1 - x_2)dy = (e^y - 0)dy = e^y dy.$$

于是所求图形面积为定积分

$$A = \int_{\ln a}^{\ln b} e^y dx = [e^y]_{\ln a}^{\ln b} = b - a.$$

【例3】求由曲线 $y = \sin x$ 与 $y = \sin 2x$ 在 $[0, \pi]$ 上所围成的平面图形的面积.

【问题分析】本题考察平面图形的面积，要保证被积函数非负.

【解】所围成的平面图形如图 5-6 所示.

故所求面积为

$$
\begin{aligned}
A &= \int_0^{\pi} |\sin x - \sin 2x| dx \\
&= \int_0^{\frac{\pi}{3}} (\sin 2x - \sin x) dx + \int_{\frac{\pi}{3}}^{\pi} (\sin x - \sin 2x) dx = \frac{5}{2}.
\end{aligned}
$$

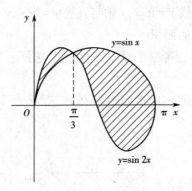

图 5 – 6

【例 4】求抛物线 $y = -x^2 + 4x - 3$ 及其在点 $(0, -3)$ 和 $(3, 0)$ 处的切线所围成的平面图形的面积.

【问题分析】本题结合切线方程考察平面图形的面积.

【解】所围成的平面图形如图 5 – 7 所示.

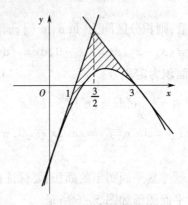

图 5 – 7

因 $y' = -2x + 4$,故两切线的斜率分别为

$$k_1 = y'(0) = 4, \quad k_2 = y'(3) = -2,$$

所以过点 $(0, -3)$ 和 $(3, 0)$ 处的两切线方程分别为

$$l_1 : y = 4x - 3, \quad l_2 : y = -2x + 6.$$

两切线的交点为 $\left(\dfrac{3}{2},3\right)$, 所以平面图形的面积为

$$A = \int_0^{\frac{3}{2}} \left[4x - 3 - (-x^2 + 4x - 3) \right] \mathrm{d}x +$$

$$\int_{\frac{3}{2}}^3 \left[-2x + 6 - (-x^2 + 4x - 3) \right] \mathrm{d}x$$

$$= \int_0^{\frac{3}{2}} x^2 \mathrm{d}x + \int_{\frac{3}{2}}^3 (x^2 - 6x + 9) \mathrm{d}x = \frac{9}{4}.$$

【例 5】求内摆线 $x = a\cos^3 t, y = a\sin^3 t\ (a > 0)$ 所围图形的面积.

【问题分析】本题考察平面图形的面积, 利用元素法计算.

【解】所围成的平面图形如图 5 - 8 所示.

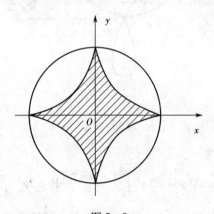

图 5 - 8

所围图形的面积为

$$A = 4\int_0^a y\mathrm{d}x = 4\int_{\frac{\pi}{2}}^0 y(t)x'(t)\mathrm{d}t = 4\int_{\frac{\pi}{2}}^0 a\sin^3 t \cdot (a\cos^3 t)'\mathrm{d}t$$

$$= 4\int_{\frac{\pi}{2}}^0 a\sin^3 t \cdot 3a\cos^2 t \cdot (-\sin t)\mathrm{d}t = 12a^2\int_0^{\frac{\pi}{2}} \sin^4 t \cdot \cos^2 t\mathrm{d}t$$

$$= 12a^2\int_0^{\frac{\pi}{2}} (\sin^4 t - \sin^6 t)\mathrm{d}t$$

$$= 12a^2\left(\frac{3}{16}\pi - \frac{5}{32}\pi\right) = \frac{3\pi a^2}{8}.$$

(计算麻烦,可以直接用结论

$$\int_0^{\frac{\pi}{2}} \sin^{2n}t\,dt = \frac{2n-1}{2n} \cdot \frac{2n-3}{2n-2} \cdot \cdots \cdot \frac{3}{4} \cdot \frac{1}{2} \cdot \frac{\pi}{2}.)$$

【例6】求三叶形曲线 $\rho = a\sin 3\theta$（$a > 0$）所围图形的面积.

【问题分析】本题考察平面图形的面积,利用元素法计算.

【解】所围成的平面图形如图 5 − 9 所示.

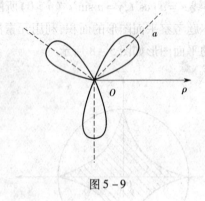

图 5 − 9

所求的面积为

$$A = 6 \cdot \frac{1}{2}\int_0^{\frac{\pi}{6}} a^2 \sin^2 3\theta\,d\theta = 3a^2 \int_0^{\frac{\pi}{6}} \frac{1 - \cos 6\theta}{2}\,d\theta = 3a^2\left(\frac{\pi}{12} + 0\right) = \frac{\pi}{4}a^2.$$

【例7】求两曲线 $\rho = \sin\theta$ 与 $\rho = \sqrt{3}\cos\theta$ 所围公共部分的面积.

【问题分析】本题考察平面图形的面积,利用元素法计算.

【解】所围成的平面图形如图 5 − 10 所示.

解方程组

$$\begin{cases} \rho = \sin\theta, \\ \rho = \sqrt{3}\cos\theta, \end{cases}$$

得 $\theta = \frac{\pi}{3}$,因此所围公共部分的面积

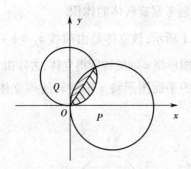

图 5 – 10

$$A = \frac{1}{2}\int_0^{\frac{\pi}{3}} (\sin\theta)^2 d\theta + \frac{1}{2}\int_{\frac{\pi}{3}}^{\frac{\pi}{2}} (\sqrt{3}\cos\theta)^2 d\theta$$

$$= \frac{1}{2}\int_0^{\frac{\pi}{3}} \frac{1-\cos 2\theta}{2} d\theta + \frac{3}{2}\int_{\frac{\pi}{3}}^{\frac{\pi}{2}} \frac{1+\cos 2\theta}{2} d\theta$$

$$= \frac{1}{4}\left[\theta - \frac{1}{2}\sin 2\theta\right]_0^{\frac{\pi}{3}} + \frac{3}{4}\left[\theta + \frac{1}{2}\sin 2\theta\right]_{\frac{\pi}{3}}^{\frac{\pi}{2}}$$

$$= \frac{5\pi}{24} - \frac{\sqrt{3}}{4}.$$

二、立体的体积

【例 8】求曲线 $y = \sin x$ （$0 \leqslant x \leqslant \pi$）绕 x 轴旋转一周所得旋转体的体积.

【问题分析】本题考察旋转体的体积.

【解】所求旋转体的体积为

$$V = \pi\int_0^{\pi} \sin^2 x dx = \frac{\pi}{2}\int_0^{\pi} (1-\cos 2x) dx$$

$$= \frac{\pi}{2}\left[x - \frac{1}{2}\sin 2x\right]_0^{\pi} = \frac{\pi^2}{2}.$$

【例 9】求圆 $x^2 + (y-b)^2 = a^2$ （$0 < a < b$）绕 x 轴旋转一周所得旋转体的体积.

【问题分析】本题考察旋转体的体积.

【解】如图 5 – 11 所示,该立体是由曲线 $y_1 = b + \sqrt{a^2 - x^2}$, $x = a$, $x = -a$ 围成的平面图形绕 x 轴旋转所得立体,去除由 $y_2 = b - \sqrt{a^2 - x^2}$, $x = a$, $x = -a$ 围成的平面图形绕 x 轴旋转所得立体而构成的. 因此, 该立体体积为

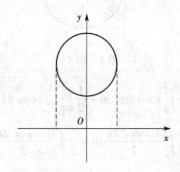

图 5 – 11

$$V = \pi \int_{-a}^{a} \left(b + \sqrt{a^2 - x^2} \right)^2 \mathrm{d}x - \pi \int_{-a}^{a} \left(b - \sqrt{a^2 - x^2} \right)^2 \mathrm{d}x$$

$$= \pi \int_{-a}^{a} 4b \sqrt{a^2 - x^2} \mathrm{d}x \xrightarrow{x = a\sin t} \pi \int_{-\frac{\pi}{2}}^{\frac{\pi}{2}} 4b \sqrt{a^2 - (a\sin t)^2} \mathrm{d}(a\sin t)$$

$$= 4\pi a^2 b \int_{-\frac{\pi}{2}}^{\frac{\pi}{2}} \cos^2 t \mathrm{d}t = 4\pi a^2 b \int_{-\frac{\pi}{2}}^{\frac{\pi}{2}} \frac{1 + \cos 2t}{2} \mathrm{d}t = 2\pi^2 a^2 b.$$

【例 10】求由曲线 $xy = 4$,直线 $y = 1$ 及 y 轴所围成的第一象限内的平面图形绕 y 轴旋转一周而成的旋转体的体积.

【问题分析】本题考察旋转体的体积.

【解】如图 5 – 12 所示,建立坐标系,利用元素法,

(1)取 y 为积分变量,则积分区间为 $[1, +\infty]$;

(2)体积元素为

$$\mathrm{d}V = \pi x^2 \mathrm{d}x = \pi \left(\frac{4}{y} \right)^2 \mathrm{d}y;$$

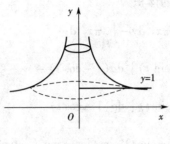

图 5 – 12

（3）于是旋转体的体积为

$$V = \int_1^{+\infty} \pi x^2 \mathrm{d}y = \int_1^{+\infty} \pi \left(\frac{4}{y}\right)^2 \mathrm{d}y$$

$$= 16\pi \int_1^{+\infty} \frac{1}{y^2} \mathrm{d}y = -16\pi \cdot \frac{1}{y} \bigg|_1^{+\infty} = 16\pi.$$

【例 11】求由摆线 $x = a(t - \sin t)$，$y = a(1 - \cos t)$ 的一拱及 $y = 0$ 所围图形绕 y 轴旋转一周而成的旋转体的体积.

【问题分析】本题考察旋转体的体积.

【解】如图 5 – 13 所示，建立坐标系，利用元素法，

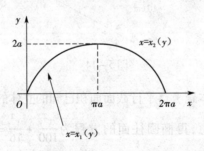

图 5 – 13

（1）取 y 为积分变量，则积分区间为 $[0, 2a]$；

（2）体积元素为

$$\mathrm{d}V_1 = \pi x_1^{\;2} \mathrm{d}y, \mathrm{d}V_2 = \pi x_2^{\;2} \mathrm{d}y;$$

(3)于是旋转体的体积为

$$V = V_2 - V_1 = \int_0^{2a} \pi x_2{}^2 \mathrm{d}y - \int_0^{2a} \pi x_1{}^2 \mathrm{d}y$$

$$= \pi \int_{2\pi}^{\pi} [a(t - \sin t)]^2 \mathrm{d}a(1 - \cos t) -$$

$$\pi \int_0^{\pi} [a(t - \sin t)]^2 \mathrm{d}a(1 - \cos t)$$

$$= -\pi a^3 \int_0^{2\pi} (t - \sin t)^2 \sin t \mathrm{d}t = -\pi a^3(-6\pi^2) = 6\pi^3 a^3.$$

【例12】如图 5 - 14 所示,直椭圆柱体被通过底面短轴的斜平面所截,试求截得楔形体的体积.

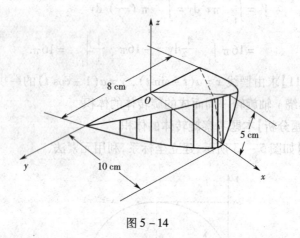

图 5 - 14

【问题分析】本题考察平行截面面积已知的立体的体积.

【解】根据题意,得椭圆柱面的方程为 $\dfrac{x^2}{100} + \dfrac{y^2}{16} = 1$,斜面的方程为 $z = \dfrac{x}{2}$.

用平面 $x = t$ 截这个立体,得一长方形,其边长是 $8\sqrt{1 - \dfrac{t^2}{100}}$ 和 $\dfrac{t}{2}$,其面积为

$$8 \sqrt{1 - \frac{t^2}{100}} \cdot \frac{t}{2} = 4t \sqrt{1 - \frac{t^2}{100}}.$$

所以截面面积为

$$A(x) = 4x \sqrt{1 - \frac{x^2}{100}}.$$

从而所求体积为

$$V = \int_0^{10} A(x)\,\mathrm{d}x = \int_0^{10} 4x \sqrt{1 - \frac{x^2}{100}}\,\mathrm{d}x = -\frac{400}{3}\left(1 - \frac{x^2}{100}\right)^{\frac{3}{2}}\bigg|_0^{10} = \frac{400}{3}.$$

三、平面曲线的弧长

【例 13】求心形线 $\rho = a(1 + \cos\theta)$ $(a > 0)(0 \leqslant \theta \leqslant 2\pi)$ 的弧长.

【问题分析】本题考察极坐标系下的弧长.

【解】如图 5 – 15 所示,建立坐标系,因为 $\rho' = -a\sin\theta$,所以弧长元素为

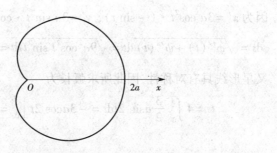

图 5 – 15

$$\begin{aligned}
\mathrm{d}s &= \sqrt{\rho^2(\theta) + \rho'^2(\theta)}\,\mathrm{d}\theta \\
&= \sqrt{[a(1 + \cos\theta)]^2 + (-a\sin\theta)^2}\,\mathrm{d}\theta \\
&= 2a\left|\cos\frac{\theta}{2}\right|\mathrm{d}\theta.
\end{aligned}$$

又根据心形线的对称性,得所求弧长为

$$s = 2\int_0^\pi 2a\left|\cos\frac{\theta}{2}\right|dx = 2\int_0^\pi 2a\cos\frac{\theta}{2}dx = 8a\sin\frac{\theta}{2}\Big|_0^\pi = 8a.$$

【例 14】求星形线 $x = a\cos^3 t, y = a\sin^3 t$　$(0 \leqslant t \leqslant 2\pi)$ 的弧长.

【问题分析】本题考察参数方程形式下的弧长.

【解】如图 5 - 16 所示,建立坐标系.

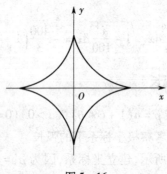

图 5 - 16

因为 $x' = 3a\cos^2 t \cdot (-\sin t)$, $y' = 3a\sin^2 t \cdot \cos t$,所以弧长元素

$$\mathrm{d}s = \sqrt{\varphi'^2(t) + \psi'^2(t)}\,\mathrm{d}t = \sqrt{9a^2\cos^2 t\sin^2 t}\,\mathrm{d}t = \frac{3}{2}a\,|\sin 2t|.$$

又星形线具有对称性,因此所求弧长为

$$s = 4\int_0^{\frac{\pi}{4}} \frac{3}{2}a\sin 2t\mathrm{d}t = -3a\cos 2t\Big|_0^{\frac{\pi}{4}} = 3a.$$

考研真题解析与综合提高

【例 1】(2016 年数学一)$\lim\limits_{x\to0}\dfrac{\displaystyle\int_0^x t\ln(1 + t\sin t)\mathrm{d}t}{1 - \cos x^2} = $ ＿＿＿＿＿＿.

【问题解析】此题结合积分上限函数考察函数的极限.

【解】$\lim\limits_{x \to 0} \dfrac{\displaystyle\int_0^x t\ln(1 + t\sin t)\,\mathrm{d}t}{1 - \cos x^2} = \lim\limits_{x \to 0} \dfrac{\displaystyle\int_0^x t\ln(1 + t\sin t)\,\mathrm{d}t}{\dfrac{1}{2}(x^2)^2}$

$\overset{\frac{0}{0}}{=} \lim\limits_{x \to 0} \dfrac{x\ln(1 + x\sin x)}{2x^3}$

$= \lim\limits_{x \to 0} \dfrac{x \cdot x\sin x}{2x^3} = \dfrac{1}{2}.$

【例 2】(2016 年数学一) 若反常积分 $\displaystyle\int_0^{+\infty} \dfrac{1}{x^a(1 + x)^b}\,\mathrm{d}x$ 收敛,

则( ).

(A) $a < 1, b > 1$ (B) $a > 1, b > 1$

(C) $a < 1, a + b > 1$ (D) $a > 1, a + b > 1$

【问题分析】本题考察反常积分的收敛性.

【解】$\displaystyle\int_0^{+\infty} \dfrac{1}{x^a(1 + x)^b}\,\mathrm{d}x = \int_0^1 \dfrac{1}{x^a(1 + x)^b}\,\mathrm{d}x + \int_1^{+\infty} \dfrac{1}{x^a(1 + x)^b}\,\mathrm{d}x.$

由 $\displaystyle\int_0^1 \dfrac{1}{x^p}\,\mathrm{d}x$ 在 $p < 1$ 时收敛, 可知 $a < 1$, 此时 $(1 + x)^b$ 不影响; 同理

$\displaystyle\int_1^{+\infty} \dfrac{1}{x^a(1 + x)^b}\,\mathrm{d}x = \int_1^{+\infty} \dfrac{1}{x^{a+b}\left(1 + \dfrac{1}{x}\right)^b}\,\mathrm{d}x$, 而 $\displaystyle\int_1^{+\infty} \dfrac{1}{x^p}\,\mathrm{d}x$ 在 $p > 1$ 时收

敛, 可知 $a + b > 1$, 此时 $\left(1 + \dfrac{1}{x}\right)^b$ 不影响, 所以选(C).

【例 3】(2016 年数学二) 设 D 是由曲线 $y = \sqrt{1 - x^2}$ $(0 \leqslant x \leqslant 1)$ 与

曲线 $\begin{cases} x = \cos^3 t \\ y = \sin^3 t \end{cases}$ $\left(0 \leqslant x \leqslant \dfrac{\pi}{2}\right)$ 围成的平面区域, 求 D 绕 x 轴旋转一周所

得旋转体的体积和表面积.

【问题分析】本题结合参数方程考察旋转体的体积和表面积.

【解】根据旋转体的体积公式, 得

$$V = \int_0^1 \pi f_1^{\ 2}(x)\,\mathrm{d}x - \int_0^1 \pi f_2^{\ 2}(x)\,\mathrm{d}x$$

$$= \int_0^1 \pi \left(\sqrt{1-x^2}\right)^2 \mathrm{d}x - \int_0^1 \pi \left(1-x^{\frac{2}{3}}\right)^3 \mathrm{d}x$$

$$= \frac{2}{3}\pi - \frac{16}{105}\pi = \frac{18}{35}\pi.$$

根据旋转体的表面积公式,得

$$S = 2\pi \times 1^2 + 2\pi \int_0^{\frac{\pi}{2}} \sin^3 t \sqrt{\left[(\cos^3 t)'\right]^2 + \left[(\sin^3 t)'\right]^2}\,\mathrm{d}t$$

$$= 2\pi + 6\pi \int_0^{\frac{\pi}{2}} \sin^4 t\cos t\,\mathrm{d}t = \frac{16\pi}{5}.$$

【例 4】(2015 年数学二)已知 $f(x) = \int_x^1 \sqrt{1+t^2}\,\mathrm{d}t + \int_1^{x^2} \sqrt{1+t}\,\mathrm{d}t$,求 $f(x)$ 的零点个数.

【问题分析】本题考察积分上限函数的导数和方程根的个数.

【解】函数 $f(x)$ 的定义域为 $(-\infty, +\infty)$,

$$f(-\infty) = \int_{-\infty}^1 \sqrt{1+t^2}\,\mathrm{d}t + \int_1^{+\infty} \sqrt{1+t}\,\mathrm{d}t > 0.$$

当 $x > 0$ 时,$\int_1^{x^2} \sqrt{1+t}\,\mathrm{d}t \xrightarrow{\ t=u^2\ } \int_1^x \sqrt{1+u^2}\,2u\,\mathrm{d}u = \int_1^x \sqrt{1+t^2}\,2t\,\mathrm{d}t$,因此

$$f(x) = \int_x^1 \sqrt{1+t^2}\,\mathrm{d}t + \int_1^x \sqrt{1+t^2}\,2t\,\mathrm{d}t = \int_1^x (2t-1)\sqrt{1+t^2}\,\mathrm{d}t,$$

所以

$$f(+\infty) = \int_1^{+\infty} (2t-1)\sqrt{1+t^2}\,\mathrm{d}t > 0.$$

又 $f'(x) = (2x-1)\sqrt{1+x^2}$,令 $f'(x) = 0$,得函数 $f(x)$ 的唯一驻点 $x = \dfrac{1}{2}$.

当 $x < \dfrac{1}{2}$ 时,$f'(x) < 0$,函数 $f(x)$ 单调递减;当 $x > \dfrac{1}{2}$ 时,$f'(x) > 0$,函数 $f(x)$ 单调递增,因此函数 $f(x)$ 在 $x = \dfrac{1}{2}$ 取得最小值,而且最小值

为 $f\left(\dfrac{1}{2}\right) = \int_{1}^{\frac{1}{2}} (2t-1)\sqrt{1+t^2}\,dt < 0.$

再在区间 $\left(-\infty,\dfrac{1}{2}\right)$ 和 $\left(\dfrac{1}{2},+\infty\right)$ 分别利用零点定理得到,函数

$f(x)$ 有两个零点,分别位于开区间 $\left(-\infty,\dfrac{1}{2}\right)$ 和 $\left(\dfrac{1}{2},+\infty\right)$ 内.

【例5】(2015年数学二)下列反常积分收敛的是(   ).

(A) $\displaystyle\int_{2}^{+\infty} \dfrac{1}{\sqrt{x}}\,dx$ 　　　　(B) $\displaystyle\int_{2}^{+\infty} \dfrac{\ln x}{x}\,dx$

(C) $\displaystyle\int_{2}^{+\infty} \dfrac{1}{x\ln x}\,dx$ 　　　(D) $\displaystyle\int_{2}^{+\infty} \dfrac{x}{e^x}\,dx$

【问题分析】本题考察反常积分的收敛性.

【解】因为 $\displaystyle\int_{2}^{+\infty}\dfrac{1}{\sqrt{x}}\,dx = 2\sqrt{x}\,\Big|_{2}^{+\infty} = +\infty$,

$$\int_{2}^{+\infty} \dfrac{\ln x}{x}\,dx = \dfrac{1}{2}\ln^2 x\,\Big|_{2}^{+\infty} = +\infty,$$

$$\int_{2}^{+\infty} \dfrac{1}{x\ln x}\,dx = \ln\ln x\,\Big|_{2}^{+\infty} = +\infty.$$

所以这三个反常积分都是发散的.

而 $\displaystyle\int_{2}^{+\infty}\dfrac{x}{e^x}\,dx = -\int_{2}^{+\infty} x\,de^{-x} = -xe^{-x}\Big|_{2}^{+\infty} + \int_{2}^{+\infty} e^{-x}\,dx$

$$= \lim_{x\to+\infty}\dfrac{-x}{e^x} + 2e^{-2} - e^{-x}\Big|_{2}^{+\infty} = 3e^{-2}.$$

此反常积分收敛,所以选(D).

【例6】(2015年数学农)设 D 是由曲线 $y=4-x^2$ 和直线 $y=x+2$ 所围成的平面图形,如图 5-17,求 D 的面积 S 及 D 绕 x 轴旋转所得旋转体的体积 V.

【问题分析】本题考察平面图形的面积和旋转体的体积.

【解】联立 $\begin{cases} y=4-x^2, \\ y=x+2, \end{cases}$ 解得交点为 $(-2,0)$ 和 $(1,3)$.

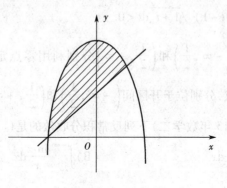

图 5 – 17

所求面积为

$$S = \int_{-2}^{1} \left[(4 - x^2) - (x + 2) \right] dx = \int_{-2}^{1} (-x^2 - x + 2) dx = \frac{9}{2}.$$

所求旋转体的体积为

$$V = \int_{-2}^{1} \pi (4 - x^2)^2 dx - \frac{1}{3}\pi \cdot 3^2 \cdot 3 = \frac{153}{5}\pi - 9\pi = \frac{108}{5}\pi.$$

【例 7】(2015 年数学二) 设 $A > 0$, D 是由曲线段 $y = A \sin x$ $\left(0 \le x \le \dfrac{\pi}{2}\right)$ 及直线 $y = 0$, $x = \dfrac{\pi}{2}$ 所围成的平面区域, V_1, V_2 分别表示 D 绕 x 轴与绕 y 轴旋转所成的旋转体的体积, 若 $V_1 = V_2$, 求 A 的值.

【问题分析】本题考察旋转体的体积.

【解】根据旋转体的体积公式, 得

$$V_1 = \int_{0}^{\frac{\pi}{2}} \pi f^2(x) \, dx = \int_{0}^{\frac{\pi}{2}} \pi (A \sin x)^2 dx$$

$$= \int_{0}^{\frac{\pi}{2}} \pi A^2 \frac{1 - \cos 2x}{2} dx = \frac{(\pi A)^2}{4}.$$

$$V_2 = \int_{0}^{\frac{\pi}{2}} 2\pi x f(x) \, dx = \int_{0}^{\frac{\pi}{2}} 2\pi x \cdot A \sin x \, dx$$

$$= -2\pi A \int_{0}^{\frac{\pi}{2}} x \, d\cos x = 2\pi A.$$

根据题意 $V_1 = V_2$，得 $A = \dfrac{8}{\pi}$.

【例8】(2014年数学一)求极限 $\displaystyle\lim_{x \to +\infty} \dfrac{\displaystyle\int_1^x [t^2(e^{\frac{1}{t}} - 1) - t]\,\mathrm{d}t}{x^2 \ln\left(1 + \dfrac{1}{x}\right)}$.

【问题分析】本题综合利用等价无穷小替换和洛必达法则等方法求极限.

【解】$\displaystyle\lim_{x \to +\infty} \dfrac{\displaystyle\int_1^x [t^2(e^{\frac{1}{t}} - 1) - t]\,\mathrm{d}t}{x^2 \ln\left(1 + \dfrac{1}{x}\right)}$

$= \displaystyle\lim_{x \to +\infty} \dfrac{\displaystyle\int_1^x [t^2(e^{\frac{1}{t}} - 1) - t]\,\mathrm{d}t}{x^2 \cdot \dfrac{1}{x}} = \lim_{x \to +\infty} \dfrac{\displaystyle\int_1^x [t^2(e^{\frac{1}{t}} - 1) - t]\,\mathrm{d}t}{x}$

$\overset{\frac{\infty}{\infty}}{=} \displaystyle\lim_{x \to +\infty} \dfrac{x^2(e^{\frac{1}{x}} - 1) - x}{1} \xlongequal{\frac{1}{x} = t} \lim_{t \to 0} \dfrac{e^t - 1 - t}{t^2}$

$\overset{\frac{0}{0}}{=} \displaystyle\lim_{t \to 0} \dfrac{e^t - 1}{2t} = \lim_{t \to 0} \dfrac{t}{2t} = \dfrac{1}{2}$.

【例9】(2014年数学二)已知函数 $f(x, y)$ 满足 $\dfrac{\partial f}{\partial y} = 2(y + 1)$ 且 $f(y, y) = (y + 1)^2 - (2 - y)\ln y$，求曲线 $f(x, y) = 0$ 所围成的图形绕直线 $y = -1$ 旋转所成的旋转体的体积.

【问题分析】本题考察定积分的应用:求旋转体的体积.

【解】根据题意 $\dfrac{\partial f}{\partial y} = 2(y + 1)$ 得，$f(x, y) = (y + 1)^2 + \varphi(x)$.

又 $f(y, y) = (y + 1)^2 - (2 - y)\ln y$，故

$$\varphi(x) = -(2 - x)\ln x = (x - 2)\ln x.$$

因此

$$f(x, y) = (y + 1)^2 + (x - 2)\ln x.$$

又由曲线 $f(x,y)=0$ 得, $(y+1)^2=-(x-2)\ln x$, 因此由曲线 $f(x,y)=0$ 所围成的图形绕直线 $y=-1$ 旋转所成的旋转体的体积元素为

$$dV=\pi\left[y-(-1)\right]^2dx=\pi(y+1)^2dx=-\pi(x-2)\ln xdx,$$

又联立 $\begin{cases}f(x,y)=0,\\y=-1,\end{cases}$ 即 $\begin{cases}(y+1)2=-(x-2)\ln x,\\y=-1,\end{cases}$ 得曲线 $f(x,y)=0$ 和直线 $y=-1$ 的交点为 $(1,-1)$ 和 $(2,-1)$,所以所求旋转体的体积为

$$V=\int_1^2\pi\left[y-(-1)\right]^2dx=\int_1^2-\pi(x-2)\ln xdx$$

$$=-\pi\int_1^2\ln xd\left(\frac{x^2}{2}-2x\right)=\left(2\ln 2-\frac{5}{4}\right)\pi.$$

【例 10】(2013 年数学一)计算 $\int_0^1\frac{f(x)}{\sqrt{x}}dx$,其中

$$f(x)=\int_1^x\frac{\ln(t+1)}{t}dx.$$

【问题分析】本题考察定积分的换元积分法和分部积分法的综合应用.

【解】因为 $f(x)=\int_1^x\frac{\ln(t+1)}{t}dx$, 所以 $f(1)=0$, $f'(x)=\frac{\ln(x+1)}{x}$.

$$\int_0^1\frac{f(x)}{\sqrt{x}}dx=2\int_0^1f(x)d\sqrt{x}=2\left[f(x)\sqrt{x}\bigg|_0^1-\int_0^1\sqrt{x}f'(x)dx\right]$$

$$=2f(1)-2\int_0^1\sqrt{x}\cdot\frac{\ln(x+1)}{x}dx=-2\int_0^1\frac{\ln(x+1)}{\sqrt{x}}dx$$

$$=-4\int_0^1\ln(x+1)d\sqrt{x}=-4\left[\ln(x+1)\sqrt{x}\bigg|_0^1-\int_0^1\frac{\sqrt{x}}{x+1}dx\right]$$

$$=-4\left(\ln 2-\int_0^1\frac{\sqrt{x}}{x+1}dx\right)$$

$$\overset{\sqrt{x}=t}{=} -4\left(\ln 2 - \int_0^1 \frac{t}{t^2+1}\cdot 2t\mathrm{d}t\right) = -4\ln 2 + 8\int_0^1 \frac{t^2+1-1}{t^2+1}\mathrm{d}t$$

$$= -4\ln 2 + 8(t - \arctan t)\Big|_0^1 = -4\ln 2 + 8 - 2\pi.$$

【例 11】(2012 年数学二)计算极限

$$\lim_{n\to\infty} n\left(\frac{1}{1+n^2} + \frac{1}{2^2+n^2} + \cdots + \frac{1}{n^2+n^2}\right) = \underline{\qquad}.$$

【问题分析】本题考察利用定积分的定义求极限.

【解】因为 $\lim\limits_{n\to\infty} n\left(\dfrac{1}{1+n^2} + \dfrac{1}{2^2+n^2} + \cdots + \dfrac{1}{n^2+n^2}\right)$

$$= \lim_{n\to\infty}\sum_{i=1}^n \frac{1}{n}\cdot\frac{1}{1+\left(\dfrac{i}{n}\right)^2}.$$

根据定积分的定义可知，$\sum\limits_{i=1}^n \dfrac{1}{n}\cdot\dfrac{1}{1+\left(\dfrac{i}{n}\right)^2}$ 是函数 $f(x) = \dfrac{1}{1+x^2}$

在区间 $[0,1]$ 上的积分和，区间 $[0,1]$ 是 n 等分，ξ_i 是第 i 个小区间 $[x_{i-1},x_i] = \left[\dfrac{i-1}{n}, \dfrac{i}{n}\right]$ 的右端点 $\dfrac{i}{n}$.

因为函数 $f(x) = \dfrac{1}{1+x^2}$ 在区间 $[0,1]$ 上可积，于是

$$\lim_{n\to\infty}\sum_{i=1}^n \frac{1}{n}\cdot\frac{1}{1+\left(\dfrac{i}{n}\right)^2} = \lim_{n\to\infty}\sum_{i=1}^n f\left(\frac{i}{n}\right)\cdot\frac{1}{n}$$

$$= \int_0^1 \frac{1}{1+x^2}\mathrm{d}x = \left[\arctan x\right]_0^1 = \frac{\pi}{4}.$$

【例 12】(2012 年数学二)由曲线 $y = \dfrac{4}{x}$ 和直线 $y = x$ 及 $y = 4x$ 在第一象限中所围图形的面积为(　　).

【问题分析】本题考察定积分的应用:求平面图形的面积.

【解】如图 5-18(a)所示，

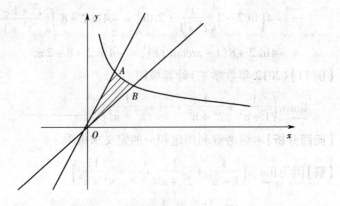

图 5 - 18(a)

联立方程 $\begin{cases} y = \dfrac{4}{x}, \\ y = 4x, \end{cases}$ 和 $\begin{cases} y = \dfrac{4}{x}, \\ y = x, \end{cases}$ 得交点分别为 $A(1,4)$ 和 $B(2,2)$.

此题所围区域为复杂区域需要切割,可以用直线 $x = 1$ 或 $y = 2$ 将区域切成两个简单区域.

方法一　利用定积分求面积. 不妨选择用直线 $x = 1$ 将区域切成左右两个简单区域,如图 5 - 18(b).

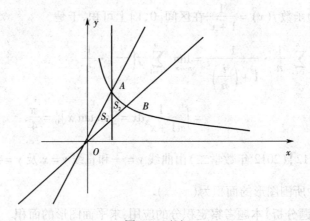

图 5 - 18(b)

则面积元素分别为 $\mathrm{d}S_1 = (4x - x)\,\mathrm{d}x, \mathrm{d}S_2 = \left(\dfrac{4}{x} - x\right)\mathrm{d}x$，所以所求

面积为 $S = S_1 + S_2 = \displaystyle\int_0^1 (4x - x)\,\mathrm{d}x + \int_1^2 \left(\dfrac{4}{x} - x\right)\mathrm{d}x = 4\ln 2.$

　　方法二　利用被积函数为 1 的二重积分求面积. 不妨选择用直线
$y = 2$ 将区域切成上下两个简单区域，如图 5 – 18(c).

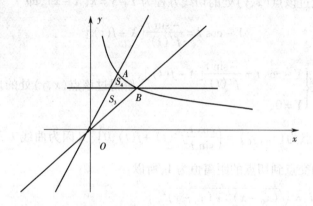

图 5 – 18(c)

两个区域的范围分别为

$$\begin{cases} 0 \leqslant y \leqslant 2, \\ \dfrac{y}{4} \leqslant x \leqslant y, \end{cases} \qquad \begin{cases} 2 \leqslant y \leqslant 4, \\ \dfrac{y}{4} \leqslant x \leqslant \dfrac{4}{y}. \end{cases}$$

因此所求面积为

$$S = S_3 + S_4 = \int_0^2 \mathrm{d}y \int_{\frac{y}{4}}^{y} \mathrm{d}x + \int_2^4 \mathrm{d}y \int_{\frac{y}{4}}^{\frac{4}{y}} \mathrm{d}x = 4\ln 2.$$

　　【例 13】（2012 年数学一）已知曲线 $L:\begin{cases} x = f(t), \\ y = \cos t \end{cases} \left(0 \leqslant t < \dfrac{\pi}{2}\right)$，其

中函数 $f(t)$ 具有连续导数，且 $f(0) = 0$，$f'(t) > 0\ \left(0 < t < \dfrac{\pi}{2}\right)$，若曲
线 L 的切线与 x 轴的交点到切点的距离恒为 1，求函数 $f(t)$ 的表达式，
并求此曲线 L 与 x 轴与 y 轴围成的无边界的区域的面积.

【问题分析】本题结合切线方程考察平面图形的面积.

【解】先求函数 $f(t)$ 的表达式. 曲线 L 在任一处 (x,y) 的切线斜率为

$$k = \frac{\mathrm{d}y}{\mathrm{d}x} = \frac{(\cos t)'}{f'(t)} = \frac{-\sin t}{f'(t)}.$$

因此过该点 (x,y) 处的切线方程为 $Y - y = k(X - x)$,即

$$Y - \cos t = \frac{-\sin t}{f'(t)}[X - f(t)]$$

联立 $\begin{cases} Y - \cos t = \dfrac{-\sin t}{f'(t)}[X - f(t)], \\ Y = 0, \end{cases}$ 解得过该点 (x,y) 处的切线与

x 轴的交点为 $(x_0, y_0) = \left(\dfrac{\cos t}{\sin t} f'(t) + f(t), 0 \right)$. 又因为曲线 L 的切线与 x 轴的交点到切点的距离恒为 1,所以

$$d = \sqrt{(x_0 - x)^2 + (y_0 - y)^2}$$

$$= \sqrt{\left[\frac{\cos t}{\sin t} f'(t) + f(t) - f(t) \right]^2 + (0 - \cos t)^2} = 1,$$

又 $f'(t) > 0$ $\left(0 < t < \dfrac{\pi}{2} \right)$,故 $f'(t) = \dfrac{\sin^2 t}{\cos t} = \dfrac{1 - \cos^2 t}{\cos t} = \sec t - \cos t$,

两边积分得

$$f(t) = \int (\sec t - \cos t) \mathrm{d}t = \ln|\sec t + \tan t| - \sin t + C.$$

又 $f(0) = 0$,故 $C = 0$. 所以函数 $f(t)$ 的表达式为

$$f(t) = \ln|\sec t + \tan t| - \sin t.$$

再求此曲线 L 与 x 轴与 y 轴围成的无边界的区域的面积. 面积元素为

$$\mathrm{d}S = y\mathrm{d}x = \cos t\, \mathrm{d}(f(t)) = \cos t f'(t) \mathrm{d}t = \cos t \cdot \frac{\sin^2 t}{\cos t} \mathrm{d}t = \sin^2 t \mathrm{d}t,$$

所以曲线 L 与 x 轴与 y 轴围成的无边界的区域的面积为

$$S = \int_0^{+\infty} y\mathrm{d}x = \int_0^{\frac{\pi}{2}} \cos t f'(t)\mathrm{d}t = \int_0^{\frac{\pi}{2}} \sin^2 t\mathrm{d}t = \int_0^{\frac{\pi}{2}} \frac{1 - \cos 2t}{2}\mathrm{d}t = \frac{\pi}{4}.$$

【**例 14**】(2012 年数学二) 过点 $(0,1)$ 作曲线 $L:y = \ln x$ 的切线, 切点为 A, 又 L 与 x 轴交于 B 点, 区域 D 由 L 与直线 AB 围成, 求区域 D 的面积及 D 绕 x 轴旋转一周所得旋转体的体积.

【**问题分析**】本题考察平面图形的面积和旋转体的体积.

【**解**】此题考察平面图形的面积和旋转体的体积. 如图 $5-19$,

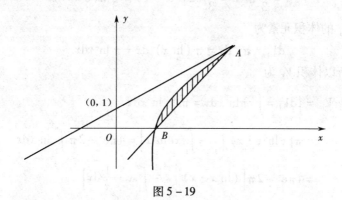

图 $5-19$

设切点坐标为 $A(x_0, \ln x_0)$, 则切线斜率为 $k = (\ln x)'\big|_{x = x_0} = \dfrac{1}{x_0}$,

所以切线方程为 $y - \ln x_0 = \dfrac{1}{x_0}(x - x_0)$, 又切线过点 $(0,1)$, 故 $x_0 = \mathrm{e}^2$,

所以切点为 $A(\mathrm{e}^2, 2)$. 又 L 与 x 轴交于点 $B(1,0)$, 所以直线 AB 的方程为

$$y = \frac{2}{\mathrm{e}^2 - 1}(x - 1).$$

先求平面图形的面积. 面积元素为

$$\mathrm{d}S = (y_{曲线} - y_{直线})\mathrm{d}x = \left[\ln x - \frac{2}{\mathrm{e}^2 - 1}(x - 1)\right]\mathrm{d}x.$$

故所求面积为

$$S = \int dS = \int_1^{e^2} (y_{曲线} - y_{直线}) dx = \int_1^{e^2} \left[\ln x - \frac{2}{e^2 - 1}(x - 1) \right] dx$$

$$= (x\ln x - x) \Big|_1^{e^2} - \frac{2}{e^2 - 1} \left(\frac{x^2}{2} - x \right) \Big|_1^{e^2} = 2.$$

再求旋转体的体积.

方法一　体积为 $V = V_1 - V_{圆锥}$,其中圆锥的体积为

$$V_{圆锥} = \frac{1}{3}\pi r^2 h = \frac{1}{3}\pi 2^2(e^2 - 1) = \frac{4}{3}\pi(e^2 - 1).$$

V_1 的体积元素为

$$dV_1 = \pi y^2 dx = \pi (\ln x)^2 dx = \pi \ln^2 x dx.$$

所以体积 V_1 为

$$V_1 = \int dV_1 = \int_1^{e^2} \pi\ln^2 x dx = \pi \int_1^{e^2} \ln^2 x dx$$

$$= \pi \left[(\ln^2 x \cdot x) \Big|_1^{e^2} - \int_1^{e^2} x d\ln^2 x \right] = 4\pi e^2 - 2\pi \int_1^{e^2} \ln x dx$$

$$= 4\pi e^2 - 2\pi \left[(\ln x \cdot x) \Big|_1^{e^2} - \int_1^{e^2} x \cdot \frac{1}{x} dx \right]$$

$$= 4\pi e^2 - 2\pi [2e^2 - (e^2 - 1)] = 2\pi(e^2 - 1).$$

因此旋转体的体积为

$$V = V_1 - V_{圆锥} = 2\pi(e^2 - 1) - \frac{4}{3}\pi(e^2 - 1) = \frac{2}{3}\pi(e^2 - 1).$$

方法二　体积元素为

$$dV = \pi(y_{曲线}^2 - y_{直线}^2) dx = \pi \left\{ (\ln x)^2 - \left[\frac{2}{e^2 - 1}(x - 1) \right]^2 \right\} dx.$$

所以体积 V 为

$$V = \int_1^{e^2} \pi \left\{ (\ln x)^2 - \left[\frac{2}{e^2 - 1}(x - 1) \right]^2 \right\} dx$$

$$= 2\pi(e^2 - 1) - \frac{4}{3}\pi(e^2 - 1) = \frac{2}{3}\pi(e^2 - 1).$$

【例 15】（2011 年数学一）设 $I = \int_0^{\frac{\pi}{4}} \ln\sin x dx, J = \int_0^{\frac{\pi}{4}} \ln\cot x dx,$

$K = \int_0^{\frac{\pi}{4}} \ln\cos x \, dx$，则三者的大小关系为(　　).

(A)$I < J < K$　　(B)$I < K < J$　　(C)$J < I < K$　　(D)$K < J < I$

【问题分析】本题考察利用定积分的性质比较定积分的大小,可将比较定积分的大小转换为比较对应被积函数的大小.

【解】当 $0 < x < \dfrac{\pi}{4}$ 时,$0 < \sin x < \dfrac{\sqrt{2}}{2} < \cos x < \cot x$,因此

$$\ln\sin x < \ln\cos x < \ln\cot x.$$

根据定积分的性质,得到

$$\int_0^{\frac{\pi}{4}} \ln\sin x \, dx < \int_0^{\frac{\pi}{4}} \ln\cos x \, dx < \int_0^{\frac{\pi}{4}} \ln\cot x \, dx.$$

因此选(B).

【例 16】(2011 年数学二)设函数 $f(x) = \begin{cases} \lambda e^{-\lambda x}, & x > 0 \\ 0, & x \leqslant 0 \end{cases}$ $(\lambda > 0)$,

则 $\displaystyle\int_{-\infty}^{+\infty} x f(x) \, dx = $ _____.

【问题分析】本题考察分段函数的广义积分,利用分部积分法计算.

【解】$\displaystyle\int_{-\infty}^{+\infty} x f(x) \, dx = \int_{-\infty}^{0} 0 \, dx + \int_0^{+\infty} x \lambda e^{-\lambda x} \, dx$

$\displaystyle = -\int_0^{+\infty} x \, d e^{-\lambda x} = -\left(x e^{-\lambda x} \Big|_0^{+\infty} - \int_0^{+\infty} e^{-\lambda x} \, dx \right)$

$\displaystyle = \lim_{x \to +\infty} \frac{-x}{e^{\lambda x}} - \frac{1}{\lambda} e^{-\lambda x} \Big|_0^{+\infty} = \frac{1}{\lambda}.$

【例 17】(2011 年数学一)曲线 $y = \displaystyle\int_0^x \tan t \, dt$ $\left(0 \leqslant x \leqslant \dfrac{\pi}{4} \right)$ 的弧

长 $s = ($　　$)$.

【问题分析】本题结合积分上限函数的导数考察曲线弧长的计算.

【解】因为 $y' = \dfrac{d}{dx} \displaystyle\int_0^x \tan t \, dt = \tan x$,所以弧长元素为

$$\mathrm{d}s = \sqrt{1 + (y')^2}\,\mathrm{d}x = \sqrt{1 + (\tan x)^2}\,\mathrm{d}x = \sec x\,\mathrm{d}x,$$

因此所求弧长为

$$s = \int_0^{\frac{\pi}{4}} \sqrt{1 + (y')^2}\,\mathrm{d}x = \int_0^{\frac{\pi}{4}} \sec x\,\mathrm{d}x$$

$$= (\ln|\sec x + \tan x|)\Big|_0^{\frac{\pi}{4}} = \ln(\sqrt{2} + 1).$$

【例18】(2011年数学二)一容器的内侧是由图5-20中曲线绕 y 轴旋转一周而成的曲面,该曲面由 $x^2 + y^2 = 2y$ $\left(y \geqslant \dfrac{1}{2}\right)$, $x^2 + y^2 = 1$ $\left(y \leqslant \dfrac{1}{2}\right)$ 连接而成.

(1)求容器的容积;

(2)若将容器内盛满的水从容器顶部全部抽出,至少需要做多少功?(长度单位为m,重力加速度 g 单位为 $\mathrm{m/s}^2$,水的密度 ρ 为 $10^3\,\mathrm{kg/m}^3$).

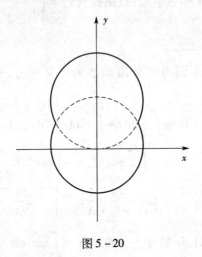

图5-20

【问题分析】本题考察旋转体的体积和变力沿直线做功.

【解】(1)体积元素为

$$\mathrm{d}V_1 = \pi x_{\pm}^2\,\mathrm{d}y = \pi(2y - y^2)\,\mathrm{d}y,\ \mathrm{d}V_2 = \pi x_{\mathrm{F}}^2\,\mathrm{d}y = \pi(1 - y^2)\,\mathrm{d}y,$$

所以所求体积为

$$V = V_1 + V_2 = \int_{\frac{1}{2}}^2 \pi(2y - y^2)\mathrm{d}y + \int_{-1}^{\frac{1}{2}} \pi(1 - y^2)\mathrm{d}y = \frac{9}{4}\pi.$$

（2）克服重力做所做的功为

$$W = F \cdot s = mgs = \rho Vgs.$$

故功元素为

$$\mathrm{d}W_1 = \rho \mathrm{d}V_1 gs = \rho(\pi x_{\pm}^2 \mathrm{d}y)gs$$

$$= \rho\pi(2y - y^2)\mathrm{d}y \cdot g(2 - y) = (2 - y)\rho g\pi(2y - y^2)\mathrm{d}y,$$

$$\mathrm{d}W_2 = \rho \mathrm{d}V_2 gs = \rho(\pi x_{\mp}^2 \mathrm{d}y)gs$$

$$= \rho\pi(1 - y^2)\mathrm{d}y \cdot g(2 - y) = (2 - y)\rho g\pi(1 - y^2)\mathrm{d}y,$$

所以所做的功为

$$W = W_1 + W_2$$

$$= \int_{\frac{1}{2}}^2 (2 - y)\rho g\pi(2y - y^2)\mathrm{d}y + \int_{-1}^{\frac{1}{2}} (2 - y)\rho g\pi(1 - y^2)\mathrm{d}y$$

$$= \frac{27}{8}\rho g\pi = 3375g\pi.$$

【例19】(2011 年数学三)曲线 $y = \sqrt{x^2 - 1}$，直线 $x = 2$ 及 x 轴所围

成的平面图形绕 x 轴旋转所成的旋转

体的体积为( ).

【问题分析】本题考察旋转体的

体积.

【解】如图 5 - 21 所示，体积元

素为

$$\mathrm{d}V = \pi y^2 \mathrm{d}x = \pi\left(\sqrt{x^2 - 1}\right)^2 \mathrm{d}x$$

$$= \pi(x^2 - 1)\mathrm{d}x.$$

因此所求旋转体的体积为

$$V = \int_1^2 \mathrm{d}V = \int_1^2 \pi(x^2 - 1)\mathrm{d}x = \frac{4}{3}\pi.$$

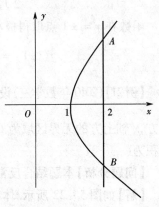

图 5 - 21

【例20】(2010 年数学二)求函数 $f(x) = \int_1^{x^2} (x^2 - t) \mathrm{e}^{-t^2} \mathrm{d}t$ 的单调区间和极值.

【问题分析】本题考察积分上限函数的导数和利用导数求函数的单调区间和极值.

【解】定义域为 $(-\infty, +\infty)$,且函数可化为

$$f(x) = x^2 \int_1^{x^2} \mathrm{e}^{-t^2} \mathrm{d}t - \int_1^{x^2} t \mathrm{e}^{-t^2} \mathrm{d}t,$$

因此

$$f'(x) = 2x \int_1^{x^2} \mathrm{e}^{-t^2} \mathrm{d}t + x^2 \mathrm{e}^{-(x^2)^2} \cdot 2x - x^2 \mathrm{e}^{-(x^2)^2} \cdot 2x = 2x \int_1^{x^2} \mathrm{e}^{-t^2} \mathrm{d}t.$$

令 $f'(x) = 0$,得 $x = 0, x = \pm 1$.

当 $x \in (-\infty, -1)$ 时,$f'(x) < 0$,函数在区间 $(-\infty, -1)$ 上单调递减;当 $x \in (-1, 0)$ 时,$f'(x) > 0$,函数在区间 $(-1, 0)$ 上单调递增;当 $x \in (0, 1)$ 时,$f'(x) < 0$,函数在区间 $(0, 1)$ 上单调递减;当 $x \in (1, +\infty)$ 时,$f'(x) > 0$,因此函数在区间 $(1, +\infty)$ 上单调递增.

函数在 $x = 0$ 点取得极大值,极大值为

$$f(0) = \int_1^0 (0 - t) \mathrm{e}^{-t^2} \mathrm{d}t = \frac{1}{2} \int_1^0 \mathrm{e}^{-t^2} \mathrm{d}(-t^2) = \frac{1}{2} \mathrm{e}^{-t^2} \Big|_1^0 = \frac{1}{2}(1 - \mathrm{e}^{-1}) ;$$

函数在 $x = \pm 1$ 点取得极小值,极小值为

$$f(\pm 1) = \int_1^1 (1 - t) \mathrm{e}^{-t^2} \mathrm{d}t = 0.$$

【例21】(2010 年数学三)设位于曲线 $y = \dfrac{1}{\sqrt{x(1 + \ln^2 x)}}$ $(\mathrm{e} \leqslant x < +\infty)$

下方,x 轴上方的无界区域为 G,则 G 绕 x 轴旋转一周所得空间区域的体积为(　　).

【问题分析】本题结合反常积分考察定积分的应用.

【解】如图 5 - 22 所示. 体积元素为

$$\mathrm{d}V = \pi y^2 \mathrm{d}x = \pi \left(\frac{1}{\sqrt{x(1 + \ln^2 x)}} \right)^2 \mathrm{d}x = \pi \frac{1}{x(1 + \ln^2 x)} \mathrm{d}x.$$

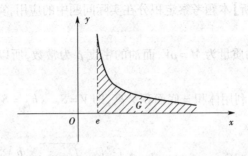

图 5 – 22

因此所求旋转体的体积为

$$V = \int_e^{+\infty} \mathrm{d}V = \int_e^{+\infty} \pi \frac{1}{x(1+\ln^2 x)} \mathrm{d}x = \pi \int_e^{+\infty} \frac{1}{1+\ln^2 x} \mathrm{d}\ln x$$

$$= \pi \arctan(\ln x) \Big|_e^{+\infty} = \pi \Big[\lim_{x \to +\infty} \arctan(\ln x) - \arctan(\ln e) \Big]$$

$$= \pi \Big(\lim_{t \to +\infty} \arctan t - \arctan 1 \Big) = \pi \Big(\frac{\pi}{2} - \frac{\pi}{4} \Big) = \frac{\pi^2}{4}.$$

【例 22】(2010 年数学二)一个高为 l 的柱体形贮油罐,截面是长轴为 $2a$,短轴为 $2b$ 的椭圆,现将贮油罐平放,当油罐中油面高度为 $\frac{3}{2}b$ 时(如图 5 – 23(a))计算油的质量.(长度单位为 m,质量单位为 kg,油的密度常数 ρ 单位为 kg/m³)

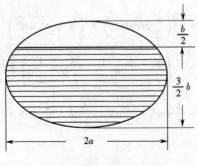

图 5 – 23(a)

【问题分析】本题考察定积分在实际问题中的应用,实质上考察的还是求体积.

【解】油的质量为 $M = \rho V$,而油的密度 ρ 为常数,所以关键是求油的体积 V.

方法一　利用体积 = 底面积×高,即 $V = S_{底} \times h_{高} = S_{底} \cdot l$,因此主要求底面积 $S_{底}$.

$$S_{底} = S_{椭圆} - S_1 = \pi ab - 2\int_0^{\frac{\sqrt{3}}{2}a} \left(b\sqrt{1 - \frac{x^2}{a^2}} - \frac{b}{2} \right) dx$$

$$\xlongequal[\text{则 } dx = a\cos t dt]{\text{令 } x = a\sin t} \pi ab - 2ab\int_0^{\frac{\pi}{3}} \left(\cos t - \frac{1}{2} \right) \cos t \, dt$$

$$= \pi ab - 2ab\left(\frac{\pi}{6} - \frac{\sqrt{3}}{8} \right) = \frac{2}{3}\pi ab + \frac{\sqrt{3}}{4}ab.$$

或者利用二重积分求底面积,即

$$S_{底} = S_{椭圆} - S_1 = \pi ab - 2\int_0^{\frac{\sqrt{3}}{2}a} dx \int_{\frac{b}{2}}^{b\sqrt{1 - \frac{x^2}{a^2}}} dy$$

$$= \pi ab - 2\int_0^{\frac{\sqrt{3}}{2}a} \left(b\sqrt{1 - \frac{x^2}{a^2}} - \frac{b}{2} \right) dx$$

$$= \pi ab - 2\int_0^{\frac{\sqrt{3}}{2}a} \left(\frac{b}{a}\sqrt{a^2 - x^2} - \frac{b}{2} \right) dx$$

$$= \pi ab - \frac{2b}{a}\left(\frac{a^2}{2}\arcsin\frac{x}{a} + \frac{1}{2}x\sqrt{a^2 - x^2} \right) \Bigg|_0^{\frac{\sqrt{3}}{2}a} + \frac{\sqrt{3}}{2}ab$$

$$= \pi ab - \frac{2b}{a}\left(\frac{a^2}{2} \cdot \frac{\pi}{3} + \frac{1}{2} \cdot \frac{\sqrt{3}}{2}a \cdot \frac{1}{2}a \right) + \frac{\sqrt{3}}{2}ab$$

$$= \pi ab - \frac{1}{3}\pi ab - \frac{\sqrt{3}}{4}ab + \frac{\sqrt{3}}{2}ab = \frac{2}{3}\pi ab + \frac{\sqrt{3}}{4}ab.$$

因此体积为

$$V = S_{底} \times h_{高} = S_{底} \cdot l = \left(\frac{2}{3}\pi ab + \frac{\sqrt{3}}{4}ab \right) \cdot l = lab\left(\frac{2}{3}\pi + \frac{\sqrt{3}}{4} \right).$$

方法二 利用已知截面面积求体积的方法. 以底面为 xOy 平面, 长轴为 x 轴, 短轴为 y 轴, 建立坐标系如图 5 – 23(b).

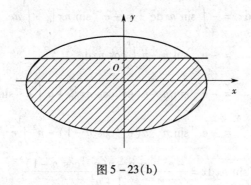

图 5 – 23(b)

则用平行于 xOz 的平面去截立体图形, 得到的截面面积为

$$S_{\text{截}} = 2 \mid x \mid \cdot l = 2l \cdot a \sqrt{1 - \frac{y^2}{b^2}}.$$

所以体积元素为

$$dV = S_{\text{截}} \, dy = 2l \cdot a \sqrt{1 - \frac{y^2}{b^2}} \, dy.$$

因此体积为

$$V = \int_{-b}^{\frac{b}{2}} dV = \int_{-b}^{\frac{b}{2}} 2l \cdot a \sqrt{1 - \frac{y^2}{b^2}} \, dy$$

$$\xrightarrow{\text{令 } y = b\sin t} 2la \int_{-\frac{\pi}{2}}^{\frac{\pi}{6}} \sqrt{1 - \sin^2 t} \cdot b\cos t \, dt = 2lab \int_{-\frac{\pi}{2}}^{\frac{\pi}{6}} \cos^2 t \, dt$$

$$= 2lab \int_{-\frac{\pi}{2}}^{\frac{\pi}{6}} \frac{\cos 2t + 1}{2} \, dt = lab \left(\frac{\sqrt{3}}{4} + \frac{2}{3}\pi \right).$$

故油的质量为

$$M = \rho V = \rho lab \left(\frac{\sqrt{3}}{4} + \frac{2}{3}\pi \right).$$

【例 23】(2009 年数学二) $\lim\limits_{n \to \infty} \int_0^1 e^{-x} \sin nx \, dx = \underline{\qquad}.$

【问题分析】本题考察定积分的分部积分法和数列极限.

【解】先计算定积分,因为

$$\int_0^1 e^{-x}\sin nx\,dx = -\int_0^1 \sin nx\,de^{-x} = -e^{-x}\sin nx\mid_0^1 + \int_0^1 ne^{-x}\cos nx\,dx$$

$$= -e^{-1}\sin n - n\int_0^1 \cos nx\,de^{-x}$$

$$= -e^{-1}\sin n - n(e^{-x}\cos nx\mid_0^1 + n\int_0^1 e^{-x}\sin nx\,dx)$$

$$= -e^{-1}\sin n - n(e^{-1}\cos n - 1) - n^2\int_0^1 e^{-x}\sin nx\,dx.$$

所以 $\int_0^1 e^{-x}\sin nx\,dx = \dfrac{-e^{-1}\sin n - n(e^{-1}\cos n - 1)}{1 + n^2}$.

再计算数列极限

$$\lim_{n\to\infty}\int_0^1 e^{-x}\sin nx\,dx$$

$$= \lim_{n\to\infty}\frac{-e^{-1}\sin n - n(e^{-1}\cos n - 1)}{1 + n^2}$$

$$= \lim_{n\to\infty}\left[-\frac{1}{1+n^2}\cdot e^{-1}\sin n - \frac{n}{1+n^2}\cdot(e^{-1}\cos n - 1)\right] = 0.$$

【例 24】(2008 年数学二)计算积分 $\int_0^1 \dfrac{x^2\arcsin x}{\sqrt{1-x^2}}dx$.

【问题分析】本题考察暇积分即无界函数的广义积分.

【解】因为 $\lim\limits_{x\to 1^-}\dfrac{x^2\arcsin x}{\sqrt{1-x^2}} = \infty$,所以 $\int_0^1 \dfrac{x^2\arcsin x}{\sqrt{1-x^2}}dx$ 是无界函数的广义积分,又称为暇积分.

令 $\arcsin x = t$,则 $x = \sin t$,当 $x = 0$ 时 $t = 0$;当 $x\to 1^-$ 时 $t\to\dfrac{\pi}{2}^-$,因此

$$\int_0^1 \frac{x^2\arcsin x}{\sqrt{1-x^2}}dx = \int_0^{\frac{\pi}{2}}\frac{t\sin^2 t}{\sqrt{1-\sin^2 t}}\cdot\cos t\,dt = \int_0^{\frac{\pi}{2}}t\sin^2 t\,dt$$

$$= \int_0^{\frac{\pi}{2}} t \cdot \frac{1 - \cos 2t}{2} dt = \frac{t^2}{4} \Big|_0^{\frac{\pi}{2}} - \frac{1}{4} \int_0^{\frac{\pi}{2}} t d(\sin 2t)$$

$$= \lim_{t \to \frac{\pi}{2}^-} \frac{t^2}{4} - \frac{1}{4} \left(t \sin 2t \Big|_0^{\frac{\pi}{2}} - \int_0^{\frac{\pi}{2}} \sin 2t dt \right)$$

$$= \frac{\pi^2}{16} - \frac{1}{8} \cos 2t \Big|_0^{\frac{\pi}{2}} = \frac{\pi^2}{16} + \frac{1}{4}.$$

【例25】(2008年数学三)设函数 $f(x)$ 在区间 $[-1,1]$ 上连续,则

$x = 0$ 是函数 $g(x) = \dfrac{\displaystyle\int_0^x f(t) dt}{x}$ 的( ).

(A)跳跃间断点　　　　　　　(B)可去间断点

(C)无穷间断点　　　　　　　(D)振荡间断点

【问题分析】本题考察积分上限函数的导数和间断点的类型.

【解】因为 $\lim\limits_{x \to 0} g(x) = \lim\limits_{x \to 0} \dfrac{\displaystyle\int_0^x f(t) dt}{x} = \lim\limits_{x \to 0} f(x) = f(0)$,而函数 $g(x)$

在 $x = 0$ 点没有定义,所以点 $x = 0$ 是函数 $g(x)$ 的可去间断点,因此选

(B).

【例26】(2007年数学二)连续函数 $y = f(x)$ 在区间 $[-3, -2]$,

$[2,3]$ 上的图形分别是直径为 1 的上、下半圆周,在区间 $[-2,0]$,

$[0,2]$ 上图形分别是直径为 2 的下、上半圆周,设 $F(x) = \int_0^x f(t) dt$,则

下列结论正确的是( ).

(A) $F(3) = -\dfrac{3}{4} F(-2)$ 　　　　(B) $F(3) = \dfrac{5}{4} F(2)$

(C) $F(-3) = \dfrac{3}{4} F(2)$ 　　　　(D) $F(-3) = -\dfrac{5}{4} F(-2)$

【问题分析】本题考察定积分的几何意义和圆的面积公式.

【解】根据定积分的几何意义,得

$$F(3) = \int_0^3 f(t)\,dt = \frac{1}{2} \times \pi \times 1^2 - \frac{1}{2} \times \pi \times \left(\frac{1}{2}\right)^2 = \frac{3}{8}\pi,$$

$$F(2) = \int_0^2 f(t)\,dt = \frac{1}{2} \times \pi \times 1^2 = \frac{1}{2}\pi,$$

$$F(-3) = \int_0^{-3} f(t)\,dt = -\int_{-3}^0 f(t)\,dt$$

$$= -\left[\frac{1}{2} \times \pi \times \left(\frac{1}{2}\right)^2 - \frac{1}{2} \times \pi \times 1^2\right] = \frac{3}{8}\pi,$$

$$F(-2) = \int_0^{-2} f(t)\,dt = -\int_{-2}^0 f(t)\,dt = -\left(-\frac{1}{2} \times \pi \times 1^2\right) = \frac{1}{2}\pi,$$

因此 $F(-3) = \frac{3}{4}F(2)$,所以选(C).

【例 27】求 $\int_0^2 f(x-1)\,dx$,其中 $f(x) = \begin{cases} \dfrac{1}{1+e^x}, & x < 0, \\[2mm] \dfrac{1}{1+x}, & x > 0. \end{cases}$

【问题分析】本题考察分段函数的定积分和定积分的计算方法.

【解】令 $t = x - 1$,则

$$\int_0^2 f(x-1)\,dx = \int_{-1}^1 f(t)\,dt = \int_{-1}^0 \frac{1}{1+e^t}\,dt + \int_0^1 \frac{1}{1+t}\,dt$$

$$= \int_{-1}^0 \frac{1}{1+e^t}\,dt + \ln(1+t)\,\Big|_0^1 \xlongequal{u=e^t} \int_{e^{-1}}^1 \frac{1}{1+u} \cdot \frac{1}{u}\,du + \ln 2$$

$$= \int_{e^{-1}}^1 \left(\frac{1}{u} - \frac{1}{1+u}\right)du + \ln 2 = \ln 2 + \ln\frac{u}{1+u}\,\Big|_{e^{-1}}^1$$

$$= \ln(1+e).$$

【例 28】设 $I = \int_0^1 \frac{x^4}{\sqrt{1+x}}\,dx$,则估计 I 值的大致范围为(　　).

【问题分析】本题考察定积分的性质.

【解】令 $f(x) = \frac{x^4}{\sqrt{1+x}}$,则当 $0 \leqslant x \leqslant 1$ 时,

$$f'(x) = \dfrac{4x^3\sqrt{1+x} - \dfrac{x^4}{2\sqrt{1+x}}}{1+x} = \dfrac{8x^3 + 7x^4}{2\sqrt{1+x}(1+x)} \geqslant 0.$$

因此被积函数 $f(x)$ 在 $[0,1]$ 上单调递增,所以当 $0 \leqslant x \leqslant 1$ 时,有

$$0 = f(0) \leqslant f(x) = \dfrac{x^4}{\sqrt{1+x}} \leqslant f(1) = \dfrac{\sqrt{2}}{2}.$$

根据定积分的估值公式,得

$$0 \leqslant \int_0^1 \dfrac{x^4}{\sqrt{1+x}} dx \leqslant \dfrac{\sqrt{2}}{2}.$$

同步测试

一、填空题(本题共 5 小题,每题 5 分,共 25 分)

1. 利用定积分的几何意义知 $\int_{-1}^1 \sqrt{1-x^2}\, dx = $ _____.

2. $\int_{-\pi}^{\pi} \left(\dfrac{\sin x}{1+x^2} + x^3 e^{x^2} \right) dx = $ _____.

3. $\dfrac{d}{dx} \int_{x^2}^1 e^{-t^2} dt = $ _____.

4. $\int_0^{\pi} \cos^2 x \sin x\, dx = $ _____.

5. $\int_0^4 \dfrac{1}{1+\sqrt{x}} dx = $ _____.

二、选择题(本题共 5 小题,每题 5 分,共 25 分)

1. 已知定积分 $I_1 = \int_3^5 \ln x\, dx$,$I_2 = \int_3^5 (\ln x)^2 dx$,则两者的大小关系是(   ).

(A)$I_1 > I_2$ (B)$I_1 < I_2$

(C)$I_1 = I_2$ (D)无法确定

2. 函数 $F(x) = \int_0^x (t^2 - 1)\,\mathrm{d}t$ 的单调递减区间是(　　　).

(A)$(-1,1)$　　　　　　　　　(B)$(0,1)$

(C)$(1,+\infty)$　　　　　　　(D)$(-\infty,-1)$

3. 定积分 $\int_{-\frac{\pi}{2}}^{\frac{\pi}{2}} \sqrt{1-\cos 2x}\,\mathrm{d}x$ 的值为(　　　).

(A)0　　　　(B)$\sqrt{2}$　　　　(C)$-2\sqrt{2}$　　　(D)$2\sqrt{2}$

4. 下列反常积分发散的是(　　　).

(A)$\int_1^{+\infty} \dfrac{1}{x^2}\,\mathrm{d}x$　　　　　　(B)$\int_e^{+\infty} \dfrac{1}{x\ln^3 x}\,\mathrm{d}x$

(C)$\int_0^1 \dfrac{1}{x^2}\,\mathrm{d}x$　　　　　　(D)$\int_0^1 \ln x\,\mathrm{d}x$

5. 曲线 $f(x) = x^3 - 3x^2 + 2x$ 与 x 轴所围成图形的面积是(　　　).

(A)$\int_0^1 (x^3 - 3x^2 + 2x)\,\mathrm{d}x$

(B)$\int_0^2 (x^3 - 3x^2 + 2x)\,\mathrm{d}x$

(C)$\int_0^1 (x^3 - 3x^2 + 2x)\,\mathrm{d}x + \int_1^2 (x^3 - 3x^2 + 2x)\,\mathrm{d}x$

(D)$\int_0^1 (x^3 - 3x^2 + 2x)\,\mathrm{d}x - \int_1^2 (x^3 - 3x^2 + 2x)\,\mathrm{d}x$

三、计算题(本题共 5 小题,每题 10 分,共 50 分)

1. 计算极限 $\lim\limits_{x \to 0} \dfrac{\int_{\cos x}^1 \mathrm{e}^{-t^2}\,\mathrm{d}t}{\sqrt{1+x^2}-1}$.

2. 计算定积分 $\int_1^{\mathrm{e}^4} \dfrac{1}{x\sqrt{1+2\ln x}}\,\mathrm{d}x$.

3. 计算定积分 $\int_{-1}^1 |\arcsin x|\,\mathrm{d}x$.

4. 计算定积分 $\int_0^{\frac{\pi^2}{4}} \sin\sqrt{x}\,\mathrm{d}x$.

5. 计算由曲线 $y = x^2$ 和曲线上过点 $(1,1)$ 的切线以及 y 轴所围成的平面图形的面积,并计算此平面图形绕 y 轴旋转一周所得旋转体的体积.

第六章　微分方程

第一节　微分方程的基本概念

【知识要点回顾】

　　微分方程　表示未知函数、未知函数的导数或微分之间的关系的方程,如 $F(x,y,y',\cdots,y^{(n)})=0$(其中未知函数的导数或微分一定要出现),称为微分方程.

　　常微分方程　未知函数是一元函数的微分方程,称为常微分方程.

　　微分方程的阶　微分方程中出现的未知函数的最高阶的阶数,称为该微分方程的阶.

　　微分方程的解　把某函数代入微分方程能使该方程成为恒等式,这个函数称为该微分方程的解.

　　微分方程的通解　如果微分方程的解中含有任意常数,且独立的任意常数的个数与微分方程的阶数相同,这样的解称为该微分方程的通解.

　　初始条件　能从通解中定出所有任意常数的条件,称为定解条件,其中由未知函数或其导数取给定值所得到条件称为初始条件.

　　微分方程的特解　由所给的条件定出通解中所有任意常数后得到的解称为微分方程的特解.

　　积分曲线族与积分曲线　微分方程的通解的几何图形是一族曲线,这族曲线称为积分曲线族,其中每一条曲线都称为方程的积分曲线.

【答疑解惑】

【问1】设函数 $y = y(x)$ 是某微分方程的解. 下列函数还是该微分方程的解吗?

(1) $y = y(x) + C$, 这里 C 为任意常数;

(2) $y = Cy(x)$, 这里 C 为任意常数.

【答】(1) 不一定. 如 $y = x^4$ 是微分方程 $y'' = 12x^2$ 的解, 而 $y = x^4 + C$ (C 为任意常数) 也是此方程的解; 又如, $y = x^3$ 是方程 $y' = \dfrac{3y}{x}$ 的一个解, 但 $y = x^3 + C$ ($C \neq 0$) 就不是原方程的解.

(2) 不一定. 如 $y = e^{-x}$ 是方程 $y^{(3)} + y' = 0$ 的解, 而 $y = Ce^{-x}$ (C 为任意常数) 也是此方程的解; 又如, $y = \sin x$ 是方程 $y^{(3)} + 2y = \sin x$ 的一个解, 但 $y = C\sin x$ ($C \neq 1$) 就不是原方程的解.

【问2】通解是否一定包含该方程的所有解?

【答】不一定. 例如, 按定义, 函数

$$y = \frac{1}{1 + Cx} \quad (\text{其中 } C \text{ 为任意常数})$$

是一阶方程 $x\dfrac{\mathrm{d}y}{\mathrm{d}x} = y^2 - y$ 的通解, 但它并没有包含 $y = 0$ 这个解.

【问3】在不同的变量范围内, 微分方程的通解有无变化?

【答】有变化. 例如: 一阶微分方程 $(y')^2 + y^2 = 0$, 在实数范围内, 仅有解 $y = 0$; 但在复数范围内, 却有通解 $y = C(\cos x \pm i\sin x)$.

【典型例题精解】

一、验证某函数为所给方程的解(或通解)

【例1】指出下列各题中的函数是否为所给微分方程的解:

(1) $xy' = 2y$, $y = 5x^2$;

$(2) y'' + y = 0, \; y = 3\sin x - 4\cos x;$

$(3) y'' - 2y' + y = 0, \; y = x^2 e^x;$

$(4) y'' - (\lambda_1 + \lambda_2) y' + \lambda_1 \lambda_2 y = 0, \; y = C_1 e^{\lambda_1 x} + C_2 e^{\lambda_2 x}.$

【问题分析】要判断一个函数是否为所给方程的解,只要把它代入方程中,看其是否使方程成为恒等式. 对于二阶微分方程,如果是通解,应该有两个相互独立的任意常数.

【解】(1) 由 $y = 5x^2$ 求导得 $y' = 10x$,将上式代入方程 $xy' = 2y$ 的左边得:

左边 $= xy' = x \cdot 10x = 10x^2 = 2 \cdot (5x^2) =$ 右边,故 $y = 5x^2$ 是方程 $xy' = 2y$ 的解.

(2) 由 $y = 3\sin x - 4\cos x$ 两边关于 x 求导,得 $y' = 3\cos x + 4\sin x$,再两边关于 x 求导,得 $y'' = -3\sin x + 4\cos x$,将 y'' 代入方程 $y'' + y = 0$ 的左边得:

左边 $= y'' + y = -3\sin x + 4\cos x + 3\sin x - 4\cos x = 0 =$ 右边,即 $y = 3\sin x - 4\cos x$ 是所给方程的解.

(3) 由 $y = x^2 e^x$ 求导得 $y' = e^x (2x + x^2)$,再求导:$y'' = e^x (2 + 4x + x^2)$,将上二式代入方程 $y'' - 2y' + y = 0$ 的左边得:

左边 $= e^x (2 + 4x + x^2) - 2e^x (2x + x^2) + x^2 e^x = 2e^x \neq 0 =$ 右边,故 $y = x^2 e^x$ 不是所给方程的解.

(4) 将 $y = C_1 e^{\lambda_1 x} + C_2 e^{\lambda_2 x}$ 两边求导得 $y' = C_1 \lambda_1 e^{\lambda_1 x} + C_2 \lambda_2 e^{\lambda_2 x}$,再求导得 $y'' = C_1 \lambda_1^2 e^{\lambda_1 x} + C_2 \lambda_2^2 e^{\lambda_2 x}$,将上二式代入 $y'' - (\lambda_1 + \lambda_2) y' + \lambda_1 \lambda_2 y = 0$ 的左边得:

左边 $= y'' - (\lambda_1 + \lambda_2) y' + \lambda_1 \lambda_2 y$

$= (C_1 \lambda_1^2 e^{\lambda_1 x} + C_2 \lambda_2^2 e^{\lambda_2 x}) - (\lambda_1 + \lambda_2)(C_1 \lambda_1 e^{\lambda_1 x} + C_2 \lambda_2 e^{\lambda_2 x})$

$+ \lambda_1 \lambda_2 (C_1 e^{\lambda_1 x} + C_2 e^{\lambda_2 x}) = 0 =$ 右边.

故 $y = C_1 e^{\lambda_1 x} + C_2 e^{\lambda_2 x}$ 是所给方程的通解.

二、已知某微分方程的通解,求该微分方程

【例2】求下列曲线族所应满足的微分方程.

（1）$x^2 + Cy^2 = 1$；

（2）$y = \sin(x + C)$；

（3）$y^2 = C_1 x + C_2$.

【问题分析】求曲线族所满足的微分方程,就是求一方程,使所给曲线族为该方程的积分曲线族,故要求的微分方程其阶数应和曲线族中常数的个数一致. 注意:①$y = y(x)$；②这种问题的解法是先求导,再消去任意常数,若通解中含有两个或三个任意常数,则需要求二阶或三阶导数;③含有任意常数的恒等式并不是所求的微分方程.

【解】（1）式 $x^2 + Cy^2 = 1$ 两边对 x 求导,得:$2x + 2Cyy' = 0$. 由式 $x^2 + Cy^2 = 1$ 和式 $2x + 2Cyy' = 0$ 消去 C,即从式 $x^2 + Cy^2 = 1$ 解出 C 再代入式 $2x + 2Cyy' = 0$ 有 $x + \dfrac{1 - x^2}{y^2}yy' = 0$,化简得:$xy + (1 - x^2)y' = 0$. 此式即为所求的微分方程.

（2）式 $y = \sin(x + C)$ 两边对 x 求导,得:$y' = \cos(x + C)$. 由式 $y = \sin(x + C)$ 和式 $y' = \cos(x + C)$ 消去 C,利用 $\sin^2(x + C) + \cos^2(x + C) = 1$,有 $y^2 + y'^2 = 1$. 此式即为所求的微分方程.

（3）式 $y^2 = C_1 x + C_2$ 两边求一阶、二阶导数,得:$2yy' = C_1$,$2(y'^2 + yy'') = 0$. 即 $y'^2 + yy'' = 0$. 此式即为所求的微分方程.

三、根据已知条件,建立微分方程

【例3】写出由下列条件确定的曲线所满足的微分方程:

（1）曲线在点 (x, y) 处的切线的斜率等于该点横坐标的平方;

（2）曲线上点 $P(x, y)$ 处的法线与 x 轴的交点为 Q,且线段 PQ 被 y 轴平分.

【问题分析】根据导数的几何意义,用导数表示切线的斜率,而法线斜率和切线斜率的积是 -1.

【解】（1）设曲线为 $y = y(x)$,则曲线在点 (x, y) 处切线斜率为 y',由条件知 $y' = x^2$,即为所求微分方程.

（2）设曲线为 $y=y(x)$，$P(x,y)$ 处法线方程为 $Y-y=-\dfrac{1}{y'}(X-x)$. 当 $Y=0$ 时，得 $X=x+yy'$，则 Q 点坐标为 $Q(x+yy',0)$，又 PQ 中点在 y 轴上，则 $\dfrac{x+x+yy'}{2}=0$，即所求方程为 $2x+yy'=0$.

【例4】用微分方程表示物理命题：某种气体的压强对于温度的变化率与压强成正比，与温度的平方成反比.

【解】由题意可得微分方程

$$\frac{\mathrm{d}p}{\mathrm{d}T}=k\,\frac{p}{T^2},\quad k\ \text{为比例系数}.$$

第二节　一阶微分方程

【知识要点回顾】

一阶微分方程的标准形式　形如

$$y'=f(x,y) \tag{1}$$

的方程称为一阶微分方程的标准形式.

定理（初值问题解的存在性与唯一性）　对于方程（1），如果函数 $f(x,y)$ 及 $\dfrac{\partial f}{\partial y}$ 在点 (x_0,y_0) 的某一邻域内连续，则方程（1）的满足初始条件 $y(x_0)=y_0$ 的解存在且是唯一的.

1. 可分离变量的方程

形如

$$f_1(x)g_1(y)\mathrm{d}x+f_2(x)g_2(y)\mathrm{d}y=0 \tag{2}$$

或 $\dfrac{\mathrm{d}y}{\mathrm{d}x}=f(x)g(y)$ 的方程，称为可分离变量的方程. 对方程（2），先分离变量，$\dfrac{f_1(x)}{f_2(x)}\mathrm{d}x=-\dfrac{g_2(y)}{g_1(y)}\mathrm{d}y$，再两边积分，可得通解为

$$\int \frac{f_1(x)}{f_2(x)} \mathrm{d}x = -\int \frac{g_2(y)}{g_1(y)} \mathrm{d}y + C. \tag{3}$$

其中 C 为任意常数.

2. 齐次型方程

形如

$$\frac{\mathrm{d}y}{\mathrm{d}x} = F\left(\frac{y}{x}\right) \tag{4}$$

的方程称为齐次型方程. 对方程(4), 可作变换 $u = \dfrac{y}{x}$, 把方程(4)化为可分离变量的方程 $x\mathrm{d}u - [F(u) - u]\mathrm{d}x = 0$, 再用分离变量法即可求解.

3. 一阶线性微分方程

形如 $\dfrac{\mathrm{d}y}{\mathrm{d}x} + P(x)y = Q(x)$ 的方程称为一阶线性微分方程, 其中 $P(x), Q(x)$ 在区间 I 上连续, 其通解为

$$y = \mathrm{e}^{-\int P(x)\mathrm{d}x}\left(\int Q(x)\mathrm{e}^{\int P(x)\mathrm{d}x}\mathrm{d}x + C\right). \tag{5}$$

其中 C 为任意常数.

4. 伯努利方程

形如

$$\frac{\mathrm{d}y}{\mathrm{d}x} + P(x)y = Q(x)y^{\alpha} \quad (\alpha \neq 0, 1) \tag{6}$$

的方程称为伯努利方程. 当 $\alpha = 0$ 或 $\alpha = 1$ 时, 这是线性微分方程, 当 $\alpha \neq 0$ 且 $\alpha \neq 1$ 时, 这方程不是线性的, 但是通过变量的代换, 便可把它化为线性的. 令 $z = y^{1-\alpha}$, 方程(6)可化为如下线性方程:

$$\frac{\mathrm{d}z}{\mathrm{d}x} + (1-\alpha)P(x)z = (1-\alpha)Q(x). \tag{7}$$

按线性方程求解方法,可得方程(7)的通解,从而伯努利方程(6)可求解.

5. 全微分方程

形如

$$P(x,y)\mathrm{d}x + Q(x,y)\mathrm{d}y = 0 \tag{8}$$

且满足 $\dfrac{\partial P}{\partial y} \equiv \dfrac{\partial Q}{\partial x}$ 的方程称为全微分方程,全微分方程(8)的左端为某个二元函数 $u = u(x,y)$ 的全微分,即

$$P(x,y)\mathrm{d}x + Q(x,y)\mathrm{d}y = \mathrm{d}u(x,y).$$

方程(8)的通解为 $u(x,y) = C$ (C 为任意常数).

如果方程(8)中,条件 $\dfrac{\partial P}{\partial y} \equiv \dfrac{\partial Q}{\partial x}$ 不满足,但在方程的两端乘上某一个非零因子 $\mu(x,y)$ 后,可以得到一个全微分方程,即

$$\mu(x,y)P(x,y)\mathrm{d}x + \mu(x,y)Q(x,y)\mathrm{d}y = 0, \tag{9}$$

则称可化为全微分方程,此时称 $\mu(x,y)$ 为方程(9)的一个积分因子,而方程(9)可化为 $\mathrm{d}u(x,y) = 0$,从而其通解为 $u(x,y) = C(C$ 为任意常数).

这也是方程(8)的通解,其中积分因子 $\mu(x,y)$ 应满足下面的偏微分方程:

$$\frac{\partial(\mu P)}{\partial y} = \frac{\partial(\mu Q)}{\partial x}.$$

通常利用下面的一些全微分式子来找积分因子:

① $y\mathrm{d}x + x\mathrm{d}y = \mathrm{d}(xy)$;

② $\dfrac{x\mathrm{d}y - y\mathrm{d}x}{x^2} = \mathrm{d}\left(\dfrac{y}{x}\right)$;

③ $\dfrac{x\mathrm{d}y - y\mathrm{d}x}{y^2} = \mathrm{d}\left(-\dfrac{x}{y}\right)$;

④ $\dfrac{x\mathrm{d}y - y\mathrm{d}x}{xy} = \mathrm{d}\left(\ln\dfrac{y}{x}\right)$;

⑤ $\dfrac{x\mathrm{d}y - y\mathrm{d}x}{x^2 + y^2} = \mathrm{d}\left(\arctan\dfrac{y}{x}\right)$;

⑥ $\dfrac{x\mathrm{d}x + y\mathrm{d}y}{x^2 + y^2} = \mathrm{d}\left[\dfrac{1}{2}\ln(x^2 + y^2)\right]$.

6. 其他类型的一阶方程

（1）$\dfrac{\mathrm{d}y}{\mathrm{d}x} = f(ax + by)$：可作变换 $ax + by = u$，原方程化为可分离变量的方程.

（2）$\dfrac{\mathrm{d}y}{\mathrm{d}x} = f\left(\dfrac{\alpha_1 x + \beta_1 y + y_1}{\alpha_2 x + \beta_2 y + y_2}\right)$：当 $\dfrac{\alpha_1}{\alpha_2} \neq \dfrac{\beta_1}{\beta_2}$ 时，设 $x = \xi + h, y = \eta + k$，适当选取待定常数 h, k，原方程可化为齐次型方程：$\dfrac{\mathrm{d}\eta}{\mathrm{d}\xi} = F\left(\dfrac{\eta}{\xi}\right)$；如果 $\dfrac{\alpha_1}{\alpha_2} = \dfrac{\beta_1}{\beta_2}$，原方程可化为类型（1）的方程.

【答疑解惑】

【问1】解微分方程时，能否用任意常数 C 代替 e^c，$\ln C$ 等？C 可以是任意正常数、任意非负常数吗？

【答】在解微分方程时，常用任意常数 C 来代替 e^c，$\ln C$，$\dfrac{1}{C}$，$\dfrac{1}{2}C^2$ 等，也常常把任意常数记为 e^c，$\ln C$，$\dfrac{1}{C}$，$\dfrac{1}{2}C^2$ 等. 这样选择任意常数的形式是为了能使结果简明，而又不失正确性.

微分方程最后通解中的 C，有时是任意常数，有时仅是任意非负常数或任意正常数等. 常数 C 的取值必须保证通解有意义.

【问2】求微分方程的通解时如何添加任意常数？

【答】任意常数应在积分运算完成时出现，而不应放在最后一步再加. 例如，求微分方程 $y' = 2y$ 的通解.

常见错误:因 $y' = 2y$,故 $\dfrac{1}{y}dy = 2dx$,两边积分:

$$\int \dfrac{1}{y}dy = \int 2dx,\ \ln y = 2x,\ y = e^{2x},$$

所以通解为 $y = e^{2x} + C(C$ 为任意常数$)$.

正确解答:由 $y' = 2y$,得

$$\int \dfrac{1}{y}dy = \int 2dx,$$

积分得 $\ln |y| = 2x + \ln|C|$,从而 $y = Ce^{2x}$ 为原方程的通解(C 为任意常数).

一般情况下,若在积分过程中,原函数出现有对数函数时,真数一般也可以不加绝对值,任意常数常写为 $\ln C$,这样便于简化结果.

【问3】怎样理解常数变易法?

【答】常数变易法是基于这样一种想法而产生的:当求得线性齐次微分方程 $y' + P(x)y = 0$ 的通解为 $y = Ce^{-\int P(x)dx}$ 时,我们自然会考虑线性非齐次微分方程 $y' + P(x)y = Q(x)$ 的通解形式. 鉴于非齐次方程与齐次方程的等式左边完全一致,仅右边有所不同,一个是函数 $Q(x)$,一个是数零,因此,通解形式也应该相似,从而设想以函数 $u(x)$ 来代替齐次方程通解中的常数 C. 这种以未知函数 $u(x)$ 来代换常数 C 的方法称为常数变易法. 它在二阶线性非齐次微分方程求解中也有应用.

【问4】求解一阶微分方程应注意哪些问题?

【答】首先应该判断方程的类型,然后根据类型确定相应的求解方法. 特别要指出的是,可分离变量的微分方程容易漏解,这时要注意题目要求:是求方程的"通解",还是"解方程",前者可不必寻找漏掉的解,但后者必须将漏掉的解补上;齐次方程作变量代换后要代回原变量;一阶线性微分方程的求解中要"套"用公式时,一定要将方程写成标准形式.

【问 5】怎样化 $\dfrac{dy}{dx} = f\left(\dfrac{ax + by + c}{a_1 x + b_1 y + c_1}\right)$ 为齐次方程?

【答】若 $\Delta = \begin{vmatrix} a & b \\ a_1 & b_1 \end{vmatrix} \neq 0$,通过代换 $\begin{cases} x = X + h, \\ y = Y + k, \end{cases}$ 化为齐次方程

$$\frac{dY}{dX} = f\left(\frac{aX + bY}{a_1 X + b_1 Y}\right),$$

其中 h, k 满足方程组 $\begin{cases} ah + bk + c = 0, \\ a_1 h + b_1 k + c_1 = 0. \end{cases}$

若 $\Delta = 0$,而 $b \neq 0$,则令 $z = ax + by + c$;若 $\Delta = 0$,而 $b_1 \neq 0$,则令 $z = a_1 h + b_1 k + c_1$,便可将原方程化为可分离变量的微分方程.

【典型例题精解】

一、可分离变量的方程

【例 1】求下列微分方程的通解:

(1) $3x^2 + 5x - 5y' = 0$;　　　　(2) $y' - xy' = a(y^2 + y')$;

(3) $\dfrac{dy}{dx} = 10^{x+y}$;　　　　(4) $\cos x \sin y dx + \sin x \cos y dy = 0$.

【解】(1) 原方程变形为 $5\dfrac{dy}{dx} = 3x^2 + 5x$,分离变量:$5dy = (3x^2 + 5x)dx$,积分:$5y = x^3 + \dfrac{5}{2}x^2 + C_1$,故通解为 $y = \dfrac{1}{5}x^3 + \dfrac{1}{2}x^2 + C$. 其中 $C = \dfrac{1}{5}C_1$.

(2) 原方程变形为 $(1 - x - a)\dfrac{dy}{dx} = ay^2$,分离变量:$\dfrac{dy}{ay^2} = \dfrac{dx}{1 - x - a}$,积分:$-\dfrac{1}{ay} = -\ln|1 - a - x| - C_1$,即:$y = \dfrac{1}{C + a\ln|1 - a - x|}$ 即为通解 $(C = aC_1)$.

（3）分离变量：$10^{-y}\mathrm{d}y = 10^x\mathrm{d}x$，积分得：$-\dfrac{10^{-y}}{\ln 10} = \dfrac{10^x}{\ln 10} + \dfrac{C_1}{\ln 10}$，即

$10^{-y} = -10^x + C$，故通解为 $y = -\lg(-10^x + C)$.

（4）分离变量：$\dfrac{\cos y}{\sin y}\mathrm{d}y = -\dfrac{\cos x}{\sin x}\mathrm{d}x$，积分得：$\ln|\sin y| = -\ln|\sin x| +$

$\ln C_1$，即 $\ln|\sin x\sin y| = \ln C_1$，故通解为 $\sin x\sin y = C$.

【例2】求下列微分方程满足所给初始条件的特解：

（1）$y' = \mathrm{e}^{2x-y}$，$y|_{x=0} = 0$；　（2）$x\mathrm{d}y + 2y\mathrm{d}x = 0$，$y|_{x=2} = 1$.

【解】（1）分离变量：$\mathrm{e}^y\mathrm{d}y = \mathrm{e}^{2x}\mathrm{d}x$，积分：$\mathrm{e}^y = \dfrac{1}{2}\mathrm{e}^{2x} + C$，由 $y|_{x=0} = 0$

知 $C = -\dfrac{1}{2}$，故所求特解 $y = \ln\left(\dfrac{\mathrm{e}^{2x} - 1}{2}\right)$.

（2）分离变量：$\dfrac{\mathrm{d}y}{2y} = -\dfrac{\mathrm{d}x}{x}$，积分：$\dfrac{1}{2}\ln|y| = -\ln|x| + C$，即 $x^2y = C$.

由 $y|_{x=2} = 1$ 知 $C = 4$，故所求特解为 $x^2y = 4$.

【例3】镭的衰变有如下规律：镭的衰变速度与它的现存量 R 成正比．由经验材料得知，镭经过 1600 年后，只余原始量 R_0 的一半．试求镭的现存量 R 与时间 t 的函数关系．

【问题分析】用微分方程解决简单的实际问题一般可以归纳成如下几步：

①建立反映这个实际问题的微分方程；

②按实际问题写出初始条件；

③求出方程的通解；

④由初始条件定出所要求的特解．

【解】由题设，$\dfrac{\mathrm{d}R}{\mathrm{d}t} = -\lambda R$，即 $\dfrac{\mathrm{d}R}{R} = -\lambda\mathrm{d}t$，积分：$R = C\mathrm{e}^{-\lambda t}$．由 $t = 0$，

有 $R = R_0$ 知 $C = R_0$，故 $R = R_0\mathrm{e}^{-\lambda t}$．又 $t = 1600$，$R = \dfrac{R_0}{2}$，知 $\lambda = \dfrac{\ln 2}{1600}$，故

$$R = R_0\mathrm{e}^{-0.000433t}.$$

二、齐次方程

【例4】求下列齐次方程的通解：

$(1) xy' - y - \sqrt{y^2 - x^2} = 0 ; \quad (2) (x^2 + y^2) dx - xy dy = 0.$

【问题分析】先将方程化为齐次形式；然后作变量代换 $u = \dfrac{y}{x}$，解出方程；最后代回原变量.

【解】(1)当 $x > 0$ 时，原方程可化为 $\dfrac{dy}{dx} = \dfrac{y}{x} + \sqrt{\left(\dfrac{y}{x}\right)^2 - 1}$. 令 $u = \dfrac{y}{x}$，原方程化为 $\dfrac{du}{(u^2 - 1)^{\frac{1}{2}}} = \dfrac{dx}{x}$，解得 $u + \sqrt{u^2 - 1} = Cx$，故 $y + \sqrt{y^2 - x^2} = Cx^2$. 当 $x < 0$ 时，同法可得方程解为：$y + \sqrt{y^2 - x^2} = Cx^2$.

(2)原方程可化为 $\dfrac{dy}{dx} = \dfrac{1 + (y/x)^2}{y/x}$，令 $u = \dfrac{y}{x}$，原方程化为 $u du = \dfrac{dx}{x}$. 解得 $\dfrac{1}{2} u^2 = \ln x + C_1$，代回原变量得 $y^2 = x^2 \ln |Cx^2|$.

【例5】求下列齐次方程满足所给初始条件的特解：

$(1) (y^2 - 3x^2) dy + 2xy dx = 0, \ y\big|_{x=0} = 1 ; \quad (2) y' = \dfrac{x}{y} + \dfrac{y}{x}, \ y\big|_{x=1} = 2.$

【解】(1)原方程化为 $\dfrac{dy}{dx} = -\dfrac{2y/x}{(y/x)^2 - 3}$，令 $u = \dfrac{y}{x}$，方程变为 $u + x \dfrac{du}{dx} = -\dfrac{2u}{u^2 - 3}$，即 $\dfrac{u^2 - 3}{u - u^3} du = \dfrac{dx}{x}$. 由待定系数法易知

$$\frac{u^2 - 3}{u - u^3} = -\frac{3}{u} + \frac{1}{u+1} + \frac{1}{u-1}.$$

方程两边积分：$-3\ln|u| + \ln|u+1| + \ln|u-1| = \ln|x| + \ln|C|$，即 $\ln\left|\dfrac{u^2 - 1}{u^3}\right| = \ln|Cx|$，故 $u^2 - 1 = Cu^3 x$，将 $u = \dfrac{y}{x}$ 代入上式得通解 $y^2 - x^2 = Cy^3$. 由初始条件 $y(0) = 1$ 得 $C = 1$，故特解为 $y^2 - x^2 = y^3$.

(2)令 $u = \dfrac{y}{x}$,则原方程变为 $u + x\dfrac{\mathrm{d}u}{\mathrm{d}x} = \dfrac{1}{u} + u$,即 $u\mathrm{d}u = \dfrac{\mathrm{d}x}{x}$,积分:

$\dfrac{1}{2}u^2 = \ln|x| + C$. 将 $u = \dfrac{y}{x}$ 代入上式,得通解 $y^2 = 2x^2(\ln|x| + C)$,由 $y(1) = 2$ 知 $C = 2$ 且 $x > 0$,故特解为 $y^2 = 2x^2(\ln x + 2)$.

三、一阶线性微分方程

【例6】求下列微分方程的通解:

(1)$xy' + y = x^2 + 3x + 2$;　　(2)$y\ln y\mathrm{d}x + (x - \ln y)\mathrm{d}y = 0$.

【问题分析】(1)此方程是一阶线性微分方程,因为 y',y 都是一次的,所以可用常数变易法求解,也可直接套用公式求解. 注意:套用公式时,应首先将所给定的方程化为标准形式. 其特点是 y' 的系数为1,且自由项 $Q(x)$ 在方程中等号的右端,y 的系数为 $P(x)$.

【解】方法一　用常数变易法. 先解对应的齐次线性方程 $xy' + y = 0$,即 $x\dfrac{\mathrm{d}y}{\mathrm{d}x} = -y$. 分离变量得 $\dfrac{\mathrm{d}y}{y} = -\dfrac{1}{x}\mathrm{d}x$,积分得 $\ln y = -\ln x + \ln C$,故 $y = \dfrac{C}{x}$. 令 $C = u(x)$,则把 $y = \dfrac{u(x)}{x}$ 代入原方程中,由于 $xy' + y = u'(x)$,所以 $\dfrac{\mathrm{d}u}{\mathrm{d}x} = x^2 + 3x + 2$,即 $u(x) = \dfrac{1}{3}x^3 + \dfrac{3}{2}x^2 + 2x + C$. 故 $y = \dfrac{1}{x}\left(\dfrac{1}{3}x^3 + \dfrac{3}{2}x^2 + 2x + C\right)$ 为所求通解.

方法二　套用公式,将方程化为标准形式 $y' + \dfrac{1}{x}y = x + 3 + \dfrac{2}{x}$. 这里 $P(x) = \dfrac{1}{x}$,$Q(x) = x + 3 + \dfrac{2}{x}$. 由公式,通解为

$$y = \mathrm{e}^{-\int P(x)\mathrm{d}x}\left[\int Q(x)\mathrm{e}^{\int P(x)\mathrm{d}x}\mathrm{d}x + C\right]$$

$$= \mathrm{e}^{-\int \frac{1}{x}\mathrm{d}x}\left[\int\left(x + 3 + \dfrac{2}{x}\right)\mathrm{e}^{\int \frac{1}{x}\mathrm{d}x}\mathrm{d}x + C\right]$$

$$= e^{-\ln x} \left[\int \left(x + 3 + \frac{2}{x} \right) e^{\ln x} dx + C \right]$$

$$= \frac{1}{x} \left[\int \left(x + 3 + \frac{2}{x} \right) x dx + C \right]$$

$$= \frac{1}{x} \left(\frac{1}{3} x^3 + \frac{3}{2} x^2 + 2x + C \right),$$

即 $y = \dfrac{1}{x} \left(\dfrac{1}{3} x^3 + \dfrac{3}{2} x^2 + 2x + C \right)$ 为所求通解.

【问题分析】(2)此方程对未知函数 y 不是线性的,故不能套用上题中的公式求解. 但若把未知函数视为变量 x(变量 y 视为自变量),对变量 x 来说,该方程却是线性的,其形式为 $\dfrac{dx}{dy} + P(y)x = Q(y)$,其中 $P(y), Q(y)$ 为已知函数,其通解为

$$x = e^{-\int P(y)dy} \left[\int Q(y) e^{\int P(y)dy} dy + C \right]. \tag{$*$}$$

【解】将原方程变形为 $\dfrac{dx}{dy} + \dfrac{1}{y\ln y} x = \dfrac{1}{y}$. 这里 $P(y) = \dfrac{1}{y\ln y}, Q(y) = \dfrac{1}{y}$. 用上面的公式($*$)得

$$x = e^{-\int \frac{1}{y\ln y} dy} \left[\int \frac{1}{y} e^{\int \frac{1}{y\ln y} dy} dy + C \right] = e^{-\ln(\ln y)} \left[\int \ln y d\ln y + C \right]$$

$$= \frac{1}{\ln y} \left(\frac{1}{2} \ln^2 y + C \right) = \frac{1}{2} \ln y + \frac{C}{\ln y}.$$

即 $x = \dfrac{1}{2} \ln y + \dfrac{C}{\ln y}$ 为所求通解.

【例7】求下列微分方程满足所给初始条件的特解:

$(1) \dfrac{dy}{dx} - y\tan x = \sec x, \ y\big|_{x=0} = 0;$　　$(2) \dfrac{dy}{dx} + \dfrac{y}{x} = \dfrac{\sin x}{x}, \ y\big|_{x=\pi} = 1.$

【解】$(1) \ y = e^{\int \tan x \, dx} \left(\int \sec x \cdot e^{-\int \tan x dx} dx + C \right)$

$$= \frac{1}{\cos x} \left(\int \sec x \cdot \cos x dx + C \right) = \frac{1}{\cos x} (x + C).$$

由 $y\big|_{x=0}=0$，得 $C=0$，因此特解为 $y=\dfrac{x}{\cos x}$.

$(2)\ y=\mathrm{e}^{-\int\frac{1}{x}\mathrm{d}x}\left(\displaystyle\int\frac{\sin x}{x}\mathrm{e}^{\int\frac{1}{x}\mathrm{d}x}\mathrm{d}x+C\right)$

$\qquad =\dfrac{1}{x}\left(\displaystyle\int\sin x\mathrm{d}x+C\right)=\dfrac{1}{x}(-\cos x+C).$

由 $y\big|_{x=\pi}=1$，得 $C=\pi-1$，故所求特解为 $y=\dfrac{1}{x}(\pi-1-\cos x).$

【例 8】设 $y(x)$ 是一个连续函数，且满足

$$y(x)=\cos 2x+\int_0^x y(t)\sin t\mathrm{d}t,$$

求 $y(x)$.

【问题分析】这是一个积分式中含有未知函数的方程，称为积分方程. 为解积分方程，通常先把它化为微分方程初值问题. 为此，可先在等式两端对自变量 x 求导. 由于 $y(x)$ 连续，故等式右端可导，从而 $y(x)$ 可导，因此有 $y'(x)=-2\sin 2x+y(x)\sin x$. 然后再确定初值条件，$y(0)=1$，于是得微分方程初值问题

$$\begin{cases} y'-y\sin x=-2\sin 2x,\\ y(0)=1. \end{cases}$$

【解】由已知得

$$\begin{cases} y'-y\sin x=-2\sin 2x,\\ y(0)=1. \end{cases}$$

这是一阶线性微分方程，$P(x)=-\sin x$，$Q(x)=-2\sin 2x$，套用公式可得

$$y=\mathrm{e}^{-\int-\sin x\mathrm{d}x}\left[\int-2\sin 2x\cdot\mathrm{e}^{\int-\sin x\mathrm{d}x}\mathrm{d}x+C\right]$$

$$=\mathrm{e}^{-\cos x}\left[\int-2\sin 2x\cdot\mathrm{e}^{\cos x}\mathrm{d}x+C\right]$$

$$=\mathrm{e}^{-\cos x}\left[4\int\cos x\cdot\mathrm{e}^{\cos x}\mathrm{d}\cos x+C\right]$$

$$= e^{-\cos x} \left[4(\cos x - 1) e^{\cos x} + C \right]$$
$$= 4(\cos x - 1) + Ce^{-\cos x},$$

即 $y = 4(\cos x - 1) + Ce^{-\cos x}$.

再由初值条件 $y \big|_{x=0} = 1$，得 $1 = Ce^{-1}$，所以 $C = e$，故

$$y = 4(\cos x - 1) + e^{1-\cos x}.$$

第三节　二阶微分方程

【知识要点回顾】

一、三种可降阶的二阶微分方程类型

1. $y'' = f(x)$ 型

这种方程通过两次积分可得到一般解（通解）.

2. $y'' = f(x, y')$ 型（方程中不显含 y）

作变换 $y' = p(x)$，则 $y'' = \dfrac{\mathrm{d}p}{\mathrm{d}x}$，代入原方程，得 $\dfrac{\mathrm{d}p}{\mathrm{d}x} = f(x, p)$，上式为有关 p, x 的一阶方程.

3. $y'' = f(y, y')$ 型（方程中不显含 x）

作变换 $y' = p(y)$，则 $y'' = \dfrac{\mathrm{d}p}{\mathrm{d}x} = \dfrac{\mathrm{d}p}{\mathrm{d}y} \cdot \dfrac{\mathrm{d}y}{\mathrm{d}x}$ 即 $y'' = p\dfrac{\mathrm{d}p}{\mathrm{d}y}$. 代入原方程，得 $p\dfrac{\mathrm{d}p}{\mathrm{d}y} = f(y, p)$，上式为有关 p, y 的一阶方程.

二、二阶线性微分方程解的结构

二阶线性微分方程的一般形式为

$$y'' + P(x)y' + Q(x)y = f(x), \tag{1}$$

当 $f(x) = 0$ 时,方程化为

$$y'' + P(x)y' + Q(x)y = 0. \tag{2}$$

方程(2)称为方程(1)对应的齐次方程.

定理1　设 $y_1(x), y_2(x)$ 是齐次方程(2)的两个线性无关的特解(即 $y_1(x) \neq ky_2(x)$),则

$$y = C_1 y_1(x) + C_2 y_2(x)$$

是齐次方程(2)的通解,其中 C_1, C_2 是任意常数.

定理2　设 $y^*(x)$ 是二阶非齐次线性方程

$$y'' + P(x)y' + Q(x)y = f(x) \tag{3}$$

的一个特解, $Y(x)$ 是与之对应的齐次方程(2)的通解,那么 $y = Y(x) + y^*(x)$ 是二阶非齐次线性方程(3)的通解.

定理3　设 $y_1(x), y_2(x)$ 是方程(3)的两个不同的特解,则 $y = y_1(x) - y_2(x)$ 是方程(3)对应的齐次方程(2)的一个特解.

定理4(叠加原理)　设 $y_1(x), y_2(x)$ 分别是方程

$$y'' + P(x)y' + Q(x)y = f_1(x),$$
$$y'' + P(x)y' + Q(x)y = f_2(x)$$

的两个特解,则 $y = y_1(x) + y_2(x)$ 是方程

$$y'' + P(x)y' + Q(x)y = f_1(x) + f_2(x)$$

的一个特解.

三、二阶常系数线性微分方程

1. 二阶常系数齐次线性微分方程

形如 $y'' + py' + qy = 0$ 的方程(其中 p, q 为常数)称为二阶常系数齐次线性微分方程. 可采用特征根法求出其特征方程 $r^2 + pr + q = 0$ 的两个根 r_1, r_2,然后:

①若 $r_1 \neq r_2$ 为两个实根,则通解为 $y = C_1 e^{r_1 x} + C_2 e^{r_2 x}$;

②若 $r_1 = r_2$ 为两个相等实根,则通解为 $y = (C_1 + C_2 x) \mathrm{e}^{r_1 x}$;

③若 $r_{1,2} = \alpha \pm \mathrm{i}\beta$,则通解为 $y = \mathrm{e}^{\alpha x} (C_1 \cos \beta x + C_2 \sin \beta x)$.

2. 二阶常系数非齐次线性微分方程

形如 $y'' + py' + qy = f(x)$ 的方程(其中 p, q 为常数)称为二阶常系数非齐次线性微分方程. 可先利用特征根法求出它对应的齐次方程的通解;再用待定系数法找出非齐次方程的特解;根据线性微分方程解的结构,写出它的通解.

找非齐次方程特解的方法:

①$f(x) = \mathrm{e}^{\lambda x} P_m(x)$ 型

特解 $y^* = x^k Q_m(x) \mathrm{e}^{\lambda x}$,其中 $Q_m(x)$ 与 $P_m(x)$ 是同次的多项式.

当 λ 不是特征根时,取 $k = 0, y^* = Q_m(x) \mathrm{e}^{\lambda x}$;

当 λ 是单根时,取 $k = 1, y^* = x Q_m(x) \mathrm{e}^{\lambda x}$;

当 λ 是二重根时,取 $k = 2, y^* = x^2 Q_m(x) \mathrm{e}^{\lambda x}$.

②$f(x) = P_m(x) \mathrm{e}^{\lambda x} \cos \beta x$ 或 $f(x) = P_m(x) \mathrm{e}^{\lambda x} \sin \beta x$ 型

当 $\lambda + \mathrm{i}\beta$ 不是特征根时,$y^* = Q_m(x) \mathrm{e}^{\lambda x} (A\cos \beta x + B\sin \beta x)$;

当 $\lambda + \mathrm{i}\beta$ 是特征根时,$y^* = Q_m(x) \mathrm{e}^{\lambda x} (Ax\cos \beta x + Bx\sin \beta x)$.

其中,$Q_m(x)$ 与 $P_m(x)$ 是同次多项式,$Q_m(x)$ 为待定多项式,A, B 为待定常数,λ, β 为实数.

【答疑解惑】

【问】怎样判别两个函数是否线性相关?

【答】按照线性相关的定义,对函数 $y_1(x)$ 与 $y_2(x)$,若存在两个不全为零的常数 k_1, k_2 使得,$k_1 y_1 + k_2 y_2 = 0$,则称 $y_1(x)$ 与 $y_2(x)$ 线性相关. 设 $k_1 \neq 0$,则有 $y_1 = -\dfrac{k_2}{k_1} y_2$,或 $\dfrac{y_1}{y_2} = -\dfrac{k_2}{k_1}$,所以,对于两个函数而言,两者线性相关就是这两个函数成比例. 两者线性无关是这两个函数不成比例.

【典型例题精解】

一、可降阶的二阶微分方程

【例1】求下列微分方程的通解：

$(1) y'' = x e^x$；　$(2) y'' = y' + x$；　$(3) y'' = (y')^3 + y'$.

【解】(1) 对原方程积分得 $y' = \int x e^x dx = x e^x - e^x + C_1$.

再积分得原方程的通解为

$$y = \int (x e^x - e^x + C_1) dx = x e^x - 2 e^x + C_1 x + C_2.$$

(2) 令 $y' = p$，则 $y'' = p'$，得线性方程 $p' = p + x$，即 $p' - p = x$，此方程为一阶线性微分方程，由公式法解得

$$p = e^{\int dx} \left[\int x e^{-\int dx} dx + C_1 \right] = e^x \left[\int x e^{-x} dx + C_1 \right] = C_1 e^x - x - 1,$$

则 $y = \int (C_1 e^x - x - 1) dx = C_1 e^x - \dfrac{1}{2} x^2 - x + C_2$.

(3) 令 $y' = p$，则 $y'' = p \dfrac{dp}{dy}$，得 $p \dfrac{dp}{dy} = p^3 + p$，当 $p = 0$ 时，$y = C$ 为原方程的解；当 $p \neq 0$ 时，$\dfrac{dp}{dy} = 1 + p^2$，即 $\dfrac{dp}{1 + p^2} = dy$，积分得 $\arctan p = y - C_1$，即 $y' = p = \tan(y - C_1)$. 分离变量 $\dfrac{dy}{\tan(y - C_1)} = dx$，积分得 $\ln|\sin(y - C_1)| = x + \ln|C_2|$，故 $\sin(y - C_1) = C_2 e^x$，即 $y = \arcsin C_2 e^x + C_1$.

【例2】求下列初值问题的解：

$(1) \begin{cases} y'' + x e^x = 1, \\ y(0) = 3, y'(0) = 1; \end{cases}$ 　$(2) \begin{cases} x y'' - y' \ln y' + y' \ln x = 0, \\ y \big|_{x=1} = 2, y' \big|_{x=1} = e^2; \end{cases}$

$(3) \begin{cases} 2 y'' - \sin 2y = 0, \\ y \big|_{x=0} = \dfrac{\pi}{2}, y' \big|_{x=0} = 1. \end{cases}$

【问题分析】在解可降阶的二阶微分方程的初值问题时,只要一出现任意常数,就应及时利用初值条件确定它的值,这样可以简化后面的求解过程.

【解】(1)方程属于 $y'' = f(x)$ 型,可逐次积分求得通解及特解.

由 $y'' = 1 - xe^x$ 两边积分,得 $y' = x - (x-1)e^x + C_1$,代入初始条件 $y'(0) = 1$,得 $C_1 = 0$,故有 $y' = x - (x-1)e^x$,积分,得

$$y = \frac{1}{2}x^2 - (x-2)e^x + C_2.$$

代入初始条件 $y(0) = 3$,得 $C_2 = 1$,于是所求特解为

$$y = \frac{1}{2}x^2 - (x-2)e^x + 1.$$

(2)方程不显含 y,令 $y' = p(x)$,有 $y'' = p'$,原方程化为

$$xp' - p\ln p + p\ln x = 0,$$

即 $\dfrac{\mathrm{d}p}{\mathrm{d}x} = \dfrac{p}{x}\ln\dfrac{p}{x}$. 这是齐次方程,令 $p = xu(x)$,则 $\dfrac{\mathrm{d}p}{\mathrm{d}x} = u + x \cdot \dfrac{\mathrm{d}u}{\mathrm{d}x}$,从而

$u + x \cdot \dfrac{\mathrm{d}u}{\mathrm{d}x} = u\ln u$. 分离变量,得 $\dfrac{\mathrm{d}u}{u(\ln u - 1)} = \dfrac{\mathrm{d}x}{x}$,积分,得

$$\ln(\ln u - 1) = \ln x + \ln C_1,$$

即 $\ln u = C_1 x + 1$,$u = e^{C_1 x + 1}$. 以 $u = \dfrac{p}{x}$ 代回,得 $p = xe^{C_1 x + 1}$,代入初始条件 $y'\big|_{x=1} = e^2$,得 $C_1 = 1$. 所以 $p = xe^{x+1}$. 再积分,得

$$y = \int xe^{x+1}\mathrm{d}x = (x-1)e^{x+1} + C_2,$$

代入初始条件 $y\big|_{x=1} = 2$,得 $C_2 = 2$. 于是所求初值问题的解为

$$y = (x-1)e^{x+1} + 2.$$

(3)方程中不显含 x,属于 $y'' = f(y, y')$ 型.

令 $y' = p(y)$,有 $y'' = p \cdot \dfrac{\mathrm{d}p}{\mathrm{d}y}$,代入方程得:$p \cdot \dfrac{\mathrm{d}p}{\mathrm{d}y} = \sin y\cos y$,解之

得 $p^2 = \sin^2 y + C_1$. 由 $p\big|_{x=0} = y'\big|_{x=0} = 1$,$y\big|_{x=0} = \dfrac{\pi}{2}$,得 $C_1 = 0$,则 $p^2 = $

$\sin^2 y, p = \pm \sin y$. 又由 $y\big|_{x=0} = \dfrac{\pi}{2}$, $y'\big|_{x=0} = 1$ 知, 上式只能取正号, 故

$y' = p = \sin y$. 再积分, 得 $\ln\left(\tan\dfrac{y}{2}\right) = x + C_2$, 代入初始条件 $y\big|_{x=0} =$

$\dfrac{\pi}{2}$, 得 $C_2 = 0$, 故所求特解为: $x = \ln\left(\tan\dfrac{y}{2}\right)$, 即 $y = 2\arctan \mathrm{e}^x$.

二、二阶常系数线性微分方程

【例3】求下列微分方程的通解:

(1) $y'' + 3y' + 2Y = 0$; 　　　　　(2) $3y'' + 2y' = 0$;

(3) $y'' + 2y' + y = 0$; 　　　　　(4) $y'' + 4y' = 0$.

【问题分析】这是一组二阶常系数齐次线性微分方程, 先求出特征根, 便可得到方程的通解.

【解】(1) 特征方程为 $r^2 + 3r + 2 = 0$, 即 $(r+1)(r+2) = 0$, 解得特征根 $r_1 = -1$, $r_2 = -2$. 所以线性无关的特解为 $y_1 = \mathrm{e}^{-x}$, $y_2 = \mathrm{e}^{-2x}$, 方程的通解为 $y = C_1 \mathrm{e}^{-x} + C_2 \mathrm{e}^{-2x}$.

(2) 特征方程为 $3r^2 + 2r = 0$, 即 $r(3r+2) = 0$, 解得特征根 $r_1 = 0$, $r_2 = -\dfrac{2}{3}$. 故方程的通解为 $y = C_1 + C_2 \mathrm{e}^{-\frac{2}{3}x}$.

(3) 特征方程为 $r^2 + 2r + 1 = 0$, 即 $(r+1)^2 = 0$, 解得特征根 $r_1 = r_2 = -1$. 故方程的通解为 $y = (C_1 + C_2 x)\mathrm{e}^{-x}$.

(4) 特征方程为 $r^2 + 4 = 0$, 解得特征根 $r_1 = 2\mathrm{i}$, $r_2 = -2\mathrm{i}$. 故方程的通解为 $y = C_1 \cos 2x + C_2 \sin 2x$.

考研真题解析与综合提高

【例1】(2016 年数学一)设 $y = (1+x^2)^2 - \sqrt{1+x^2}$, $y = (1+x^2)^2 + \sqrt{1+x^2}$ 是微分方程 $y' + p(x)y = q(x)$ 的两个解, 则 $q(x) = ($　　　$)$.

(A)$3x(1+x^2)$ (B)$-3x(1+x^2)$ (C)$\dfrac{x}{1+x^2}$ (D)$-\dfrac{x}{1+x^2}$

【解】将一阶线性微分方程的两个解代入微分方程,得

$$4x(1+x^2)-\frac{x}{\sqrt{1+x_2}}+p(x)\left[(1+x^2)^2-\sqrt{1+x^2}\right]=q(x)\quad(1)$$

$$4x(1+x^2)+\frac{x}{\sqrt{1+x_2}}+p(x)\left[(1+x^2)^2+\sqrt{1+x^2}\right]=q(x)\quad(2)$$

式$(2)-(1)$,整理化简,得$p(x)=-\dfrac{x}{1+x^2}$. 将$p(x)=-\dfrac{x}{1+x^2}$代入式(1),整理化简,得$q(x)=3x(1+x^2)$. 故选(A).

【例2】(2015 年数学一)设$y=\dfrac{1}{2}\mathrm{e}^{2x}+\left(x-\dfrac{1}{3}\right)\mathrm{e}^x$是二阶常系数非齐次线性微分方程$y''+ay'+by=c\mathrm{e}^x$的一个特解,则( ).

(A)$a=-3,b=2,c=-1$ (B)$a=3,b=2,c=-1$

(C)$a=-3,b=2,c=1$ (D)$a=3,b=2,c=1$

【解】$\dfrac{1}{2}\mathrm{e}^{2x},-\dfrac{1}{3}\mathrm{e}^x$为齐次方程的解,所以 2、1 为特征方程$\lambda^2+a\lambda+b=0$的根,从而$a=-(1+2)=-3,b=1\times2=2$,再将特解$y=x\mathrm{e}^x$代入方程$y''-3y'+2y=c\mathrm{e}^x$,得$c=-1$. 故选(A).

【例3】(2015 年数学二)设函数$y=y(x)$是微分方程$y''+y'-2y=0$的解,且在$x=0$处$y(x)$取值3,则$y=$_____.

【解】通解是$y=c_1\mathrm{e}^{-2x}+C_2\mathrm{e}^x,y(0)=3=c_1+c_2,y'(0)=0=-2c_1+c_2=0.\Rightarrow c_1=1,c_2=2;\therefore y=\mathrm{e}^{-2x}+2\mathrm{e}^x$.

【例4】(2014 年数学二)微分方程$xy'+y(\ln x-\ln y)=0$满足$y(1)=\mathrm{e}^3$的解为_____.

【解】方程的标准形式为$\dfrac{\mathrm{d}y}{\mathrm{d}x}=\dfrac{y}{x}\ln\dfrac{y}{x}$,这是一个齐次型方程,设$u=\dfrac{y}{x}$,得到通解为$y=x\mathrm{e}^{Cx+1}$,将初始条件$y(1)=\mathrm{e}^3$代入可得特解为$y=x\mathrm{e}^{2x+1}$.

【例5】(2013 年数学一、二)已知 $y_1 = \mathrm{e}^{3x} - x\mathrm{e}^{2x}$, $y_2 = \mathrm{e}^x - x\mathrm{e}^{2x}$, $y_3 = -x\mathrm{e}^{2x}$ 是某二阶常系数非齐次线性微分方程的 3 个解,则该方程的通解 $y = $ _____.

【解】根据二阶常系数非齐次线性微分方程的通解结构,及二阶常系数非齐次线性微分方程的解与二阶常系数齐次线性微分方程的解之间关系很容易得到结果 $y = C_1 \mathrm{e}^{3x} + C_2 \mathrm{e}^x - x\mathrm{e}^{2x}$.

【例6】(2013 年数学三) 微分方程 $y'' - y' + \dfrac{1}{4}y = 0$ 的通解为 $y = $ _____.

【解】这是一个标准的二阶常系数齐次线性微分方程,故可知它的特征方程为 $t^2 - t + \dfrac{1}{4} = 0$,特征根为 $t = \dfrac{1}{2}$,根据其解的结构可知通解为 $y = (C_1 + C_2 x)\mathrm{e}^{\frac{x}{2}}$.

【例7】(2012 年数学一、二、三)已知函数 $f(x)$ 满足方程 $f''(x) + f'(x) - 2f(x) = 0$ 及 $f'(x) + f(x) = 2\mathrm{e}^x$,则 $f(x) = $ _____.

【解】特征方程为 $r^2 + r - 2 = 0$,特征根为 $r_1 = 1, r_2 = -2$,齐次微分方程 $f''(x) + f'(x) - 2f(x) = 0$ 的通解为 $f(x) = C_1 \mathrm{e}^x + C_2 \mathrm{e}^{-2x}$. 再由 $f'(x) + f(x) = 2\mathrm{e}^x$ 得 $2C_1 \mathrm{e}^x - C_2 \mathrm{e}^{-2x} = 2\mathrm{e}^x$,可知 $C_1 = 1, C_2 = 0$. 故 $f(x) = \mathrm{e}^x$.

【例8】(2011 年数学一、二)微分方程 $y' + y = \mathrm{e}^{-x}\cos x$ 满足条件 $y(0) = 0$ 的解为 $y = $ _____.

【问题分析】本题考查一阶线性微分方程的求解. 先按一阶线性微分方程的求解步骤求出其通解,再根据定解条件,确定通解中的任意常数.

【解】原方程的通解为

$$y = \mathrm{e}^{-\int 1 \mathrm{d}x}\left(\int \mathrm{e}^{-x}\cos x \cdot \mathrm{e}^{\int 1 \mathrm{d}x}\mathrm{d}x + C\right) = \mathrm{e}^{-x}\left(\int \cos x \mathrm{d}x + C\right).$$

由 $y(0) = 0$,得 $C = 0$,故所求解为 $y = \sin x \mathrm{e}^{-x}$.

【例 9】(2010 年数学三) 设 y_1, y_2 是一阶线性非齐次微分方程 $y' + p(x)y = q(x)$ 的两个特解, 若常数 λ, μ 使 $\lambda y_1 + \mu y_2$ 是该方程的解, $\lambda y_1 - \mu y_2$ 是该方程对应的齐次方程的解, 则(　　).

(A)$\lambda = \dfrac{1}{2}, \mu = \dfrac{1}{2}$ 　　　　(B)$\lambda = -\dfrac{1}{2}, \mu = -\dfrac{1}{2}$

(C)$\lambda = \dfrac{2}{3}, \mu = \dfrac{1}{3}$ 　　　　(D)$\lambda = \dfrac{2}{3}, \mu = \dfrac{2}{3}$

【问题分析】这道题考查的知识点是线性微分方程解的性质和解的结构, 是我们求解常系数齐次线性微分方程的理论基础. 从这道题可以反映出考生对基础知识的理解程度, 是否只是死背公式.

【解】因 $\lambda y_1 - \mu y_2$ 是 $y' + p(x)y = 0$ 的解, 故
$$(\lambda y_1 - \mu y_2)' + p(x)(\lambda y_1 - \mu y_2) = 0.$$
所以 $\lambda[y_1' + p(x)y_1] - \mu(y_2' + \mu y_2) = 0.$ 而由已知
$$y_1' + p(x)y_1 = q, y_2' + p(x)y_2 = q,$$
所以 $(\lambda - \mu)q(x) = 0 \Rightarrow \lambda - \mu = 0.$

又 $\lambda y_1 + \mu y_2$ 是非齐次方程 $y' + p(x)y = q(x)$ 的解, 故
$$(\lambda y_1 + \mu y_2)' + p(x)(\lambda y_1 + \mu y_2) = q(x).$$

有 $(\lambda + \mu)q(x) = q(x) \Rightarrow \lambda + \mu = 1.$ 所以 $\lambda = \mu = \dfrac{1}{2}.$

【例 10】(2010 年数学一) 求微分方程 $y'' - 3y' + 2y = 2xe^x$ 的通解.

【解】对应齐次方程 $y'' - 3y' + 2y = 0$ 的两个特征根为 $r_1 = 1, r_2 = 2$, 其通解为
$$Y = C_1 e^x + C_2 e^{2x}.$$
设原方程的特解形式为 $Y^* = x(ax + b)e^x$, 则
$$Y^{*\prime} = [ax^2 + (2a + b)x + b]e^x.$$
$Y^{*\prime\prime} = [ax^2 + (4a + b)x + 2a + 2b]e^x$, 代入原方程解得 $a = -1, b = -2$, 故所求通解为
$$y = C_1 e^x + C_2 e^{2x} - x(x + 2)e^x.$$

【例 11】(2009 年数学二) 设非负函数 $y = y(x)(x \geqslant 0)$ 满足微分方

程 $xy'' - y' + 2 = 0$. 当 $y = y(x)$ 曲线过原点时,其与直线 $x = 1$ 及 $y = 0$ 围成平面区域 D 的面积为 2,求 D 绕 y 轴旋转所得旋转体的体积.

【解】令 $p = y'$,则 $y'' = \dfrac{\mathrm{d}p}{\mathrm{d}x}$,微分方程 $xy'' = y' + 2 = 0$ 变形为

$$\frac{\mathrm{d}p}{\mathrm{d}x} - \frac{1}{x}p = -\frac{2}{x}.$$

得到 $p = \mathrm{e}^{\int \frac{1}{x}\mathrm{d}x}\left(\int -\frac{2}{x} \cdot \mathrm{e}^{-\int \frac{1}{x}\mathrm{d}x}\mathrm{d}x + C_1\right)$

$$= x\left(\int -\frac{2}{x^2}\mathrm{d}x + C_1\right) = 2 + C_1 x \quad (C_1\ 为任意常数),$$

即　$\dfrac{\mathrm{d}y}{\mathrm{d}x} = 2 + C_1 x$,得到 $y = 2x + \dfrac{1}{2}C_1 x^2 + C_2 \quad (C_2\ 为任意常数)$.

又因为 $y = y(x)$ 通过原点时与直线 $x = 1$ 及 $y = 0$ 围成平面区域的面积为 2,于是可得 $C_2 = 0$.

$$2 = \int_0^1 y(x)\mathrm{d}x = \int_0^1 \left(2x + \frac{1}{2}C_1 x^2\right)\mathrm{d}x$$

$$= \left(x^2 + \frac{C_1}{6}x^3\right)\Big|_0^1 = 1 + \frac{C_1}{6}.$$

从而 $C_1 = 6$,于是 $y = 2x + 3x^2 \ (x \geqslant 0)$,又由 $y = 2x + 3x^2$ 可得,在第一象限曲线 $y = f(x)$ 表示为

$$x = \frac{1}{3}(\sqrt{1 + 3y} - 1),$$

于是 D 围绕 y 轴旋转所得旋转体的体积为 $V = 5\pi - V_1$,其中

$$V_1 = \int_0^5 \pi x^2 \mathrm{d}y = \int_0^5 \pi \cdot \frac{1}{9}(\sqrt{1+3y} - 1)^2 \mathrm{d}y$$

$$= \frac{\pi}{9}\int_0^5 (2 + 3y - 2\sqrt{1+3y})\mathrm{d}y = \frac{39}{18}\pi.$$

$$V = 5\pi - \frac{39}{18}\pi = \frac{51}{18}\pi = \frac{17}{6}\pi.$$

【例12】(2009 年数学二)设 $y = y(x)$ 是区间 $(-\pi, \pi)$ 内过点

$\left(-\dfrac{\pi}{\sqrt{2}},\dfrac{\pi}{\sqrt{2}}\right)$ 的光滑曲线. 当 $-\pi<x<0$ 时,曲线上任意一点处的法线都过原点. 当 $0\leqslant x<\pi$ 时,函数 $y(x)$ 满足 $y''+y+x=0$, 求 $y(x)$ 的表达式.

【解】由题意,当 $-\pi<x<0$ 时,$y=-\dfrac{x}{y'}$,即 $ydy=-xdx$ 得

$$y^2=-x^2+C.$$

又 $y\left(-\dfrac{\pi}{\sqrt{2}}\right)=\dfrac{\pi}{\sqrt{2}}$,代入 $y^2=-x^2+C$ 中得 $C=\pi^2$,从而有

$$y^2+x^2=\pi^2.$$

当 $0\leqslant x<\pi$ 时,$y''+y+x=0$ 得 $y''+y=0$ 的通解为

$$y^*=C_1\cos x+C_2\sin x.$$

令特解为 $y_1=Ax+b$ 则有 $0+Ax+b+x=0$,得 $A=-1,b=0$,故 $y_1=-x$,得 $y''+y+x=0$ 的通解为 $y=C_1\cos x+C_2\sin x-x$. 由于 $y=y(x)$ 是 $(-\pi,\pi)$ 内的光滑曲线,故 y 在 $x=0$ 处连续.

于是,因 $y(0^-)=\pm\pi,y(0^+)=C_1$,故 $C_1=\pm\pi$ 时,$y=y(x)$ 在 $x=0$ 处连续.

又当 $-\pi<x<0$ 时,有 $2x+2y\cdot y'=0$,得 $y_-'(0)=-\dfrac{x}{y}\Big|_{(0,0)}=0$;

当 $0\leqslant x<\pi$ 时,有 $y'=-C_1\sin x+C_2\cos x-1$,得 $y_+'(0)=C_2-1$.

由 $y_-'(0)=y_+'(0)$,得 $C_2-1=0$,即 $C_2=1$.

故 $y=y(x)$ 的表达式为

$$y=\begin{cases}\pm\sqrt{\pi^2-x^2}, & -\pi<x<0,\\ \pm\pi\cos x+\sin x-x, & 0\leqslant x<\pi.\end{cases}$$

又因为 $y=y(x)$ 过点 $\left(-\dfrac{\pi}{\sqrt{2}},\dfrac{\pi}{\sqrt{2}}\right)$,所以

$$y=\begin{cases}\sqrt{\pi^2-x^2}, & -\pi<x<0,\\ \pi\cos x+\sin x-x, & 0\leqslant x<\pi.\end{cases}$$

【例 13】(2008 年数学一、三) 微分方程 $xy' + y = 0$ 满足条件 $y(1) = 1$ 的解 $y =$ _____.

【问题分析】本题为可分离变量的微分方程.

【解】$xy' + y = 0 \Rightarrow \dfrac{\mathrm{d}y}{y} = -\dfrac{1}{x}\mathrm{d}x$,两边积分得 $y = \dfrac{C}{x}$,将 $y(1) = 1$ 代入得 $C = 1$,故 $y = \dfrac{1}{x}$.

【例 14】(2008 年数学二、四) 微分方程 $(y + x^2 \mathrm{e}^{-x})\mathrm{d}x - x\mathrm{d}y = 0$ 的通解是 _____.

【解】微分方程 $(y + x^2 \mathrm{e}^{-x})\mathrm{d}x - x\mathrm{d}y = 0$ 可变形为 $\dfrac{\mathrm{d}y}{\mathrm{d}x} - \dfrac{y}{x} = x\mathrm{e}^{-x}$,所以

$$
\begin{aligned}
y &= \mathrm{e}^{\int \frac{1}{x}\mathrm{d}x}\left(\int x\mathrm{e}^{-x}\mathrm{e}^{-\int \frac{1}{x}\mathrm{d}x} + C \right) = x\left(\int x\mathrm{e}^{-x} \cdot \dfrac{1}{x}\mathrm{d}x + C \right) \\
&= x(-\mathrm{e}^{-x} + C).
\end{aligned}
$$

【例 15】(2007 年数学三、四) 微分方程 $\dfrac{\mathrm{d}y}{\mathrm{d}x} = \dfrac{y}{x} - \dfrac{1}{2}\left(\dfrac{y}{x} \right)^3$ 满足 $y|_{x=1} = 1$ 的特解为 $y =$ _____.

【问题分析】本题为齐次方程的求解,可令 $u = \dfrac{y}{x}$.

【解】令 $u = \dfrac{y}{x}$,则原方程变为

$$
u + x\dfrac{\mathrm{d}u}{\mathrm{d}x} = u - \dfrac{1}{2}u^3 \Rightarrow \dfrac{\mathrm{d}u}{u^3} = -\dfrac{\mathrm{d}x}{2x}.
$$

两边积分得

$$
-\dfrac{1}{2u^2} = -\dfrac{1}{2}\ln x - \dfrac{1}{2}\ln C,
$$

即 $x = \dfrac{1}{C}\mathrm{e}^{\frac{1}{u^2}} \Rightarrow x = \dfrac{1}{C}\mathrm{e}^{\frac{x^2}{y^2}}$,将 $y|_{x=1}$ 代入左式得 $C = \mathrm{e}$,故满足条件的方程特解为 $\mathrm{e}x = \mathrm{e}^{\frac{x^2}{y^2}}$,即 $y = \dfrac{x}{\sqrt{\ln x + 1}}$,$x > \mathrm{e}^{-1}$.

【例16】(2007年数学一、二)二阶常系数非齐次微分方程

$$y'' - 4y' + 3y = 2e^{2x}$$

的通解为 $y = \underline{\qquad}$.

【问题分析】本题求解二阶常系数非齐次微分方程的通解,利用二阶常系数非齐次微分方程解的结构求解,即先求出对于齐次方程的通解 Y ,然后求出非齐次微分方程的一个特解 y^* ,则其通解为 $y = Y + y^*$.

【解】对应齐次方程的特征方程为

$$\lambda^2 - 4\lambda + 3 = 0 \Rightarrow \lambda_1 = 1, \lambda_2 = 3,$$

则对应齐次方程的通解为 $y = C_1 e^x + C_2 e^{3x}$.

设原方程的特解为 $y^* = A e^{2x}$,代入原方程可得

$$4A e^{2x} - 8A e^{2x} + 3A e^{2x} = 2e^{2x} \Rightarrow A = -2,$$

所以原方程的特解为 $y^* = -2e^{2x}$.

故原方程的通解为 $y = C_1 e^x + C_2 e^{3x} - 2e^{2x}$,其中 C_1, C_2 为任意常数.

【例17】(2006年数学一、二)微分方程 $y' = \dfrac{y(1-x)}{x}$ 的通解是 $\underline{\qquad}$.

【解】这是一个典型的可分离变量的常微分方程.

分离变量得: $\dfrac{dy}{y} = \dfrac{1-x}{x}dx$.

两边积分得: $\ln|y| = \ln|x| - x + C_1$.

整理得通解: $y = Cx e^{-x} (x \neq 0)$. (其中 $C = \pm e^{C_1}$)

【例18】(2006年数学三)设非齐次线性微分方程 $y' + P(x)y = Q(x)$ 有两个非零的解 $y_1(x), y_2(x)$, C 为任意常数,则该方程通解是( ).

(A) $C[y_1(x) - y_2(x)]$

(B) $y_1(x) + C[y_1(x) - y_2(x)]$

(C) $C[y_1(x) + y_2(x)]$

(D)$y_1(x) + C[y_1(x) + y_2(x)]$

【问题分析】利用一阶线性非齐次微分方程解的结构即可.

【解】由于$y_1(x) - y_2(x)$是对应齐次线性微分方程$y' + P(x)y = 0$的非零解,所以它的通解是,故原方程的通解为

$$y = y_1(x) + Y = y_1(x) + C[y_1(x) - y_2(x)].$$

故应选(B).

【例19】(2005年数学一)微分方程$xy' + 2y = x\ln x$满足$y(1) = -\dfrac{1}{9}$的解为_____.

【问题分析】直接套用一阶线性微分方程$y' + p(x)y = Q(x)$的通解公式:

$$y = e^{-\int P(x)dx}\left[\int Q(x)e^{\int P(x)dx}dx + C\right],$$

再由初始条件确定任意常数即可.

【解】方法一:原方程等价为

$$y' + \frac{2}{y}y = \ln x,$$

于是通解为

$$y = e^{-\int\frac{2}{x}dx}\left[\int \ln x \cdot e^{\int\frac{2}{x}dx}dx + C\right] = \frac{1}{x^2}\cdot\left(\int x^2\ln x dx + C\right)$$

$$= \frac{1}{3}x\ln x - \frac{1}{9}x + \frac{C}{x^2}.$$

由$y(1) = -\dfrac{1}{9}$得$C = 0$,故所求解为$y = \dfrac{1}{3}x\ln x - \dfrac{1}{9}x$.

方法二:原方程可化为$x^2y' + 2xy = x^2\ln x$,即$(x^2y)' = x^2\ln x$,两边积分得

$$x^2y = \int x^2\ln x dx = \frac{1}{3}x^3\ln x - \frac{1}{9}x^3 + C,$$

再代入初始条件即可得所求解为$y = \dfrac{1}{3}x\ln x - \dfrac{1}{9}x$.

同步测试

一、填空题(本题共 5 小题,每题 5 分,共 25 分)

1. 微分方程 $y\mathrm{d}x+(x^2-4x)\mathrm{d}y=0$ 的通解为_____.

2. 微分方程 $\dfrac{\mathrm{d}y}{\mathrm{d}x}=\dfrac{y}{x}+\tan\dfrac{y}{x}$ 的通解为_____.

3. 微分方程 $y''-12y'+35y=0$ 的通解为_____.

4. 设常系数方程 $y''+by'+cy=0$ 的通解为 $y=C_1\mathrm{e}^{2x}\cos x+C_2\mathrm{e}^{2x}\sin x$, $b=$_____, $c=$_____.

5. 已知曲线 $y=f(x)$ 过点 $\left(0,-\dfrac{1}{2}\right)$,其上任一点 (x,y) 处的切线斜率为 $x\ln(1+x^2)$,则 $f(x)=$_____.

二、选择题(本题共 5 小题,每题 5 分,共 25 分)

1. 通过坐标系的原点且与微分方程 $\dfrac{\mathrm{d}y}{\mathrm{d}x}=x+1$ 的一切积分曲线均正交的曲线方程是( ).

　(A)$\mathrm{e}^{-y}=x+1$ 　　　　　　(B)$\mathrm{e}^{-y}+x+1=0$

　(C)$\mathrm{e}^y=x+1$ 　　　　　　　(D)$2y=x^2+2x$

2. 若连续函数 $f(x)$ 满足关系式

$$f(x)=\int_0^{2x}f\left(\frac{t}{2}\right)\mathrm{d}t+\ln 2,$$

则 $f(x)=$ ( ).

　(A)$\mathrm{e}^x\ln 2$ 　　(B)$\mathrm{e}^{2x}\ln 2$ 　　(C)$\mathrm{e}^x+\ln 2$ 　　(D)$\mathrm{e}^{2x}+\ln 2$

3. 微分方程 $y'+y\tan x=\cos x$ 满足初始条件 $y(0)=1$ 的特解为( ).

　(A)$(x-1)\sin x$ 　　　　　　(B)$(x-1)\cos x$

　(C)$(x+1)\sin x$ 　　　　　　(D)$(x+1)\cos x$

4. 设 $y=y(x)$ 是二阶常系数微分方程 $y''+py'+qy=\mathrm{e}^{3x}$ 满足初始

条件 $y(0) = y'(0) = 0$ 的特解,则当 $x \to 0$ 时,函数 $\dfrac{\ln(1 + x^2)}{y(x)}$ 的极限(   ).

(A)不存在   (B)等于1   (C)等于2   (D)等于3

5. 已知 $y = \dfrac{x}{\ln x}$ 是微分方程 $y' = \dfrac{y}{x} + \varphi\left(\dfrac{y}{x}\right)$ 的解,则 $\varphi\left(\dfrac{y}{x}\right)$ 的表达式为(   ).

(A) $-\dfrac{y^2}{x^2}$ (B) $\dfrac{y^2}{x^2}$ (C) $-\dfrac{x^2}{y^2}$ (D) $\dfrac{x^2}{y^2}$

三、计算题(本题共 5 小题,每题 10 分,共 50 分)

1. 求解微分方程 $\begin{cases} \dfrac{dy}{dx} = \dfrac{\arctan x}{1 + x^2}, \\ y \mid_{x=0} = 0. \end{cases}$

2. 求解微分方程 $(x^3 + y^3)dx - 3xy^2 dy = 0$.

3. 求解微分方程 $xy' + y = x^2 + 3x + 2$.

4. 求解微分方程 $y'' + 2\sqrt{2}y' + 2y = 0$.

5. 设 $y(x)$ 是一个连续函数,且满足 $y(x) = \cos 2x + \displaystyle\int_0^x y(t)\sin t\, dt$,求 $y(x)$.